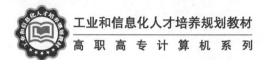

工业和信息化人才培养规划教材

高职高专计算机系列

3ds Max 2013

动画制作

实例教程

（第3版）

◎ 邬厚民 主编

◎ 苗连强 李广松 胡永锋 副主编

U0281463

人民邮电出版社

北京

图书在版编目（CIP）数据

3ds Max 2013动画制作实例教程 / 邬厚民主编. --
3版. -- 北京：人民邮电出版社，2015.1（2023.8重印）
工业和信息化人才培养规划教材. 高职高专计算机系
列
ISBN 978-7-115-37170-6

Ⅰ. ①3… Ⅱ. ①邬… Ⅲ. ①三维动画软件－高等职
业教育－教材 Ⅳ. ①TP391.41

中国版本图书馆CIP数据核字(2014)第233162号

内 容 提 要

本书全面系统地介绍了 3ds Max 2013 的基本操作方法和动画制作技巧，包括 3ds Max 2013 的概述、创建常用的几何体、创建二维图形、编辑修改器、复合对象的创建、材质与贴图、创建灯光和摄影机、动画制作技术、粒子系统、常用的空间扭曲、环境特效动画、高级动画设置和综合设计实训等内容。

本书内容的讲解均以课堂案例为主线，通过各案例的实际操作，学生可以快速熟悉软件功能和动画制作思路。书中的软件功能解析部分使学生能够深入学习软件功能；课堂练习和课后习题，可以拓展学生的实际应用能力，提高学生的软件使用技巧。

本书适合作为高等职业院校数字媒体艺术类专业 3ds Max 课程的教材，也可作为相关人员的参考用书。

◆ 主　　编　邬厚民

　　副 主 编　苗连强　李广松　胡永锋

　　责任编辑　范博涛

　　责任印制　杨林杰

◆ 人民邮电出版社出版发行　　北京市丰台区成寿寺路 11 号

　　邮编　100164　　电子邮件　315@ptpress.com.cn

　　网址　http://www.ptpress.com.cn

　　北京七彩京通数码快印有限公司印刷

◆ 开本：787×1092　1/16

　　印张：17.5　　　　　　　　　　2015 年 1 月第 3 版

　　字数：440 千字　　　　　　　　2023 年 8 月北京第 13 次印刷

定价：45.00 元(附光盘)

读者服务热线：(010)81055256　印装质量热线：(010)81055316
反盗版热线：(010)81055315
广告经营许可证：京东市监广登字20170147号

前　言

　　3ds Max 2013 是由 Autodesk 公司开发的三维制作软件。它功能强大、易学易用，深受三维动画设计人员的喜爱，已经成为这一领域最流行的软件之一。目前，我国很多高等职业院校的数字媒体艺术专业，都将 3ds Max 作为一门重要的专业课程。为了帮助高职院校的教师全面、系统地讲授这门课程，使学生能够熟练地使用 3ds Max 来进行动画设计创意，我们几位长期在高职院校从事 3ds Max 教学的教师和专业动画设计公司经验丰富的设计师合作，共同编写了本书。

　　我们对本书的编写体系做了精心的设计，按照"课堂案例 — 软件功能解析 — 课堂练习 — 课后习题"这一思路进行编排，力求通过课堂案例演练，使学生快速掌握软件功能和动画设计思路；通过软件功能解析，使学生深入学习软件功能和制作特色；通过课堂练习和课后习题，拓展学生的实际应用能力。在内容编写方面，我们力求细致全面、重点突出；在文字叙述方面，我们注意言简意赅、通俗易懂；在案例选取方面，我们强调案例的针对性和实用性。

　　本书配套光盘中包含了书中所有案例的素材及效果文件。另外，为方便教师教学，本书配备了详尽的课堂练习和课后习题的操作步骤、PPT 课件以及教学大纲等丰富的教学资源，任课教师可登录人民邮电出版社教学服务与资源网（www.ptpedu.com.cn）免费下载使用。本书的参考学时为 73 学时，其中实训环节为 30 学时，各章的参考学时可以参见下面的学时分配表。

章　节	课 程 内 容	学 时 分 配	
		讲　授	实　训
第 1 章	3ds Max 2013 的概述	1	
第 2 章	创建常用的几何体	2	1
第 3 章	创建二维图形	2	1
第 4 章	编辑修改器	2	1
第 5 章	复合对象的创建	3	2
第 6 章	材质与贴图	3	2
第 7 章	创建灯光和摄影机	4	3
第 8 章	动画制作技术	4	3
第 9 章	粒子系统	5	4
第 10 章	常用的空间扭曲	4	3
第 11 章	环境特效动画	5	4
第 12 章	高级动画设置	5	4
第 13 章	综合设计实训	3	2
课 时 总 计		43	30

　　本书由广州科技贸易职业学院邬厚民任主编，日照职业技术学院苗连强、广东职业技术学院李广松、河北机电职业技术学院胡永锋任副主编。参与本书编写工作的还有周志平、葛润平、张旭、吕娜、孟娜、张敏娜、张丽丽、薛正鹏、王攀、陶玉、陈东生、周亚宁、程磊、房婷婷等。

　　由于编者水平有限，书中难免存在错误和不妥之处，敬请广大读者批评指正。

编　者

2014 年 5 月

3ds Max 教学辅助资源及配套教辅

素材类型	名称或数量	素材类型	名称或数量
教学大纲	1 套	课堂实例	24 个
电子教案	13 单元	课后实例	24 个
PPT 课件	13 个	课后答案	24 个
第 2 章 创建常用 的几何体	角几的制作	第 8 章 动画制作技术	创建室外灯光
	茶具的制作		制作弹跳的小球
	沙发的制作		制作地球与行星
	卷轴画的制作		制作流动的水
	玻璃茶几的制作		制作自由的鱼儿
第 3 章 创建二维图形	制作倒角文本	第 9 章 粒子系统	制作粒子流源
	制作冰箱贴		制作下雪效果
	制作铁艺果盘		制作下雨效果
	制作五角星		制作水龙头
第 4 章 编辑修改器	制作相框	第 10 章 常用的空间扭曲	制作散落的玻璃球
	制作啤酒瓶		制作波浪文字
	制作工装射灯		制作没有熄灭的烟
第 5 章 复合对象的创建	制作鱼缸		制作扭曲的粒子效果
	制作欧式画框	第 11 章 环境特效动画	制作战火效果
	制作玻璃杯		制作体积雾
第 6 章 材质与贴图	设置不锈钢材质		制作炙热的文字
	设置多维/子对象材质		制作浓雾中的森林
	设置光线跟踪材质	第 12 章 高级动画设置	制作蝴蝶的链接
	制作卡通老鼠		制作挥舞的链子球
	制作瓷器杯子		创建手骨骼的层级
第 7 章 创建灯光 和摄影机	制作静物场景	第 13 章 综合设计实训	制作栏目包装广告
	创建天光		制作影视片头
	制作体积光特效		制作炫彩紫光
	制作标版动画		制作闪光心形烟花

目 录 CONTENTS

第11章 环境特效动画 211

第12章 高级动画设置 244

第13章 综合设计实训 266

PART 1

第 1 章
3ds Max 2013 的概述

本章介绍

　　3ds Max 2013 拥有强大的功能，同时，它的操作界面也比较复杂。本章主要围绕 3ds Max 2013 的操作界面以及该软件在动画设计中的应用特色进行介绍，同时还将介绍 3ds Max 2013 的基本操作方法，使读者尽快熟悉 3ds Max 2013 的操作界面以及对对象的基本操作。

学习目标

- 了解三维动画的基本概念和应用范围
- 熟悉 3ds Max 2013 的操作界面
- 了解 3ds Max 2013 的坐标系统
- 掌握几种常用的对象选择方式和变换对象的方式
- 熟悉 3ds Max 的捕捉、对齐和复制
- 掌握对象的轴心控制的 3 种方式

技能目标

- 熟悉并掌握 3ds Max 的界面组成
- 熟练掌握 3ds Max 界面工具

1.1　三维动画

三维动画又称 3D 动画，是近年来随着计算机软硬件技术的发展而产生的一门新兴技术。三维动画软件在计算机中首先建立一个虚拟的世界，设计师在这个虚拟的三维世界中按照要表现的对象的形状尺寸建立模型以及场景，再根据要求设定模型的运动轨迹、虚拟摄影机的运动和其他动画参数，最后按要求为模型赋上特定的材质，并打上灯光。当这一切完成后就可以让计算机自动运算，生成最后的画面。

1.1.1　认识三维动画

动画是通过连续播放一系列静止画面，给视觉造成连续变化的图画。它的原理与电影、电视一样，都是利用视觉原理，医学家已经证明，人类具有"视觉暂留"的特性，也就是说，人的眼睛看到一幅画或一个物体后，视觉影像在 1/24 秒内不会消失。利用这一原理，在一幅画在人眼中还没有消失前播放出下一幅画，就会给人造成一种流畅的视觉变化效果。因此，电影采用了每秒 24 幅画的速度拍摄和播放，电视采用了每秒 25 幅（PAL 制）或 30 幅（NSTC 制）画面的速度拍摄和播放。如果以每秒低于 24 幅画面的速度拍摄和播放，画面就会出现停顿现象。

动画的分类没有一定的规律。从制作技术和手段看，动画可分为以手工绘制为主的传统动画和计算机为主的电脑动画；按动作的表现形式来区分，动画可大致分为接近自然动画的"完善动画"（动画电视）和采用简化、夸张的"局限动画"（幻灯片动画）；如果从空间的视觉效果来看，则可以分为平面动画（如图 1-1 和图 1-2 所示）和三维动画（如图 1-3 和图 1-4 所示）。

图 1-1　　　　　　　　　　　　　　　　图 1-2

图 1-3　　　　　　　　　　　　　　　　图 1-4

我们接下来将要学习的三维动画的制作是随着时代和科学技术的发展进步，以及计算机硬件的不断更新及功能的不断完善而新兴的一门可以形象地描绘虚拟及超现实实物或空间的动画制作技术。三维动画的制作采用了复杂的光照模拟技术，在 x、y、z 三度空间中制作出真假难辨的动画影像，相较之前我们所看到的二维卡通片更加地生动和吸引人。

如果将二维定义为一张纸，同样给三维一个定义，它就是一个盒子，而三维中所涉及的透视则是一门几何学，它可以将一个空间或物体准确地表现在一个二维平面上。

一个手臂抬起的动作如果使用三维技术进行制作，只需要两三个简单的步骤。首先在软件中创建手的模型，然后进行材质调整并赋予当前手模型，再打上灯光和摄影机，最后设置手的动作路径并进行渲染就可以了。打开你的电视或是回想一下近来看到的电影，你会发现三维动画充斥着整个视频影视媒体。再看一下你的生活和工作的环境空间，你眼前的显示器、键盘、书桌以及喝水的杯子、手中拿着的书等，会发现我们都是存在于同一个三维空间中的，而我们同样也可以生动形象地将它们描绘出来。制作出的效果如图 1-5 和图 1-6 所示。

图 1-5

图 1-6

1.1.2　三维动画的应用范围

使用三维动画制作的作品是一种有着立体感，而不再是平面地表现的动画形式，其写实能力增强，表现力也非常强，能够使一些结构复杂的形体，如机器产品内部结构、工作原理以及人们平时看不见的部分的表现轻而易举。

另外，三维动画的清晰度非常高，色彩饱和度好。一个优秀的三维动画作品具有非常强的视觉冲击力，同时，三维动画的使用有利于提高画面的视觉效果。

随着科技的发展、计算机硬件系统性能的提高，与之相配套的应用软件功能也日益强大，同时其应用领域也越来越广，一般来说，三维动画应用在以下几个领域。

1．广告

用动画的形式制作电视广告，是目前很受厂商喜爱的一种商品促销手法。它的特点是画面生动活泼，多次重播，观众也不觉得厌烦；既有轻松、夸张的娱乐效果，又可以灵活地表现商品的特点。使用三维动画制作广告更能突出商品的特殊画面、立体效果，从而吸引观众，以产生购买欲，达到推广商品的目的，因此，目前使用此种方式制作广告的厂商最多。图 1-7 所示为电影片头动画。

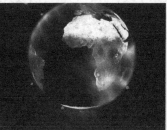
图 1-7

2．媒体、影视娱乐

目前各种类型的三维公益动画片、教育动画片、电视动画片，以及用于商业用途的三维电影动画长片常见于电视及电影媒体，如图1-8所示。甚至近年来三维动画的电脑游戏软件也非常受欢迎，在盛产动画片及电脑游戏的美国和日本，各种电视动画影集产量更是惊人，主题包罗万象，在我国的电视媒体上也占有一定的份额。

图1-8

动画长片一般指的是在电影院中播放的动画大片，时长为80~100分钟。诸如我们熟悉的《机器人总动员》、《穿靴子的猫》和《冰河世纪》，以及《驯龙记》、《蓝精灵》、《汽车总动员》等电影都应用了相当多的计算机三维技术。

3．建筑装饰

建筑装饰可以使用三维动画来设计展示建筑结构和装潢。使用三维动画工具绘制的效果也更精确，效果更加令人满意。

"三维建筑漫游动画"是随着经济的快速发展应运而生的一个新的专业，它可以是在整个工作处于前期的筹划阶段，按照图纸而制造出来的一个非常直观的动画效果。

对于建筑物的内部结构，通过三维制作的表现形式可以一目了然，并且可以在施工前期按照图纸将实际地形与三维模型建筑相结合，以观察最后竣工后的效果，同时，你也可以在建筑物内外随意浏览观看，尽管它可能还未施工。

4．机械制造及工业设计

CAD辅助设计在当前已经被广泛应用在机械制造业中。不单单是CAD，3ds Max也成为了产品造型设计中最为有效的技术手段，并且它也可以极大地扩展设计师的思维空间，同时在产品和工艺开发中，在生产线建立之前模拟其实际工作情况，检测实际生产线运行情况，以免造成因设计失误带来的巨大损失。

对于许多环境隐患和人所不能观察到的机械内部，利用三维动画可以模拟观察其运转情况。在汽车工业中，如图1-9所示，三维动画是一门专科知识，流线型的车身设计，用手工图纸是很难画出来的。

图1-9

5．医疗卫生

三维动画可以形象地演示人体内部组织的细微结构和变化，如图 1-10 所示，给学术交流和教学演示带来了极大的便利。它还可以将细微的手术放大到屏幕上，进行观察学习，对医疗事业具有重大的现实意义。

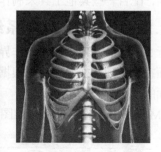

图 1-10

6．军事科技及教育

三维技术最早应用于飞行员的飞行模拟训练中，它除了可以模拟现实中飞行员可能遇到的恶劣环境，同时也可以模拟战斗机飞行员在空战中的格斗及投弹等训练。

三维技术发展到今天其应用范围更广泛了，它不单单可以使学习飞行更加安全，同时在军事上，三维动画可用于导弹弹道的动态研究、爆炸后的爆炸强度及碎片轨迹研究等。此外，在军事上还可以通过三维动画技术来模拟战场，进行军事部署和演习，如图 1-11 所示。

图 1-11

7．生物化学工程

生物化学领域较早地引入了三维技术，用于研究生物分子之间的结构组成。复杂的分子结构无法靠想象来研究，要用三维模型给出精确的分子构成，再用计算机计算相互结合方式，这样，简化了大量的研究工作，如图 1-12 所示。遗传工程利用三维技术对 DNA 分子进行结构重组，产生新的化合物，给研究工作带来了极大的帮助。

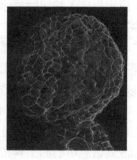

图 1-12

1.2   3ds Max 2013 的操作界面

运行 3ds Max 界面环境首先映入眼帘的就是视图和面板，这两个板块是 3ds Max 中重要的操作界面，配合一些其他工具来制作模型。

1.2.1   3ds Max 2013 系统界面简介

运行 3ds Max 2013，进入操作界面。3ds Max 2013 的界面很友善，具有标准 Windows 风格，界面布局合理，并允许用户根据个人习惯改变界面的布局。下面先来介绍 3ds Max 2013 操作界面的组成。

3ds Max 2013 操作界面主要由图 1-13 所示几个区域组成。

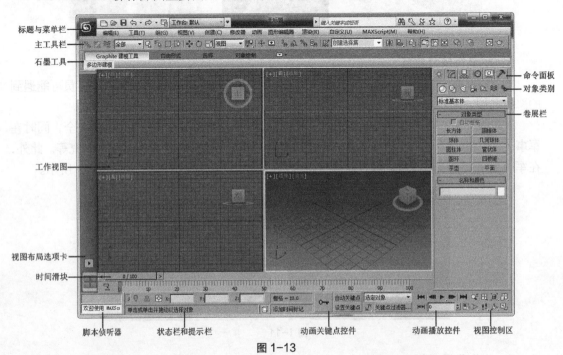

图 1-13

1.2.2   标题栏和菜单栏

在标题栏中包括 ⑥（应用程序）按钮、![]（快速访问工具栏）、![]（信息中心）及菜单栏。

1. ⑥（应用程序）按钮

单击 ⑥（应用程序）按钮时显示的应用程序菜单提供了文件管理命令，该按钮与以前版本中的"文件"菜单相同。

2. ![]（快速访问工具栏）

快速访问工具栏提供一些最常用的文件管理命令如 ![]（新建场景）、![]（打开文件）、![]（保存文件）以及 ![]（撤销场景操作）和 ![]（重做场景操作）命令。

3. ![]（信息中心）

信息中心位于标题的右侧，通过信息中心可访问有关 3ds Max 和其他 Autodesk 产品的信息。将鼠标放到信息中心的工具按钮上会出现按钮功能提示。

4．菜单栏

菜单栏位于主窗口的标题栏下面，如图 1-14 所示。每个菜单的标题表明该菜单上命令的用途。单击菜单名时，菜单名下面列出了很多命令。

| 编辑(E) | 工具(T) | 组(G) | 视图(V) | 创建(C) | 修改器 | 动画 | 图形编辑器 | 渲染(R) | 自定义(U) | MAXScript(M) | 帮助(H) |

图 1-14

- "编辑"菜单：用于文件的编辑，包括撤销、保存场景、复制和删除等命令。
- "工具"菜单：提供了各种常用工具，这些工具由于在建模时经常用到，所以在工具栏中设置了相应的快捷按钮。
- "组"菜单：包含一些将多个对象编辑成组或者将组分解成独立对象的命令。编辑组是在场景中组织对象的常用方法。
- "视图"菜单：包含视图最新导航控制命令的撤销和重复、网格控制选项等命令，并允许显示适用于特定命令的一些功能，如视图的配置、单位的设置和设置背景图案等。
- "创建"菜单：包括创建的所有命令，这些命令能在命令面板中直接找到。
- "修改器"菜单：包含创建角色、销毁角色、上锁、解锁、插入角色、骨骼工具以及蒙皮等命令。
- "动画"菜单：包含设置反向运动学求解方案、设置动画约束和动画控制器，给对象的参数之间增加配线参数以及动画预览等命令。
- "图形编辑器"菜单：场景元素间关系的图形化视图，包括曲线编辑器、摄影表编辑器、图解视图和 Particle 粒子视图、运动混合器等。
- "渲染"菜单：3ds Max 2013 的重要菜单，包括渲染、环境设置和效果设定等命令。模型建立后，材质/贴图、灯光、摄像这些特殊效果在视图区域是看不到的，只有经过渲染后，才能在渲染窗口中观察效果。
- "自定义"菜单：该菜单允许用户根据个人习惯创建自己的工具和工具面板，设置习惯使用的快捷键，使操作更具个性化。
- "MAX Script"菜单：3ds Max 2013 支持的一个称之为脚本的程序设计语言。用户可以书写一些脚本语言的短程序以控制动画的制作。"MAX Script"菜单中包括创建、测试和运行脚本等命令。使用该脚本语言，可以通过编写脚本来实现对 3ds Max 2013 的控制，同时还可以与外部的文本文件和表格文件等链接起来。
- "帮助"菜单：提供了对用户的帮助功能，包括提供脚本参考、用户指南、快捷键、第三方插件和新产品等信息。

1.2.3　主工具栏

通过工具栏可以快速访问 3ds Max 中很多常见任务的工具和对话框，如图 1-15 所示。

图 1-15

- （选择并链接）：可以通过将两个对象链接作为子和父，定义它们之间的层次关系。子级将继承应用于父级的变换（移动、旋转和缩放），但是子级的变换对父级没有影响。
- （断开当前选择链接）：可移除两个对象之间的层次关系。

-  ● ▒ （绑定到空间扭曲）：可以把当前选择附加到空间扭曲。

- 选择过滤器列表：使用该列表（如图 1-16 所示），可以限制由选择工具选择的对象的特定类型和组合。例如，如果选择"摄影机"选项，则使用选择工具只能选择摄影机。

- ▣ （选择对象）：可使用户选择对象或子对象，以便进行操纵。

- ▣ （按名称选择）：可以使用选择对象对话框从当前场景中的所有对象列表中选择对象。

- ▣ （矩形选择区域）：在视口中以矩形框选区域。弹出按钮提供了 ▣ （圆形选择区域）、▣ （围栏选择区域）、▣ （套索选择区域）和 ▣ （绘制选择区域）供选择。

图 1-16

- ▣ （窗口/交叉）：在按区域选择时，窗口/交叉选择切换可以在窗口和交叉模式之间进行切换。在窗口模式 ▣ 中，只能选择所选内容内的对象或子对象；在交叉模式 ▣ 中，可以选择区域内的所有对象或子对象，以及与区域边界相交的任何对象或子对象。

- ✛ （选择并移动）：要移动单个对象，则无须先选择该按钮。当该按钮处于活动状态时，单击对象进行选择，并拖动鼠标以移动该对象。

- ◯ （选择并旋转）：当该按钮处于激活状态时，单击对象进行选择，并拖动鼠标以旋转该对象。

- ▣ （选择并均匀缩放）：使用该按钮，可以沿所有 3 个轴以相同量缩放对象，同时保持对象的原始比例。▣ （选择并非均匀缩放）按钮可以根据活动轴约束以非均匀方式缩放对象。▣ （选择并挤压）按钮可以根据活动轴约束来缩放对象。

- ▣ （使用轴点中心）：该弹出按钮提供了对用于确定缩放和旋转操作几何中心的 3 种方法的访问。使用 ▣ （使用轴点中心）按钮中可以围绕其各自的轴点旋转或缩放一个或多个对象；▣ （使用选择中心）按钮可以围绕其共同的几何中心旋转或缩放一个或多个对象。如果变换多个对象，该软件会计算所有对象的平均几何中心，并将此几何中心用作变换中心；▣ （使用变换坐标中心）按钮可以围绕当前坐标系的中心旋转或缩放一个或多个对象。

- ✛ （选择并操纵）：使用该按钮可以通过在视口中拖动"操纵器"，编辑某些对象、修改器和控制器的参数。

- ▣ （键盘快捷键覆盖切换）：使用键盘快捷键覆盖切换可以在只使用主用户界面快捷键和同时使用主快捷键和组（如编辑/可编辑网格、轨迹视图和 NURBS 等）快捷键之间进行切换。可以在自定义用户界面对话框中自定义键盘快捷键。

- ▣ （捕捉开关）：默认设置，光标直接捕捉到 3D 空间中的任何几何体。3D 捕捉用于创建和移动所有尺寸的几何体，而不考虑构造平面；▣ （2D 捕捉）光标仅捕捉到活动构建栅格，包括该栅格平面上的任何几何体。将忽略 z 轴或垂直尺寸；▣ （2.5D 捕捉）光标仅捕捉活动栅格上对象投影的顶点或边缘。

- ▣ （角度捕捉切换）：用于确定多数功能的增量旋转。默认设置为以 5° 增量进行旋转。

- ▣ （百分比捕捉切换）：用于通过指定的百分比增加对象的缩放。

- ▣ （微调器捕捉切换）：使用该按钮设置 3ds Max 中所有微调器的单个单击增加或减少值。

- ：显示编辑命名选择对话框，可用于管理子对象的命名选择集。

- ![镜像图标]（镜像）：单击该按钮将弹出"镜像"对话框，使用该对话框可以在镜像一个或多个对象的方向时，移动这些对象。Mirror（镜像）对话框还可以用于围绕当前坐标系中心镜像当前选择。使用"镜像"对话框可以同时创建克隆对象。

- ![对齐图标]（对齐）：该弹出按钮提供了用于对齐对象的 6 种不同工具的访问。在对齐弹出按钮中单击 ![图标]（对齐）按钮，然后选择对象，将弹出"对齐"对话框，使用该对话框可将当前选择与目标对象对齐。目标对象的名称将显示在"对齐"对话框的标题栏中。执行子对象对齐时，"对齐"对话框的标题栏会显示为对齐子对象当前选择；使用"快速对齐"按钮 ![图标] 可将当前选择的位置与目标对象的位置立即对齐；使用 ![图标]（法线对齐）按钮弹出对话框，基于每个对象上面或选择的法线方向将两个对象对齐；使用 ![图标]（放置高光）按钮，可将灯光或对象对齐到另一对象，以便可以精确定位其高光或反射；使用 ![图标]（对齐摄影机）按钮，可以将摄影机与选定的面法线对齐；![图标]（对齐到视图）按钮可用于显示对齐到视图对话框，使用户可以将对象或子对象选择的局部轴与当前视口对齐。

- ![层管理器图标]（层管理器）：主工具栏上的 ![图标]（层管理器）按钮是可以创建和删除层的无模式对话框，也可以查看和编辑场景中所有层的设置，以及与其相关联的对象。使用此对话框，可以指定光能传递解决方案中的名称、可见性、渲染性、颜色以及对象和层的包含。

- ![石墨建模工具图标]（石墨建模工具）：单击该按钮，可以打开或关闭石墨建模工具。"石墨建模工具"代表一种用于编辑网格和多边形对象的新范例。它具有基于上下文的自定义界面，该界面提供了完全特定于建模任务的所有工具（且仅提供此类工具），且仅在用户需要相关参数时才提供对应的访问权限，从而最大限度地减少屏幕上出现杂乱。

- ![曲线编辑器图标]（曲线编辑器（打开））：轨迹视图—曲线编辑器是一种轨迹视图模式，用于以图表上的功能曲线来表示运动。利用它，用户可以查看运动的插值和软件在关键帧之间创建的对象变换。使用曲线上找到的关键点的切线控制柄，可以轻松查看和控制场景中各个对象的运动和动画效果。

- ![图解视图图标]（图解视图（打开））：图解视图是基于节点的场景图，通过它可以访问对象属性、材质、控制器、修改器、层次和不可见场景关系，如关联参数和实例。

- ![材质编辑器图标]（材质编辑器）：材质编辑器提供创建和编辑对象材质以及贴图的功能。

- ![渲染设置图标]（渲染设置）：渲染场景对话框具有多个面板，面板的数量和名称因活动渲染器而异。

- ![渲染帧窗口图标]（渲染帧窗口）：会显示渲染输出。

- ![快速渲染图标]（快速渲染）：该按钮可以使用当前产品级渲染设置来渲染场景，而无须显示"渲染场景"对话框。

1.2.4　工作视图

工作区中共有 4 个视图。在 3ds Max 2013 中，视图（也叫视口）显示区位于窗口的中间，占据了大部分的窗口界面，是 3ds Max 2013 的主要工作区。通过视图，可以从任何不同的角度来观看所建立的场景。在默认状态下，系统在 4 个视窗中分别显示了"顶"视图、"前"视图、"左"视图和"透视"视图 4 个视图（又称场景）。其中，"顶"视图、"前"视图和"左"视图相当于物体在相应方向的平面投影，或沿 x、y、z 轴所看到的场景，而"透视"视图则是从某个角度所看到的场景，如图 1-17 所示。因此，"顶"视图、"前"视图等又被称为正交视图。在正交视图中，系统仅显示物体的平面投影形状，而在"透视"视图中，系统不仅显示物体的立体形状，而且显示了物体的颜色，所以，正交视图通常用于物体的创建和编辑，而"透视"视图则用于观察效果。

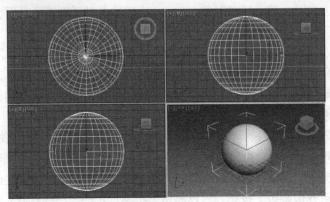

图 1-17

三色世界空间三轴架显示在每个视口的左下角。世界空间 3 个轴的颜色分别是 x 轴为红色，y 轴为绿色，z 轴为蓝色。轴使用同样颜色的标签。三轴架通常指世界空间，而无论当前是什么参考坐标系。

ViewCube 3D 导航控件提供了视图当前方向的视觉反馈，让用户可以调整视图方向以及在标准视图与等距视图间进行切换。

ViewCube 显示时，默认情况下会显示在活动视口的右上角，如果处于非活动状态，则会叠加在场景之上。它不会显示在摄影机、灯光、图形视口或其他类型的视图中。当 ViewCube 处于非活动状态时，其主要功能是根据模型的北向显示场景方向。

当用户将光标置于 ViewCube 上方时，它将变成活动状态。使用鼠标左键，用户可以切换到一种可用的预设视图中、旋转当前视图或者更换到模型的"主栅格"视图中。右键单击可以打开具有其他选项的上下文菜单。

4 个视图的类型是可以改变的，激活视图后，按下相应的快捷键，就可以实现视图之间的切换。快捷键对应的中英文名称如表 1-1 所示。

表 1-1

快 捷 键	英 文 名 称	中 文 名 称
T	Top	顶视图
B	Bottom	底视图
L	Left	左视图
R	Right	右视图
U	Use	用户视图
F	Front	前视图
P	Perspective	透视视图
C	Camera	摄像机视图

切换视图还可以用另一种方法：在每个视图的视图类型上单击鼠标，弹出快捷菜单，如图 1-18 所示，在弹出的菜单中选择要切换的视图类型即可。

在 3ds Max 2013 中，各视图的大小也不是固定不变的，将光标移到视图分界处，鼠标光标变为十字形状✛，按住鼠标左键不放并拖曳光标，如图 1-19 所示，就可以调整各视图的大小。如果想恢复均匀分布的状态，可以在视图的分界线处单击鼠标右键，在弹出的菜单中选择"重置布局"命令，即可复位视图，如图 1-20 所示。

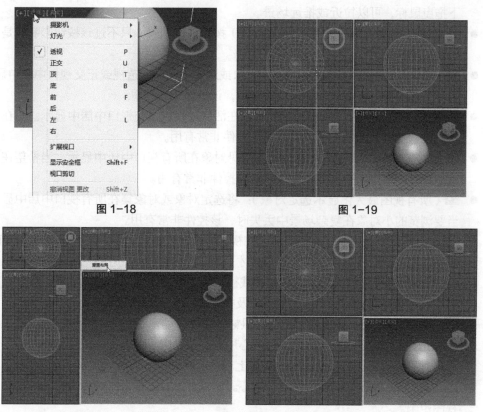

图 1-18　　　　　　　　　　　　图 1-19

图 1-20

1.2.5　状态栏和提示行

状态行和提示行位于视图区的下部偏左，状态行显示了所选对象的数目、对象的锁定、当前鼠标的坐标位置以及当前使用的栅格距等。提示行显示了当前使用工具的提示文字，如图 1-21 所示。

在锁定按钮的右侧是坐标数值显示区，如图 1-22 所示。

图 1-21　　　　　　　　　　　　图 1-22

1.2.6　动画控制区

动画控制区（见图 1-23）位于屏幕的下方，包括动画控制区、时间滑块和轨迹条，主要用于在制作动画时，进行动画的记录、动画帧的选择、动画的播放以及动画时间的控制等。

图 1-23

1.2.7 视图控制区

视图调节工具位于 3ds Max 2013 界面的右下角，图 1-24 所示为标准的 3ds Max 2013 视图调节工具，根据当前激活视图的类型，视图调节工具会略有不同。当选择一个视图调节工具时，该按钮呈黄色显示，表示对当前激活视图窗口来说该按钮是激活的，在激活窗口中右键单击可关闭该按钮。

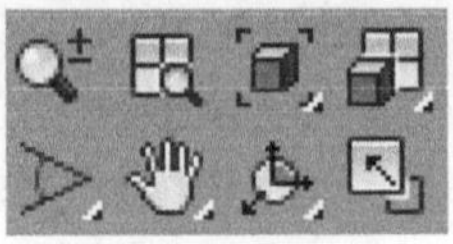

图 1-24

- （缩放）：单击该按钮，在任意视图中按住鼠标左键不放，上下拖曳鼠标，可以拉近或推远场景。
- （缩放所有视图）：用法同 （缩放）按钮基本相同，只不过该按钮影响的是当前所有可见视图。
- （最大化显示选定对象）：将选定对象或对象集在活动透视或正交视口中居中显示。当要浏览的小对象在复杂场景中丢失时，该控件非常有用。
- （最大化显示）：将所有可见的对象在活动透视或正交视口中居中显示。当在单个视口中查看场景的每个对象时，这个控件非常有用。
- （所有视图最大化显示）：将所有可见对象在所有视口中居中显示。当希望在每个可用视口的场景中看到各个对象时，该控件非常有用。
- （所有视图最大化显示选定对象）：将选定对象或对象集在所有视口中居中显示。当要浏览的小对象在复杂场景中丢失时，该控件非常有用。
- （缩放区域）：使用该按钮可放大在视口内拖动的矩形区域。仅当活动视口是正交、透视或用户三向投影视图时，该控件才可用。该控件不可用于摄影机视口。
- （视野）：该按钮只能在透视视图或摄影机视图中使用，单击此按钮，按住鼠标左键不放并拖曳光标，视图中相对视野及视角会发生远近的变化。
- （平移视图）：在任意视图中拖曳鼠标，可以移动视图窗口。
- （选定的环绕）：将当前选择的中心用作旋转的中心。当视图围绕其中心旋转时，选定对象将保持在视口中的同一位置上。
- （环绕）：将视图中心用作旋转中心。如果对象靠近视口的边缘，它们可能会旋出视图范围。
- （环绕子对象）：将当前选定子对象的中心用作旋转的中心。当视图围绕其中心旋转时，当前选择将保持在视口中的同一位置上。
- （最大化视口切换）：单击该按钮，当前视图将全屏显示，便于对场景进行精细编辑操作。再次单击该按钮，可恢复原来的状态，其快捷键为 Alt+W 组合键。

1.2.8 命令面板

命令面板是 3ds Max 的核心部分，默认状态下位于整个窗口界面的右侧。命令面板由 6 个用户界面面板组成，使用这些面板可以访问 3ds Max 的大多数建模功能，以及一些动画功能、显示选择和其他工具。每次只有一个面板可见，在默认状态下打开的是 （创建）面板，如图 1-25 所示。

要显示其他面板，只需单击命令面板顶部的选项卡即可切换至不同的命令面板，从左至右依次为 （创建）、 （修改）、 （层级）、 （运动）、 （显示）和 （工具）。

面板上标有 +（加号）或 -（减号）按钮的即是卷展栏。卷展栏的标题左侧带有 +（加号）表示卷展栏卷起，有 -（减号）表示卷展栏展开，通过单击 +（加号）或 -（减号）可以在卷起和展开卷展栏之间切换。

　　■（创建）：3ds Max 最常用到的面板之一，利用该面板可以创建各种模型对象，是命令级数最多的面板。3ds Max 2013 中有 7 种创建对象可供选择：○（几何体）、●（图形）、◀（灯光）、■（摄像机）、■（辅助对象）、≈（空间扭曲）和■（系统）。

　　■（创建）面板中的 7 个按钮代表了 7 种可创建的对象，介绍如下。

- ○（几何体）：可以创建标准几何体、扩展几何体、合成造型、粒子系统和动力学物体等。
- ●（图形）：可以创建二维图形，可沿某个路径放样生成三维造型。
- ◀（灯光）：可以创建泛光灯、聚光灯和平行灯等各种灯，模拟现实中各种灯光的效果。
- ■（摄影机）：可以创建目标摄影机或自由摄影机。
- ■（辅助对象）：可以创建起辅助作用的特殊物体。
- ≈（空间扭曲）物体：可以创建空间扭曲以模拟风、引力等特殊效果。
- ■（系统）：可以生成骨骼等特殊物体。

　　单击其中的一个按钮，可以显示相应的子面板。在可创建对象按钮的下方是创建的模型分类标准基本体▼（下拉列表框），单击右侧的▼（箭头），可从弹出的下拉列表中选择要创建的模型类别。

　　■（修改）面板用于在一个物体创建完成后对其进行修改，可单击■（修改）按钮，打开修改面板，如图 1-25 所示。■（修改）面板可以修改对象的参数、应用编辑修改器以及访问编辑修改器堆栈。通过该面板，用户可以实现模型的各种变形效果，如拉伸、变曲和扭转等。

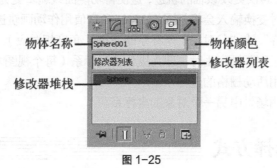

图 1-25

　　通过■（层级）面板可以访问用来调整对象间层次链接的工具。通过将一个对象与另一个对象相链接，可以创建父子关系。应用到父对象的变换同时将传递给子对象。通过将多个对象同时链接到父对象和子对象，可以创建复杂的层次。

　　■（运动）面板提供用于调整选定对象运动的工具。例如，可以使用■（运动）面板上的工具调整关键点时间及其缓入和缓出。■（运动）面板还提供了轨迹视图的替代选项，用来指定动画控制器。

　　在命令面板中单击显示■（显示）按钮，即可打开■（显示）面板。■（显示）面板主要用于设置显示和隐藏，冻结和解冻场景中的对象，还可以改变对象的显示特性，加速视图显示，简化建模步骤。

　　使用■（工具）面板可以访问各种工具程序。3ds Max 工具作为插件提供，一些工具由第三方开发商提供，因此，3ds Max 的设置可能包含在此处未加以说明的工具。

1.3　3ds Max 2013 的坐标系统

使用参考坐标系列表，可以指定变换（移动、旋转和缩放）所用的坐标系。选项包括"视图"、"屏幕"、"世界"、"父对象"、"局部"、"万向"、"栅格"、"工作"和"拾取"，如图 1-26 所示。

3ds Max 2013 提供了多种坐标系统，这些坐标系统可以直接在工具栏中进行选择。下面对坐标系统进行介绍。

- 视图：在默认的"视图"坐标系中，所有正交视口中的 *x* 轴、*y* 轴和 *z* 轴都相同。使用该坐标系移动对象时，会相对于视口空间移动对象。

图 1-26

- 屏幕：将活动视口屏幕用做坐标系。
- 世界：使用世界坐标系。从正面看，*x* 轴正向朝右，*z* 轴正向朝上，*y* 轴正向指向背离用户的方向。
- 父对象：使用选定对象的父对象的坐标系。如果对象未链接至特定对象，则其为世界坐标系的子对象，其父坐标系与世界坐标系相同。
- 局部：使用选定对象的坐标系。对象的局部坐标系由其轴点支撑。使用"层次"命令面板上的选项，可以相对于对象调整局部坐标系的位置和方向。
- 万向：万向坐标系与 Euler XYZ 旋转控制器一同使用。它与"局部"类似，但其 3 个旋转轴之间不一定互相成直角。使用"局部"和"父对象"坐标系围绕一个轴旋转时，会更改两个或三"Euler XYZ"轨迹。"万向"坐标系可避免这个问题，围绕一个轴的"Euler XYZ"旋转仅更改该轴的轨迹，这使得功能曲线编辑更为便捷。此外，利用"万向"坐标的绝对变换输入会将相同的 Euler 角度值用作动画轨迹（按照坐标系要求，与相对于"世界"或"父对象"坐标系的 Euler 角度相对应）。
- 工作：使用"工作"轴启用时，即为默认的坐标系（每个视图左下角的坐标系）。
- 栅格：用于使用活动栅格的坐标系。
- 拾取：用于使用场景中另一个对象的坐标系。

1.4　物体的选择方式

3ds Max 中选择模型的方法很多，其中包括直接选择、通过对话框选择以及区域选择等。

1.4.1　使用选择工具

选择物体的基本方法包括使用 ▣（选择对象）按钮直接选择和使用 ▣ 按钮按名称选择，单击 ▣（按名称选择）按钮后弹出"从场景选择"对话框，如图 1-27 所示。

在该对话框中按住 Ctrl 键选择多个对象，按住 Shift 键单击可选择连续范围。在对话框的右侧可以设置对象以什么形式进行排序，也可以指定显示在对象列表中的列出类型，包括几何体、图形、灯光、摄影机、辅助对象、空间扭曲、组/集合、外部参考和骨骼类型，这些均在工具栏中以按钮形式显示，工具栏中的按钮为弹起状

图 1-27

态的类型，在列表中将隐藏该类型。

1.4.2　使用区域选择

区域选择指选择工具配合工具栏中的选区工具▢（矩形选择区域）、▣（圆形选择区域）、▨（围栏选择区域）、▧（套索选择区域）和▨（绘制选择区域）进行选择。

使用▢（矩形选择区域）在视口中拖动，然后释放鼠标。单击的第一个位置是矩形的一个角，释放鼠标的位置是相对的角，如图 1-28 所示。

使用▣（圆形选择区域）在视口中拖动，然后释放鼠标。首先单击的位置是圆形的圆心，释放鼠标的位置定义了圆的半径，如图 1-29 所示。

使用▨（围栏选择区域）拖动绘制多边形，创建多边形选择区，如图 1-30 所示。

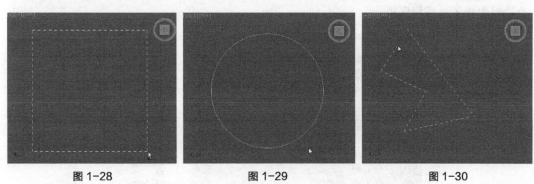

图 1-28　　　　　　　　图 1-29　　　　　　　　图 1-30

使用▧（套索选择区域）围绕应该选择的对象拖曳鼠标以绘制图形，然后释放鼠标按钮。要取消该选择，在释放鼠标前右击，如图 1-31 所示。

使用▨（绘制选择区域）将鼠标拖至对象之上，然后释放鼠标。在进行拖放时，鼠标周围将会出现一个以画刷大小为半径的圆圈。根据绘制创建选区，如图 1-32 所示。

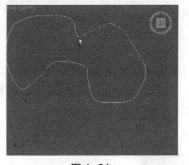　　　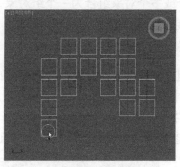

图 1-31　　　　　　　　　　图 1-32

1.4.3　使用编辑菜单选择

在菜单栏中单击"编辑"菜单，在弹出的下拉菜单中选择相应的命令，如图 1-33 所示。
"编辑"菜单中的各个命令介绍如下。

● 全选：选择场景中的全部对象。

● 全部不选：取消所有选择。

● 反选：此命令可反选当前选择集。

● 选择类似对象：自动选择与当前选择类似对象的所有项。
　通常，这意味着这些对象必须位于同一层中，并且应用了

全选(A)	Ctrl+A
全部不选(N)	Ctrl+D
反选(I)	Ctrl+I
选择类为对象(S)	Ctrl+Q
选择实例	
选择方式(B)	▶
选择区域(G)	▶

图 1-33

相同的材质（或不应用材质）。

- 选择实例：选择选定对象的所有实例。
- 选择方式：从中定义以名称、层和颜色选择方式选择对象。
- 选择区域：这里参考上一节中区域选择的介绍。

1.4.4 使用过滤器选择

使用选择过滤器列表框，可以限制由选择工具选择的对象的特定类型和组合。例如，如果选择"摄影机"，则使用选择工具时只能选择摄影机。

如图 1-34 所示场景中创建的有几何体和摄影机。

在过滤器下拉列表框中选择"几何体"，如图 1-35 所示，在场景中即使按 Ctrl+A 组合键，全选对象也不选择摄影机。

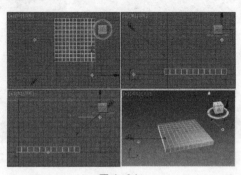

图 1-34   图 1-35

1.5　对象的群组

可将两个或多个对象组合为一个组对象，并为组对象命名，然后就可以像处理任何其他对象一样对它们进行处理。

1.5.1 组的创建与分离

要创建组，首先在场景中选择需要成组的对象，在菜单栏中选择"组>成组"命令，在弹出的对话框中设置组的名称，如图 1-36 所示。将模型成组后可以对组进行编辑，如果想单独地调整组中的一个模型，在菜单栏中选择"组>打开"命令，如图 1-37 所示，单独地设置一个模型的参数，调整模型参数后选择"组>关闭"命令。

图 1-36   图 1-37

"组"菜单中的各选项命令功能介绍如下。

- 成组：可将对象或组的选择集组成为一个组。
- 解组：可将当前组分离为其组件对象或组。
- 打开：使用该命令可以暂时对组进行解组，并访问组内的对象。可以在组内独立于组的剩余部分变换和修改对象，然后使用"关闭"命令还原原始组。
- 附加：可使选定对象成为现有组的一部分。
- 分离："分离"（或在场景资源管理器中，排除于组之外）命令可从对象的组中分离选定对象。
- 炸开：可以解组组中的所有对象，而无论嵌套组的数量如何。这与"解组"不同，后者只解组一个层级。如同"解组"命令一样，所有炸开的实体都保留在当前选择集中。
- 集合：将对象选择集、集合或组合并至单个集合，并将光源辅助对象添加为头对象。集合对象后，可以将其视为场景中的单个对象。可以单击组中任一对象来选择整个集合。可将集合作为单个对象进行变换，也可如同对待单个对象那样为其应用修改器。

1.5.2　组的编辑与修改

组的编辑与修改主要是指将可以为对象"附加"、"分离"、"打开"和使用一些变换工具。图 1-38 所示为成组后的对象，使用缩放工具，可以对组进行缩放，如图 1-39 所示。

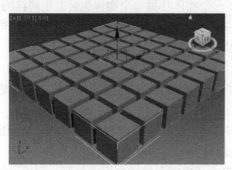
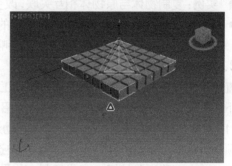

图 1-38　　　　　　　　　　　　　图 1-39

1.6　对象的变换

在 3ds Max 中，对物体进行编辑修改最常用到的就是物体的移动、旋转和缩放，这 3 项操作几乎在每一次建模中都会用到，也是建模操作的基础。移动、旋转、缩放有 3 种方法。

第一种是直接在主工具栏中选择相应的工具（即 ✛（选择并移动）工具、◯（选择并旋转）工具、▣（选择并均匀缩放）工具），然后在视图中使用鼠标对物体进行拖曳。也可以在工具按钮上单击鼠标右键，打开"缩放变换输入"对话框，在该对话框中可以输入数值进行精确操作。

第二种是通过选择编辑/变换输入命令在打开的变换文本框中对对象进行精确的位移、旋转、缩放操作，如图 1-40 所示。

第三种是通过状态行输入坐标值，这是一种方便快捷的精确调整方法，如图 1-41 所示。图 1-42 中的图标为相对坐标按钮，单击该按钮可以完成相对坐标与绝对坐标的转换。

图 1-40

图 1-41

图 1-42

1.7　对象的复制

在制作一些大型场景时，有时会用到大量相同的物体，这就需要对一个物体进行复制，在 3ds Max 2013 中复制物体的方法有许多种，下面对它们进行讲解。

1.7.1　直接复制对象

1．复制对象的方式

复制分为 3 种方式：复制、实例、参考。这 3 种方式主要是根据复制后原对象与复制对象的相互关系来分类的。

- 复制：将当前对象在原位置复制一份，快捷键为 Ctrl+V 组合键。
- 实例：复制物体与原物体相互关联，改变一个物体时另一个物体也会发生同样的改变。
- 参考：以原始物体为模板，产生单向的关联复制品，改变原始物体时参考物体同时会发生改变，但改变参考物体时不会影响原始物体。

2．复制对象的操作

直接复制对象的操作最常用，运用移动工具、旋转工具、缩放工具都可以对对象进行复制，下面以移动工具为例对直接复制进行介绍，操作步骤如下。

（1）将对象选中，按住 Shift 键，然后移动对象，完成移动后，释放鼠标左键，会弹出"克隆选项"对话框，如图 1-43 所示，提示用户选择复制的类型以及要复制的个数。

（2）单击"确定"按钮，完成复制。如果单击"取消"按钮则取消复制。运用旋转、缩放工具也能对对象进行复制，复制方法与移动工具相似。

1.7.2　利用"镜像"复制对象

"镜像"工具可以移动一个或多个对象沿着指定的坐标轴镜像到另一个方向，同时也可以产生具备多种特性的复制对象。选择要进行镜像复制的对象，选择"工具 > 镜像"命令，可以打开"镜像：屏幕 坐标"对话框，如图 1-44 所示。

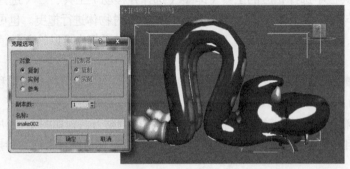
图 1-43

图 1-44

- 镜像轴：提供了 6 种对称轴用于镜像，每当进行选择时，视图中的选择对象就会显示出镜像效果。

- 偏移：用于指定镜像对象与原对象之间的距离，距离值是通过两个对象的轴心点来计算的。
- 克隆当前选择：用于确定是否复制以及复制的方式。
- 不克隆：用于只镜像对象，不进行复制。
- 复制：用于把选定对象镜像复制到指定位置。
- 实例：用于复制一个新的镜像对象，并指定为关联属性，这样，改变复制对象将对原始对象也产生作用。
- 参考：用于复制一个新的镜像对象，并指定为参考属性。
- 镜像 IK 限制：勾选该复选框可以连同几何体一起对 IK 约束进行镜像。IK 所使用的末端效应器不受镜像工具的影响，所以想要镜像完整的 IK 层级，需要先在运动命令面板的 IK 控制参数卷展栏中删除末端效应器，镜像完成之后再在相同的面板中建立新的末端效应器。

1.7.3 利用"阵列"复制对象

有时需要创建出多个相同的几何体，而且这些几何体要按照一定的规律进行排列，这时就要用到 ▦（阵列）工具。

1．选择阵列工具

阵列工具位于浮动工具栏中。在工具栏的空白处单击鼠标右键，在弹出的菜单中选择"附加"命令，如图 1-45 所示，弹出"附加"浮动工具栏，单击 ▦（阵列）按钮即可选择，如图 1-46 所示。

下面通过一个例子来介绍阵列复制，操作步骤如下。

（1）在视图中创建一个球体，效果如图 1-47 所示。

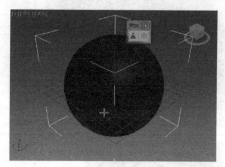

图 1-45　　　　　　图 1-46　　　　　　　　　图 1-47

（2）用鼠标右键单击"顶"视图，然后单击球体将其选中，切换到 ▦（层次）命令面板，从中选择"轴>仅影响轴"按钮，如图 1-48 所示，使用 ✥（选择并移动）工具将球体的坐标中心移到球体以外，如图 1-49 所示，调整轴的位置后，关闭"仅影响轴"按钮。

仅影响轴：只对被选择对象的轴心点进行修改，这时使用移动和旋转工具能够改变对象轴心点的位置和方向。

（3）在浮动工具栏中单击 ▦（阵列）按钮，弹出"阵列"对话框，如图 1-50 所示。

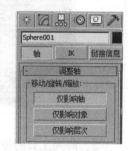

图 1-48

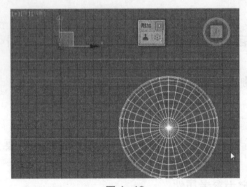

图 1-49

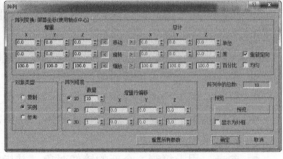

图 1-50

（4）在阵列命令面板中设置参数，然后单击"确定"按钮，可以列出有规律的物体，如表 1-2 所示。

表 1-2

2. 阵列工具的参数

阵列命令面板包括阵列变换、对象类型和阵列维度等选项组。

阵列变换选项组用于指定如何应用 3 种方式来进行阵列复制。

- 增量：分别用于设置 x、y、z 3 个轴向上的阵列物体之间距离大小、旋转角度、缩放程度的增量。
- 总计：分别用于设置 x、y、z 3 个轴向上的阵列物体自身距离大小、旋转角度、缩放程度的增量。

    对象类型选项组用于确定复制的方式。

    阵列维度选项组用于确定阵列变换的维数。
- 1D、2D、3D：根据阵列变换选项组的参数设置创建一维阵列、二维阵列、三维阵列。

    阵列中的总数：表示阵列复制物体的总数。

    重置所有参数：该按钮能把所有参数恢复到默认设置。

1.8 捕捉工具

在建模过程中为了精确定位，使建模更精准，经常会用到捕捉控制器。捕捉控制器由 4 个捕捉工具组成，分别为 ![icon]（捕捉开关）、![icon]（角度捕捉切换）、![icon]（百分比捕捉切换）和 ![icon]（微调器捕捉切换），如图 1-51 所示。

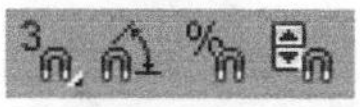

图 1-51

1.8.1 3 种捕捉工具

捕捉工具有 3 种，系统默认设置为 ![icon]（3D 捕捉），在 ![icon]（3D 捕捉）按钮中还隐藏着另外两种捕捉方式，即 ![icon]（2D 捕捉）和 ![icon]（2.5D 捕捉）。

- ![icon]（3D 捕捉）：启用该工具，创建二维图形或者创建三维对象时，鼠标光标可以在三维空间的任何地方进行捕捉。
- ![icon]（2D 捕捉）：只捕捉激活视图构建平面上的元素，z 轴向被忽略，通常用于平面图形的捕捉。
- ![icon]（2.5D 捕捉）：二维捕捉和三维捕捉的结合方式。2.5D 捕捉能捕捉三维空间中的二维图形和激活视图构建平面上的投影点。

1.8.2 角度捕捉

角度捕捉用于捕捉进行旋转操作时的角度间隔，使对象或者视图按固定的增量值进行旋转，系统默认值为 5°。角度捕捉配合旋转工具使用能准确定位。

1.8.3 百分比捕捉

百分比捕捉用于捕捉缩放或挤压操作时的百分比间隔，使比例缩放按固定的增量值进行缩放，用于准确控制缩放的大小，系统默认值为 10％。

1.8.4 捕捉工具的参数设置

捕捉工具必须是在开启状态下才能起作用，单击捕捉工具按钮，按钮变为黄色表示被开启。要想灵活运用捕捉工具，还需要对它的参数进行设置。在捕捉工具按钮上单击鼠标右键，都会弹出"栅格和捕捉设置"窗口，如图 1-52 所示。

- "捕捉"面板：用于调整空间捕捉的捕捉类型。图 1-52 所示为系统默认设置的捕捉类型。栅格点捕捉、端点捕捉和中点捕捉是常用的捕捉类型。
- "选项"面板：用于调整角度捕捉和百分比捕捉的参数，如图 1-53 所示。

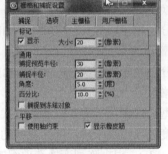

图 1-52   图 1-53

1.9   对齐工具

使用对齐工具可以将物体的方向和比例对齐，还可以进行法线对齐、放置高光、对齐摄影机和对齐视图等操作。对齐工具有实时调节及实时显示效果的功能。

使用对齐工具时首先在场景中选择需要对齐的模型，在工具栏中单击 ▣（对齐）按钮，在场景中单击对齐的目标对象，在弹出的"对齐当前选择"对话框中设置对齐属性，如图 1-54 所示。

当前激活的是"透视"视图，如果将球体放置到长方体中心可以按照图 1-55 所示进行设置。

"对齐当前选择"对话框中的各选项命令介绍如下。

- *X* 位置、*Y* 位置、*Z* 位置：指定要在其中执行对齐操作的一个或多个轴。启用所有 3 个选项可以将当前对象移动到目标对象位置。
- 最小：将具有最小 *X*、*Y* 和 *Z* 值的对象边界框上的点与其他对象上选定的点对齐。
- 中心：将对象边界框的中心与其他对象上的选定点对齐。
- 轴点：将对象的轴点与其他对象上的选定点对齐。

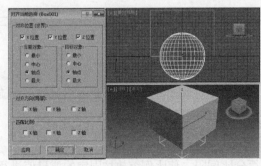

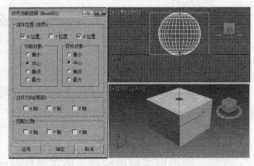

图 1-54   图 1-55

- 最大：将具有最大 *X*、*Y* 和 *Z* 值的对象边界框上的点与其他对象上选定的点对齐。
- "对齐方向（局部）"选项组：这些设置用于在轴的任意组合上匹配两个对象之间的局部坐标系的方向。
- "匹配比例"选项组：使用"*X* 轴"、"*Y* 轴"和"*Z* 轴"复选框，可匹配两个选定对象之间的缩放轴值。该操作仅对变换输入中显示的缩放值进行匹配。这不一定会导致两个对象的大小相同，如果两个对象先前都未进行缩放，则其大小不会更改。

设置球体到长方体的上方，如图 1-56 所示。

完成的效果如图 1-57 所示。

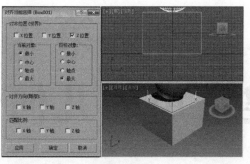
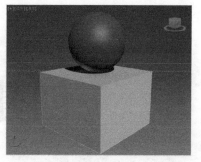

图 1-56 　　　　　　　　　　　　　　　　图 1-57

1.10　物体的轴心控制

轴心控制是控制物体发生变换时的中心，只影响物体的旋转和缩放。物体的轴心控制包括 3 种方式：（使用轴心点控制）、（使用选择中心控制）、（使用变换坐标中心控制）。

1.10.1　使用轴心点控制

把被选择对象自身的轴心点作为旋转、缩放操作的中心。如果选择了多个物体，则以每个物体各自的轴心点进行变换操作。如图 1-58 所示，3 个圆柱体按照自身的坐标中心旋转。

1.10.2　使用选择中心

把选择对象的公共轴心点作为物体旋转和缩放的中心。如图 1-59 所示，3 个圆柱体围绕一个共同的轴心点旋转。

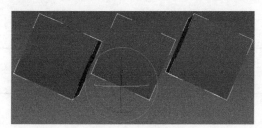

图 1-58 　　　　　　　　　　　　　　　　图 1-59

1.10.3　使用变换坐标中心

把选择的对象所使用当前坐标系的中心点作为被选择物体旋转和缩放的中心。例如，可以通过拾取坐标系统进行拾取，把被拾取物体的坐标中心作为选择物体的旋转和缩放中心。

下面仍通过 3 个立方体进行介绍，操作步骤如下。

（1）用鼠标框选右侧的两个立方体，然后选择坐标系统下拉列表框中的"拾取"选项，如图 1-60 所示。

（2）单击另一个立方体，将两个立方体的坐标中心拾取在一个立方体上。

图 1-60 　　　　　　　　　　　　图 1-61

（3）对这两个立方体进行旋转，会发现这两个立方体的旋转中心是被拾取立方体的坐标中心，如图 1-61 所示。

PART 2

第 2 章
创建常用的几何体

本章介绍

　　在三维动画的制作过程中，三维模型是最重要的一部分，在三维动画领域中需要制作者能够利用手中的工具制作出适合的高品质三维模型。本章将讲解一些常用几何体的创建，使用户对基本建模有所了解并掌握基本的建模方法，为深入学习 3ds Max 2013 打下扎实的基础。

学习目标

● 学会创建常用的标准基本体
● 学会创建常用的扩展基本体

技能目标

● 掌握角几的制作和技巧
● 掌握茶具的制作和技巧
● 掌握沙发的制作和技巧
● 掌握卷轴画的制作和技巧
● 掌握玻璃茶几的制作和技巧

2.1 常用的标准基本体

我们在数学中了解到点、线、面构成几何体图形，由众多几何图形相互连接构成了三维模型。3ds Max 提供了建立三维模型更简单快捷的方法，通过命令面板下的创建工具在视图中拖动就可以制作出漂亮的基本三维模型。

2.1.1 课堂案例——角几的制作

【案例学习目标】熟悉长方体的创建和修改。

【案例知识要点】创建长方体，对长方体进行复制并修改，使用移动复制法复制长方体来完成角几的制作，制作完成后的效果如图 2-1 所示。

【贴图文件位置】CDROM/Map/Ch02/2.1.1 角几。

【模型文件所在位置】CDROM/Scence/Ch02/2.1.1 角几.max。

【参考场景文件所在位置】CDROM/Scence/ Ch02/2.1.1 角几场景.max。

图 2-1

（1）单击"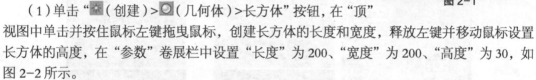（创建）>（几何体）>长方体"按钮，在"顶"视图中单击并按住鼠标左键拖曳鼠标，创建长方体的长度和宽度，释放左键并移动鼠标设置长方体的高度，在"参数"卷展栏中设置"长度"为 200、"宽度"为 200、"高度"为 30，如图 2-2 所示。

（2）在菜单栏中选择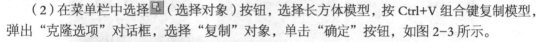（选择对象）按钮，选择长方体模型，按 Ctrl+V 组合键复制模型，弹出"克隆选项"对话框，选择"复制"对象，单击"确定"按钮，如图 2-3 所示。

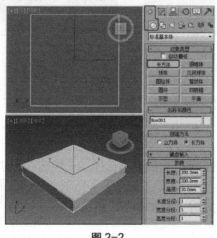

图 2-2

图 2-3

（3）切换到（修改）命令面板，修改模型参数，在"参数"卷展栏中设置"长度"为 30、"宽度"为 30、"高度"为 350，如图 2-4 所示。

（4）选择长方体 002 模型，在菜单栏中单击（对齐）按钮，在"顶"视图中单击长方体 001，弹出"对齐当前选择"对话框，选择对齐"X 位置"、"Y 位置"，选择"当前对象"的"最小"位置对齐"目标对象"的"最小"位置，如图 2-5 所示，单击"应用"按钮。

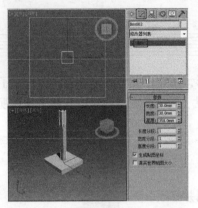
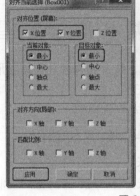
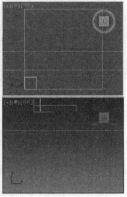

图 2-4   图 2-5

（5）单击"应用"按钮后，位置选项自动清空，选择对齐"Z 位置"选项，选择"当前对象"的"最大"位置对齐"目标对象"的"最小"位置，单击"确定"按钮，如图 2-6 所示。

（6）使用移动复制法复制角几腿模型，使用前面介绍的方法调整模型的位置，完成后的模型如图 2-7 所示。

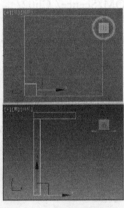
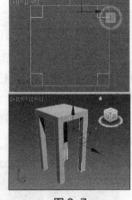

图 2-6   图 2-7

2.1.2 长方体

"长方体"是最基础的标准几何对象，用于制作立方体或长方体，下面介绍长方体的创建方法以及其参数的设置和修改。

1. 创建长方体

创建长方体有两种方式，可以在"创建方法"卷展栏中选择，一种是"立方体"创建方式，另一种是"长方体"创建方式，默认为"长方体"，如图 2-8 所示。

- "立方体"创建方式：以立方体方式创建，操作简单，但只限于创建立方体。

图 2-8

- "长方体"创建方式：以长方体方式创建，是系统默认的创建方式，用法比较灵活。

长方体的创建方法比较简单，也比较典型，是学习创建其他几何体的基础，其操作步骤如下。

（1）单击" （创建）> （几何体）>长方体"按钮，在视图中单击并按住鼠标左键拖曳鼠标，拖出长方体的长度和宽度后释放鼠标。

（2）移动鼠标光标，拖曳出长方体的高度。

（3）单击鼠标完成长方体的创建。

2. 长方体的参数

- "名称和颜色"卷展栏：左框显示对象名称，一般在视图中创建一个物体，系统会自动赋予一个表示自身类型的名称，如 Box001、Cone001、Teapot001 等，同时允许自定义对象名称。名称右侧的颜色色块显示对象颜色，单击它可以调出"对象颜色"对话框，如图 2-9 所示。此窗口用于设置几何体的颜色，单击颜色色块选择合适的颜色后，单击"确定"按钮完成设置，单击"取消"按钮则取消颜色设置。单击"添加自定义颜色"按钮，可以自定义颜色。
- "键盘输入"卷展栏（如图 2-10 所示）：对于简单的基本建模使用键盘创建方式比较方便，直接在面板中输入几何体的创建参数，然后单击"创建"按钮，视图中会自动生成该几何体。如果创建较为复杂的模型，建议使用手动方式建模。

"名称和颜色"、"键盘输入"卷展栏是几何体的公共参数。

- "参数"卷展栏：用于调整对象的体积、形状以及表面的光滑度。在参数的数值框中可以直接输入数值进行设置，也可以利用数值框旁边的 ＊（微调器）进行调整，如图 2-11 所示。

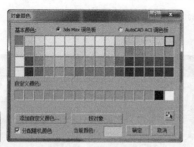

| 图 2-9 | 图 2-10 | 图 2-11 |

- ◆ 长度、宽度、高度：用于确定长、宽、高三边的长度。
- ◆ 长度分段、宽度分段、高度分段：用于控制长、宽、高三边上的段数，段数越多，表面就越细腻。
- ◆ 生成贴图坐标：用于自动指定贴图坐标。

3. 参数的修改

长方体的参数比较简单，修改的参数也比较少，在设置好修改参数后，按 Enter 键确认，即可得到修改后的效果，如表 2-1 所示。

几何体的段数是控制几何体表面光滑程度的参数，段数越多，表面就越光滑。但要注意的是，并不是段数越多越好，应该在不影响几何体形体的前提下将段数降到最低。在进行复杂建模时，如果对象不必要的段数过多，会影响建模和后期渲染的速度。

表 2-1

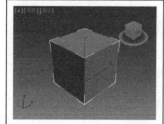

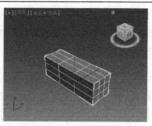

2.1.3 圆锥体

圆锥体用于制作圆锥、圆台、四棱锥和棱台以及它们的局部（包括圆柱、棱柱体），下面介绍圆锥体的创建方法及其参数的设置和修改。

1．创建圆锥体

创建圆锥体同样有两种方式，可以在"创建方法"卷展栏中选择，一种是"边"创建方式，另一种是"中心"创建方式，如图 2-12 所示。

图 2-12

- "边"创建方式：以边界为起点创建圆锥体，在视图中单击鼠标左键形成的点即为圆锥体底面的边界起点，随着光标的拖曳始终以该点作为锥体的边界。
- "中心"创建方式：以中心为起点创建圆锥体，系统将采用在视图中第 1 次单击鼠标左键形成的点作为圆锥体底面的中心点，是系统默认的创建方式。

创建圆锥体的方法比长方体多一个步骤，操作步骤如下（如图 2-13 所示）。

（1）单击"（创建）>（几何体）>圆锥体"按钮，在"顶"视图中拖曳鼠标，拖出圆锥体的半径 1。

（2）释放鼠标左键并向上移动，生成圆锥体的高。

（3）向圆锥的内侧或外侧拖曳鼠标，拖出圆锥的二级半径。

（4）单击鼠标完成圆锥体的创建。

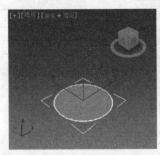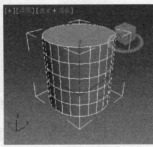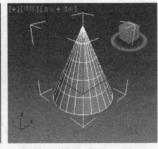

图 2-13

2．圆锥体的参数

圆锥体的"参数"卷展栏中各项功能介绍如下（如图 2-14 所示）。

- 半径 1、半径 2：分别用于设置圆锥体两个端面（端面和底面）的半径。如果两个值都不为 0，则产生圆台或棱柱体；如果有一个值为 0，则产生锥体；如果两个值相等，则产生柱体。
- 高度：用于设置圆锥体的高度。
- 高度分段：用于设置圆锥体在高度上的段数。
- 端面分段：用于设置圆锥体在两端平面上沿半径方向上的段数。
- 边数：用于设置圆锥体端面圆周上的片段划分数。值越高，圆锥体越光滑，对棱锥来说，边数决定它属于几棱锥。
- 平滑：表示是否进行表面光滑处理。开启时，产生圆锥、圆台；关闭时，产生棱锥、棱台。
- 启用切片：表示是否进行局部切片处理，制作不完整的锥体。
- 切片起始位置：用于确定切除部分的起始幅度。
- 切片结束位置：用于确定切除部分的结束幅度。

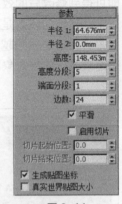

图 2-14

2.1.4　球体

"球体"用于制作完整的球体、半球体或球体的其他部分，通过对其参数的修改也可以制作局部球体，下面介绍球体的创建方法及其参数的设置和修改。

1．创建球体

创建球体的方式也有两种，与锥体相同，这里就不再介绍了。

球体的创建方法非常简单，操作步骤如下。

（1）单击"■（创建）>◎（几何体）>球体"按钮，按住鼠标左键并拖曳鼠标，在视图中拉出球体。

（2）释放鼠标左键，完成球的制作。

2．球体的参数

图 2-15

球体的"参数"卷展栏中各项功能介绍如下（如图 2-15 所示）。

● 半径：用于设置球体的半径大小。

● 分段：用于设置表面的段数，值越高，表面越光滑，造型也越复杂。

● 平滑：用于设置是否对球体表面进行自动光滑处理（系统默认是开启的）。

● 半球：用于创建半球或球体的一部分。值由 0 到 1 可调。默认为 0，表示建立完整的球体，增加数值，球体被逐渐减去；值为 0.5 时，制作出半球体；值为 1 时，球体全部消失。

● 切除：通过在半球断开时将球体中的顶点和面切除来减少它们的数量。默认设置为启用。

● 挤压：保持原始球体中的顶点数和面数，将几何体向着球体的顶部挤压，直到体积越来越小。

● 轴心在底部：在建立球体时，默认方式为把球体的重心设置在球体的正中央。勾选此复选框会将重心设置在球体的底部。

其他参数请参见前面章节参数说明。

2.1.5　圆柱体

"圆柱体"功能用于生成圆柱体，可以围绕其主轴进行"切片"，下面介绍圆柱体的创建方法其及参数的设置和修改。

1．创建圆柱体

圆柱体的创建方法与长方体基本相同，操作步骤如下（如图 2-16 所示）。

（1）单击"■（创建）>◎（几何体）>圆柱体"按钮，按住鼠标左键并拖曳鼠标，在视图中拖曳出圆柱体的径面。

（2）释放鼠标左键后移动鼠标确定柱体的高度。

（3）单击鼠标，完成圆柱体的制作。

2．圆柱体的参数

圆柱体的"参数"卷展栏中各项功能介绍如下（如图 2-17 所示）。

● 半径：用于设置底面和顶面的半径。

● 高度：用于确定圆柱体的高度。

● 高度分段：用于确定圆柱体在高度上的段数。如果要弯曲圆柱体，高度段数可以产生光滑的弯曲效果。

- 端面分段：用于确定在圆柱体两个端面上沿半径方向的段数。
- 边数：用于确定圆周上的片段划分数（即棱柱的边数），对于圆柱体，边数越多越光滑。其最小值为3，此时圆柱体的截面为三角形。
- 平滑：用于设置是否在建立柱体的同时进行表面自动平滑，对于圆柱体来讲应该将其勾选，对于棱柱体要将其取消勾选。
- 启用切片：用于设置是否开启切片设置，勾选此复选框，可以在其下面的微调框中调节柱体局部切片的大小。

其他参数请参见前面章节参数说明。

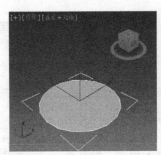 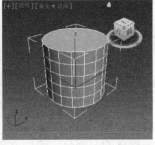 

图 2-16 　　　　　　　　　　　　　　　　　　　　　图 2-17

2.1.6　几何球体

"几何球体"用于建立以三角面相拼接而成的球体或半球体，它不像球体那样可以控制切片局部的大小。几何球体的长处在于：在点面数一致的情况下，几何球体比球体更加光滑；它是由三角形拼接组成的，在进行面的分离特技时（如爆炸），可以分解成三角面或标准四面体、八面体。下面介绍几何球体的创建方法及其参数的设置和修改。

1．创建几何球体

创建几何球体有两种方式，可以在"创建方法"卷展栏中选择，一种是"直径"创建方式，另一种是"中心"创建方式，如图 2-18 所示。

图 2-18

- "直径"创建方式：以直径方式拉出几何球体。在视图中以第 1 次单击鼠标左键形成的点为起点，把光标的拖曳方向作为所创建几何球体的直径方向。
- "中心"创建方式：以中心方式拉出几何球体。在视图中以第 1 次单击鼠标左键形成的点作为要创建的几何球体的圆心，拖曳鼠标的位移大小作为所要创建球体的半径，是系统默认的创建方式。

几何球体的创建方法与球体相同，操作步骤如下。

（1）单击"　（创建）>　（几何体）>几何球体"按钮，按住鼠标左键并拖曳鼠标，在视图中生成一个几何球体，移动光标可以调整几何球体的大小。

（2）在适当位置释放鼠标左键，完成几何球体的创建。

2．几何球体的参数

几何球体的"参数"卷展栏中各项功能介绍如下（如图 2-19 所示）。

- 半径：用于确定几何球体的半径大小。
- 分段：用于设置球体表面的复杂度，值越大，三角面越多，球体也越光滑。
- 基点面类型：用于确定由哪种类型的多面体组合成球体，包括四面体、八面体、二十面体，如图 2-20 所示。

其他参数请参见前面章节中的参数说明。

图 2-19

图 2-20

2.1.7 管状体

"管状体"用于建立各种空心管状体对象，包括圆管、棱管以及局部圆管，下面介绍管状体的创建方法及其参数的设置和修改。

1．创建管状体

管状体的创建方法与其他几何体不同，操作步骤如下（如图 2-21 所示）。

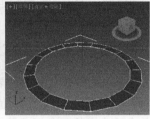
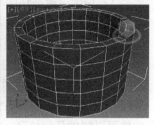

图 2-21

（1）单击"（创建）>（几何体）>管状体"按钮，按住鼠标左键并拖曳鼠标，在视图中拖曳出一个圆形线圈，释放鼠标左键确定"半径 1"的参数。

（2）移动鼠标光标，单击并确定"半径 2"的参数。

（3）移动鼠标光标，确定管状体的高度。

（4）单击鼠标左键，完成管状体的制作。

2．管状体的参数

管状体的"参数"卷展栏中各项功能介绍如下（如图 2-22 所示）。

- 半径 1、半径 2：分别用于确定管状体内径和外径的大小。
- 高度：用于确定管状体的高度。
- 高度分段：用于确定管状体高度上的片段划分数。
- 端面分段：用于确定上、下底面沿半径轴的分段数目。

图 2-22

- 边数：用于设置圆管上边数的多少。值越大，圆管越光滑，对棱管来说，边数值决定它是几棱管。

其他参数请参见前面章节中的参数说明。

2.1.8 圆环

"圆环"可以生成一个具有圆形横截面的环，通过对圆环边数、平滑、旋转和扭曲等的控制组合使用，以创建复杂的圆环变体。下面介绍圆环的创建方法及其参数的设置和修改。

1．创建圆环

创建圆环的操作步骤如下（如图 2-23 所示）。

（1）单击"※（创建）>◯（几何体）>圆环"按钮，单击鼠标左键并拖曳鼠标，在视图中创建一级圆环。

（2）释放鼠标左键，创建二级圆环，单击鼠标，完成圆环的创建。

2．圆环的参数

圆环的"参数"卷展栏中各项功能介绍如下（如图 2-24 所示）。

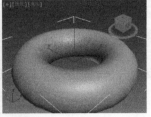

图 2-23

图 2-24

- 半径 1：用于设置圆环中心与截面正多边形的中心距离。
- 半径 2：用于设置截面正多边形的内径。
- 旋转：用于设置每一片段截面沿圆环轴旋转的角度，如果进行扭曲设置或以不光滑表面着色，则可以看到它的效果。
- 扭曲：用于设置每个截面扭曲的角度，产生扭曲的表面。
- 分段：用于确定沿圆周方向上片段被划分的数目。值越大，得到的圆环越光滑，较小的值可以制作几何棱环，如台球桌上的三角框（最小值为 3）。
- 边数：用于设置圆环界面的光滑度，边数越大越光滑。
- 全部：用于对所有表面进行光滑处理。
- 侧面：用于对相邻的边界进行光滑处理。
- 无：不进行光滑处理。
- 分段：用于对每个独立的片段进行光滑处理。

其他参数请参见前面章节中的参数说明。

2.1.9　四棱锥

"四棱锥"拥有方形或矩形底部和三角形侧面，用于创建类似于金字塔形状的四棱锥模型。下面介绍四棱锥的创建方法及其参数的设置和修改。

1．创建四棱锥

四棱锥的创建方式有两种，可以在"创建方法"卷展栏中选择，一种是"基点/顶点"创建方式，另一种是"中心"创建方式，如图 2-25 所示。

- "基点/顶点"创建方式：系统把第 1 次单击鼠标形成的点作为四棱锥底面点或顶点，是系统默认的创建方式。
- "中心"创建方式：系统把第 1 次单击鼠标形成的点作为四棱锥底面的中心点。

四棱锥的创建比较简单，和圆柱体比较相似，操作步骤如下（如图 2-26 所示）。

（1）单击"※（创建）>◯（几何体）>四棱锥"按钮，按住鼠标左键并拖曳鼠标，在视图中生成一个方形平面。

（2）释放鼠标左键，移动鼠标光标确定四棱锥的高度，单击鼠标完成四棱锥的创建。

2．四棱锥的参数

四棱锥的"参数"卷展栏中各项功能介绍如下（如图 2-27 所示）。

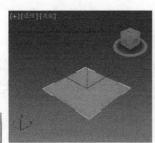
图 2-25

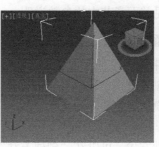
图 2-26

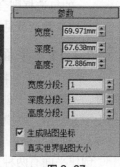
图 2-27

- 宽度/深度：用于确定底面矩形的长和宽。
- 高度：用于确定锥体的高。
- 宽度分段：用于确定沿底面宽度方向的分段数。
- 深度分段：用于确定沿底面深度方向的分段数。
- 高度分段：用于确定沿四棱锥高度方向的分段数。

其他参数请参见前面章节中的参数说明。

2.1.10　茶壶

茶壶生成由盖子、壶身、壶柄、壶嘴组成的合成对象。用茶壶工具可以建立一只标准的茶壶造型，或者它的一部分（如茶壶、壶嘴等），如图 2-28 所示。

1．创建茶壶

茶壶的创建方法与球体相似，创建步骤如下。

（1）单击" （创建） （几何体）>茶壶"按钮，按住鼠标左键并拖曳鼠标，在视图中生成一个茶壶。

（2）在适当的位置释放鼠标左键，茶壶创建完成。

2．茶壶的参数

茶壶的"参数"卷展栏中各项功能介绍如下（如图 2-29 所示）。

图 2-28

图 2-29

- 半径：用于确定茶壶的大小。
- 分段：用于确定茶壶表面的划分精度，值越大，表面越细腻。
- 平滑：用于设置是否自动进行表面光滑处理。
- 茶壶部件：用于设置各部分的取舍，分为壶体、壶把、壶嘴、壶盖 4 部分，勾选前面的复选框则会显示相应的部件。

其他参数请参见前面章节中的参数说明。

2.1.11　平面

"平面"对象是特殊类型的平面多边形网格，可在渲染时无限放大。平面创建的物体没有厚度，一般适用于创建地面、玻璃等平面物体。设置好分段后，可以将任何类型的修改器应用于平面模型，以模拟陡峭的地形。

1．创建平面

创建平面有两种方式，可以在"创建方法"卷展栏中选择，一种是"矩形"创建方式，另一种是"正方形"创建方式，如图 2-30 所示。

图 2-30

- "矩形"创建方式：分别确定两条边的长度，创建矩形平面。
- "正方形"创建方式：只需给出一条边的长度，创建正方形平面。

创建平面的方法和球体相似，操作步骤如下。

（1）单击 " ✳（创建）> ◯（几何体）>平面"按钮，按住鼠标左键并拖曳鼠标，在视图中生成一个平面。

（2）释放鼠标左键，平面创建完成。

2．平面的参数

平面的"参数"卷展栏中各项功能介绍如下（如图 2-31 所示）。

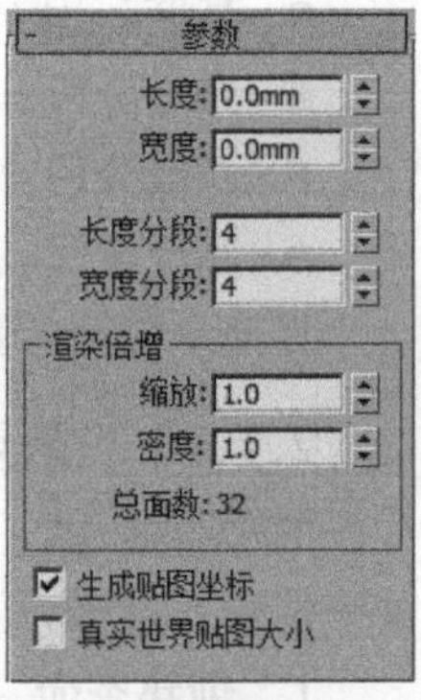

- 长度/宽度：分别用于确定平面的长、宽，以决定平面的大小。
- 长度分段：用于确定沿平面长度方向的分段数，默认值为 4。
- 宽度分段：用于确定沿平面宽度方向的分段数，默认值为 4。
- 缩放：渲染时平面的长和宽均以该尺寸比例倍数扩大或缩小。
- 密度：渲染时平面的长和宽方向上的分段数均以该密度比例倍数扩大。
- 总面数：用于显示平面对象全部的面片数。

图 2-31

2.1.12　课堂案例——茶具的制作

【案例学习目标】熟悉标准基本体的应用及变化。

【案例知识要点】创建"茶壶"作为茶壶模型；创建"圆柱体"施加"编辑多边形"、"涡轮平滑"修改器制作托盘模型；创建"球体"施加"编辑多边形"、"壳"、"涡轮平滑"修改器制作茶杯模型，制作完成后的效果如图 2-32 所示。

【贴图文件位置】CDROM/Map/Ch02/2.1.12 茶具。

【模型文件所在位置】CDROM/Scence/Ch02/2.1.12 茶具.max。

图 2-32

【参考场景文件所在位置】CDROM/ Scence/Ch02/2.1.12 茶具场景.max。

（1）单击 " ✳（创建）> ◯（几何体）>茶壶"按钮，在"顶"视图中创建茶壶，在"参数”卷展栏中设置“半径”为188、“分段”为8，如图2-33所示。

（2）单击“（创建）>（几何体）>圆柱体”按钮，在“顶”视图中创建圆柱体，在“参数”卷展栏中设置“半径”为580、“高度”为60、“高度分段”为1、“端面分段”为2、“边数”为30，如图2-34所示。

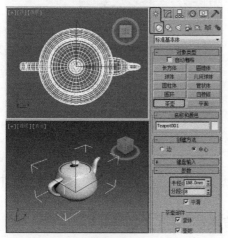

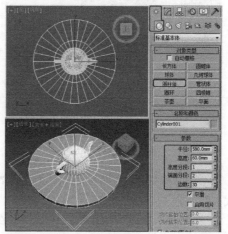

图 2-33　　　　　　　　　　　　　　　图 2-34

（3）切换到（修改）命令面板，为圆柱体施加“编辑多边形”修改器，将选择集定义为“顶点”，在“顶”视图中框选中间的顶点，使用（选择并均匀缩放）工具均匀缩放顶点，如图2-35所示。

（4）将选择集定义为“多边形”，在“选择”卷展栏中勾选“忽略背面”选项，在“顶”视图中选择如图2-36所示的多边形。

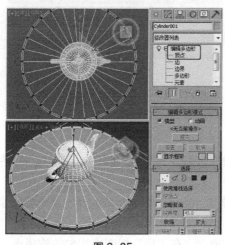

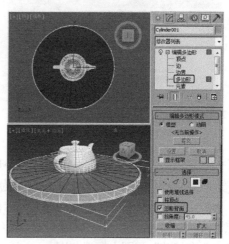

图 2-35　　　　　　　　　　　　　　　图 2-36

（5）在“编辑多边形”卷展栏中单击“挤出”后的（设置）按钮，在弹出的小盒中设置“高度”为-45，如图2-37所示，单击（确定）按钮。

（6）将选择集定义为“顶点”，在“选择”卷展栏中勾选“忽略背面”选项，在“前”视图中框选下边的顶点，在“顶”视图中使用（选择并均匀缩放）工具均匀缩放顶点，如图2-38所示。

图 2-37

图 2-38

（7）关闭选择集，为模型施加"涡轮平滑"修改器，在"涡轮平滑"参数卷展栏中设置"迭代次数"为1，如图 2-39 所示。

（8）在"顶"视图中使用 （选择并均匀缩放）工具沿 Y 轴缩放模型，效果如图 2-40 所示。

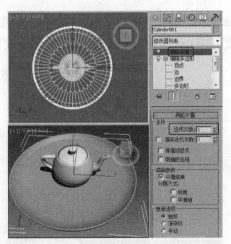

图 2-39

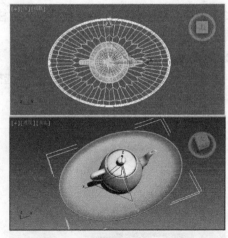

图 2-40

（9）单击" ✳（创建）> ⬭（几何体）>球体"按钮，在"顶"视图中创建球体，在"参数"卷展栏中设置"半径"为80、"分段"为10，如图 2-41 所示。

（10）切换到 ⬭（修改）命令面板，为球体施加"编辑多边形"修改器，将选择集定义为"顶点"，在"前"视图中沿 Y 轴缩放下边两组顶点，如图 3-42 所示。

（11）在"前"视图中框选如图 2-43 所示的顶点，在"顶"视图中均匀缩放顶点。

（12）将选择集定义为"多边形"，在"前"视图中选择如图 2-44 所示的多边形，按 Delete 键将多边形删除。

（13）为模型施加"壳"修改器，在"参数"卷展栏中设置"外部量"为 8，如图 2-45 所示。

（14）为模型施加"涡轮平滑"修改器，在"涡轮平滑"卷展栏中设置"迭代次数"为2，如图 2-46 所示。

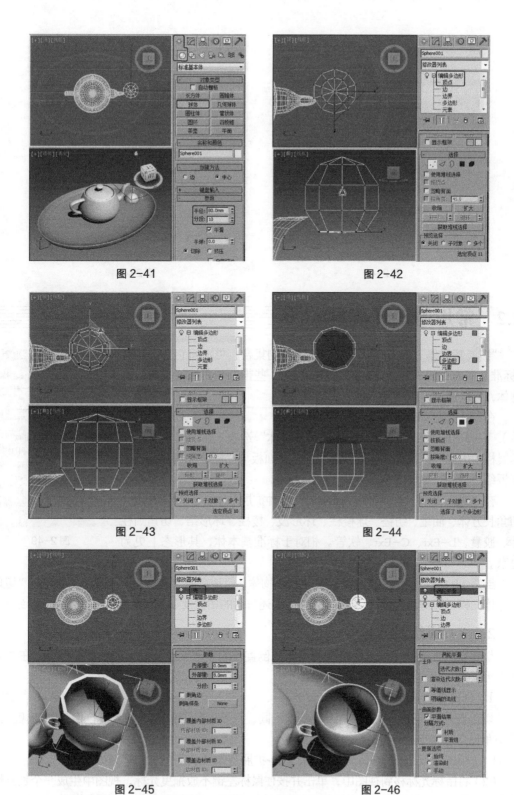

图 2-41　　　　　　　　　　　　图 2-42

图 2-43　　　　　　　　　　　　图 2-44

图 2-45　　　　　　　　　　　　图 2-46

（15）调整场景中模型的位置，使用移动复制法复制茶杯模型，如图 2-47 所示。

（16）选择托盘模型，鼠标右击 ⟥ （选择并均匀缩放）工具，在弹出的对话框中输入合适的参数调整托盘模型的大小，如图 2-48 所示。

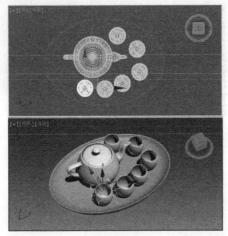

图 2-47　　　　　　　　　　　　图 2-48

2.2　常用的扩展基本体

　　"扩展基本体"是 3ds Max 复杂基本体的集合，可以将它看作是对"标准基本体"的一个补充。如果想要制作一些带有倒角或特殊形状的物体，可以通过"扩展基本体"模型来完成。

　　在 ◎（几何体）选项卡中，单击 标准基本体 ▾（对象类型菜单），在弹出的下拉列表中选择"扩展基本体"选项，在"对象类型"卷展栏中出现"扩展基本体"创建面板，此面板与"标准基本体"创建面板结构相同，如图 2-49 所示。

图 2-49

　　在"对象属性"卷展栏中，列出了 13 种扩展基本体，即异面体、切角长方体、油罐、纺锤、球棱柱、环形波、棱柱、环形结、切角圆柱体、胶囊、L-Ext、C-Ext、软管。相对于标准基本体，其形态上更为复杂。

　　虽然 3ds Max 提供了 13 种扩展几何三维物体，但是在制作效果图中经常用到的只有"切角长方体"和"切角圆柱体"。下面将详细地讲述它们的用途及参数，其余的在这里就不介绍了。

2.2.1　切角长方体

　　切角长方体可以用来创建带有倒圆角或倒直角的立方体及长方体的各种变体等，在效果图中可以用来制作沙发、家具等构件。

1．创建切角长方体

　　切角长方体与长方体的创建方法基本相同，只是比长方体多了一个设置倒角的步骤。创建切角长方体的步骤如下。

　　（1）单击" ✦（创建）> ◎（几何体）>扩展基本体>切角长方体"按钮。

　　（2）将鼠标光标移到视图中，单击并按住鼠标左键不放拖曳光标，视图中生成一个长方形平面，如图 2-50 所示，在适当的位置松开鼠标左键并上下移动光标，调整其高度，如图 2-51 所示，单击鼠标左键后再次上下移动光标，调整其圆角的系数，再次单击鼠标左键，切角长方体创建完成，效果如图 2-52 所示。

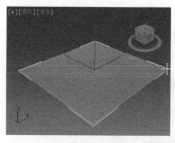
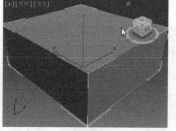
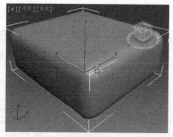

图2-50　　　　　　　　　　图2-51　　　　　　　　　　图2-52

2．切角长方体的参数

切角长方体的"参数"卷展栏如图2-53所示。

- 长度/宽度/高度：与长方体的一样，在这里就不重复讲述了。
- 圆角：决定切角长方体圆角半径的大小（数值越大，圆角越大，当数值为0时，变成长方体）。
- 圆角分段：设置圆角的分段数，值越高，圆角越圆滑。在一般情况下设置为3就足够了，但必须勾选"平滑"选项，如不勾选，那就变成了直角。

其他参数请参见前面章节中的参数说明。

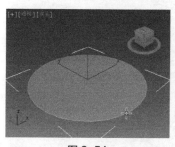

图2-53

2.2.2　切角圆柱体

切角圆柱体可以用来创建带有切圆角或切直角的圆柱体、多边体等。在效果图中可以用来制作圆形桌面、茶几面、各种家具等构件。

1．创建切角圆柱体

切角圆柱体和切角长方体创建方法相同，两者都具有圆角的特性。创建切角圆柱体的步骤如下。

（1）单击"　（创建）>　（几何体）>扩展基本体>切角圆柱体"按钮。

（2）将鼠标光标移到视图中，单击并按住鼠标左键不放拖曳光标，视图中生成一个圆形平面，如图2-54所示，在适当的位置松开鼠标左键并上下移动光标，调整其高度，如图2-55所示，单击鼠标左键后再次上下移动光标，调整其圆角的系数，再次单击鼠标左键，切角圆柱体创建完成，效果如图2-56所示。

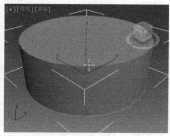

图2-54　　　　　　　　　　图2-55　　　　　　　　　　图2-56

2．切角圆柱体的参数

切角圆柱体的"参数"卷展栏如图2-57所示。

- 半径/高度：与圆柱体的控制参数一样，在这里就不重复讲述了。
- 圆角：设置切角圆柱体的圆角半径，确定圆角的大小（数值越大，圆角越大，当数值为 0 时，变成圆柱体）。

- 圆角分段：设置圆角的分段数，值越高，圆角越圆滑（效果与切角长方体的一样）。
其他参数请参见前面章节中的参数说明。

图 2-57

2.2.3 课堂案例——沙发的制作

【案例学习目标】熟悉扩展基本体的应用及变化。

【案例知识要点】创建"切角长方体"作为沙发的主
体；创建"切角圆柱体"作为沙发腿的底座模型；创建
"圆柱体"作为沙发腿的支架模型，制作完成后的效果如
图 2-58 所示。

【贴图文件位置】CDROM/Map/Ch02/2.2.3 沙发。

【模型文件所在位置】CDROM/Scence/Ch02/2.2.3
沙发.max。

图 2-58

【参考场景文件所在位置】CDROM/Scence/Ch02/2.2.3 沙发场景.max。

（1）单击 " （创建）> （几何体）>扩展基本体> 切角圆柱体"按钮，在"顶"视
图中创建切角长方体作为沙发底架模型，在"参数"卷展栏中设置"长度"为 550、"宽度"
为 1100、"高度"为 200、"圆角"为 6、"圆角分段"为 3，如图 2-59 所示。

（2）在"前"视图中使用移动复制法复制模型，作为沙发的坐垫模型，修改复制出模型
的参数，设置"高度"为 110、"圆角"为 30，在工具栏中单击 （对齐）按钮，在"前"视
图中单击切角长方体 001，在弹出的对话框中选择对齐"y 位置"，以"当前对象"的"最小"
位置对齐"目标对象"的"最大"位置，单击"确定"按钮，如图 2-60 所示。

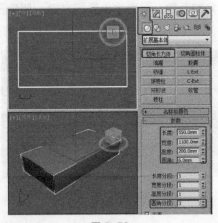

图 2-59

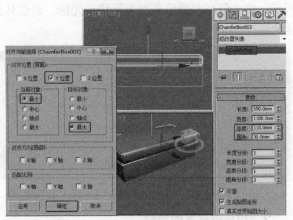

图 2-60

（3）在"左"视图中创建切角长方体作为沙发扶手模型，在"参数"卷展栏中设置"长
度"为 500、"宽度"为 550、"高度"为 120、"圆角"为 15，调整模型至合适的位置，如

图 2-61 所示。

（4）在“前”视图中使用移动复制法复制扶手模型，在工具栏中单击（对齐）按钮，在“前”视图中单击切角长方体 001 模型，在弹出的对话框中选择对齐“x 位置”，以“当前对象”的“最小”位置对齐“目标对象”的“最大”位置，单击“确定”按钮，如图 2-62 所示。

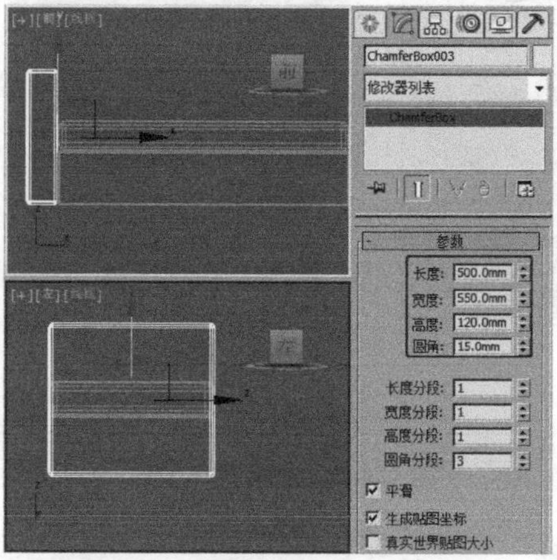

图 2-61

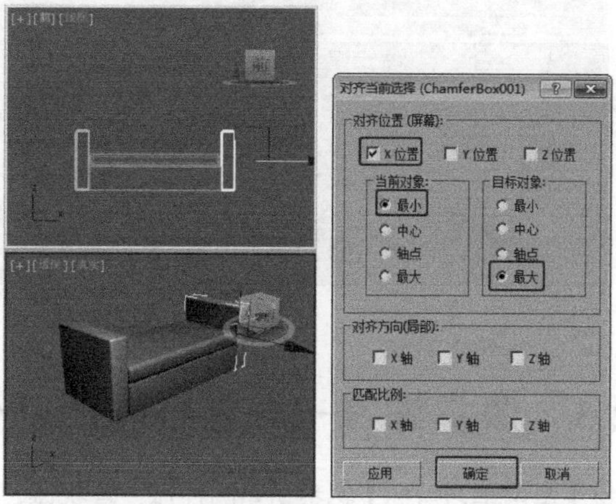

图 2-62

（5）选择沙发垫模型，按 Ctrl+V 组合键复制模型，作为沙发的靠背，修改复制出模型的参数，设置“圆角”为 20，在工具栏中激活（角度捕捉切换），在“左”视图中使用（选择并旋转）工具调整模型角度，使用（选择并移动）工具调整模型至合适的位置，如图 2-63 所示。

（6）单击“（创建）>（几何体）>扩展基本体> 切角圆柱体”按钮，在“顶”视图中创建切角圆柱体作为底座，在“参数”卷展栏中设置“半径”为 50、“高度”为 15、“圆角”为 5、“圆角分段”为 3、“边数”为 30，调整模型至合适的位置，如图 2-64 所示。

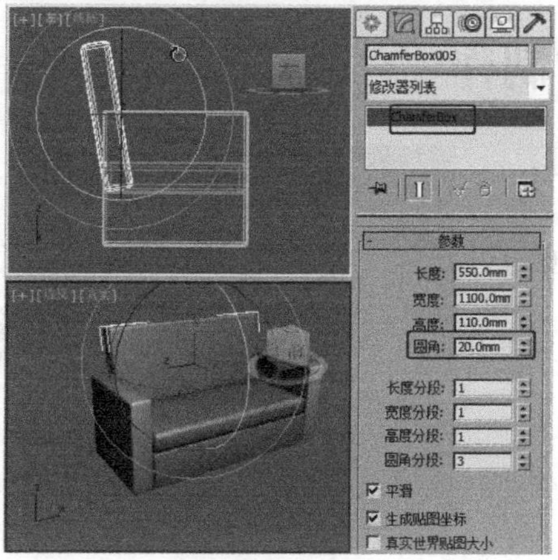

图 2-63

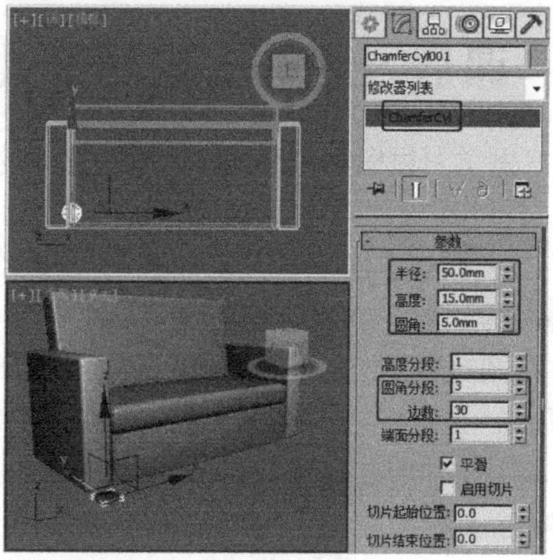

图 2-64

（7）单击“（创建）>（几何体）>标准基本体> 圆柱体”按钮，在“顶”视图中创建圆柱体作为支柱模型，在“参数”卷展栏中设置“半径”为 25、“高度”为 80、“高度分段”为 1，使用（对齐）工具调整模型至合适的位置，如图 2-65 所示。

（8）复制沙发腿，调整复制出的模型至合适的位置，如图 2-66 所示。

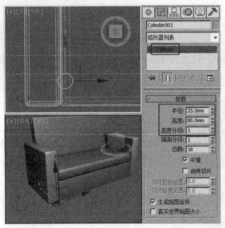

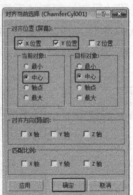

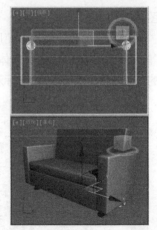

图 2-65　　　　　　　　　　　　图 2-66

2.3　课堂练习——卷轴画的制作

【案例学习目标】熟悉切角圆柱体、管状体、圆柱体和平面模型的创建。

【案例知识要点】创建切角圆柱体和圆柱体作为轴，创建管状体作为装饰裱，创建平面作为装饰画，完成的模型如图 2-67 所示。

【贴图文件位置】CDROM/Map/Ch02/2.3 卷轴画。

【模型文件所在位置】CDROM/Scence/Ch02/2.3 卷轴画.max。

图 2-67

【参考场景文件所在位置】CDROM/Scence/Ch02/2.3 卷轴画场景.max。

2.4　课后习题——玻璃茶几的制作

【案例学习目标】熟悉长方体和圆柱体的创建。

【案例知识要点】使用长方体创建玻璃茶几桌面玻璃，使用圆柱体创建玻璃茶几支架，完成的模型如图 2-68 所示。

【贴图文件位置】CDROM/Map/Ch02/2.4 玻璃茶几。

【模型文件所在位置】CDROM/Scence/Ch02/2.4 玻璃茶几.max。

图 2-68

【参考场景文件所在位置】CDROM/Scence/Ch02/2.4 玻璃茶几场景.max。

PART 3

第 3 章
创建二维图形

本章介绍

　　二维图形是指由一条或多条曲线或直线组成的对象。本章将介绍二维图形的创建及其参数的修改方法，并对线的创建和修改方法进行重点介绍。用户通过对本章的学习应该掌握线的绘制，并能自己制作出符合实际的二维图形。

学习目标

- 了解二维图形的用途
- 学会创建二维图形

技能目标

- 掌握倒角文本的制作和技巧
- 掌握冰箱贴的制作和技巧
- 掌握铁艺果盘的制作和技巧
- 掌握五角星的制作和技巧

3.1 二维图形的用途

- 作为平面和线条物体：对于封闭的图形，加入网格物体编辑修改器，可以将它变为无厚度的薄片物体，用作地面、文字图案、广告牌等，也可以对它进行点面的加工，产生曲面造型。并且，设置相应的参数后，这些图形也可以被渲染。
- 作为"挤出"、"车削"等加工成型的截面图形：图形可以经过"挤出"修改，增加厚度，产生三维框，还可以使用"倒角"修改器将其加工成带有倒角的三维模型；"车削"修改器可以将曲线图形进行中心旋转放样，产生三维模型。
- 作为放样物体使用的曲线：在放样过程中，使用的曲线都是图形，它们可以作为路径、截面图形。
- 作为运动路径：图形可以作为物体运动时的运动轨迹，使物体沿着它进行运动。

3.2 创建二维图形

二维图形建模是三维模型的一个重要基础。使用"线形"可创建多个分段组成的自由形式样条线。

二维图形是创建复合物体、表面建模、制作动画的重要组成部分，用二维图形能创建出3ds Max 2013 内置几何体中没有的特殊形体，这是最主要的一种建模方法。

3.2.1 课堂案例——制作倒角文本

【案例学习目标】掌握二维图形的创建和参数修改。

【案例知识要点】通过图形工具中的"文本"工具生成二维文字图形，通过为文字图形施加"倒角"修改器来产生厚度和倒角的效果，制作完成后的效果如图 3-1 所示。

【贴图文件位置】CDROM/Map/Ch03/3.2.1 倒角文本。

【模型文件所在位置】CDROM/ Scence/Ch03/3.2.1 倒角文本.max。

【参考场景文件所在位置】CDROM/Scence/Ch03/3.2.1 倒角文本场景.max。

图 3-1

（1）单击" （创建）> （图形）>文本"按钮，在"参数"卷展栏中选择一种合适的字体，设置字体的"大小"为200，在"文本"框中输入文本，在"前"视图中单击创建文本，如图 3-2 所示。

（2）切换到 （修改）命令面板，在"参数"卷展栏的"相交"组中勾选"避免线相交"选项，设置合适的"分离"数值；在"倒角值"卷展栏中勾选"级别 2"选项并设置"高度"为 20，勾选"级别 3"选项并设置"高度"为 5、"轮廓"为−5，如图 3-3 所示。

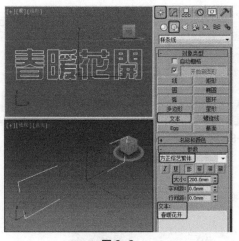

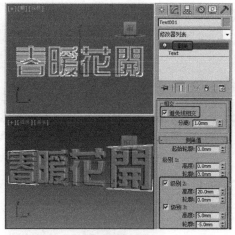

图 3-2   图 3-3

3.2.2 线

"线"可以绘制出任何形状的开放型或封闭型的曲线（包括直线）。曲线点的调节方式，有"角点"、"平滑"、"Bezier"、"Bezier角点"等。

1. 创建线

"线"的创建是学习创建二维图形的基础，创建线的操作步骤如下。

（1）单击"■（创建）>■（图形）>线"按钮，在"前"视图中单击鼠标左键，确定线的起始点，移动光标到适当的位置并单击鼠标左键，创建第2个顶点，生成一条直线，如图3-4所示。

（2）继续移动光标到适当的位置，单击鼠标左键确定顶点并按住鼠标左键不放拖曳光标，生成一条弧状的线段，如图3-5所示。释放鼠标左键并移动到适当的位置，可以调整出新的曲线，单击鼠标左键确定顶点，线的形态如图3-6所示。

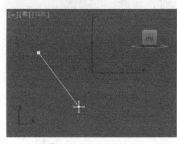

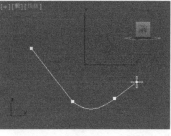

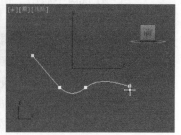

图 3-4   图 3-5   图 3-6

（3）继续移动光标到适当的位置并单击确定顶点，可以生成一条新的直线，如图3-7所示。如果需要创建封闭线，将光标移动到线的起始点上单击鼠标左键，效果如图3-8所示。弹出"样条线"对话框，如图3-9所示。提示用户是否闭合正在创建的线，单击"是（Y）"按钮即可闭合创建的线；单击"否（N）"按钮，则可以继续创建线。

（4）如果需要创建开放的线，单击鼠标右键，即可结束线的创建，效果如图3-10所示。

（5）在创建线时，如果同时按住Shift键，可以创建出与坐标轴平行的直线，效果如图3-11所示。

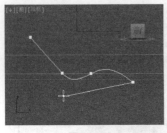

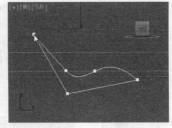

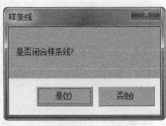

图 3-7　　　　　　　　　图 3-8　　　　　　　　　图 3-9

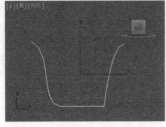

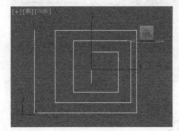

图 3-10　　　　　　　　　　图 3-11

2．线的参数

（1）"渲染"卷展栏（见图 3-12）。

"渲染"卷展栏用于设置线的渲染特性，可以选择是否对线进行渲染，并设定线的厚度。

- 在渲染中启用：勾选该复选框后，可以在视图中显示渲染网格的厚度。
- 在视口中启用：勾选该复选框，使用为渲染器设置的径向或矩形参数将图形作为 3D 网格显示在视口中（该选项对渲染不产生影响）。
- 使用视口设置：用于控制图形按视图设置进行显示。
- 生成贴图坐标：用于对曲线指定贴图坐标。
- 视口：基于视图中的显示来调节参数（该选项对渲染不产生影响）。当"在视口中启用"和"使用视口设置"复选框被勾选时，该选项可以被选择。
- 渲染：基于渲染器来调节参数，当选择"渲染"时，图形可以根据"厚度"参数值来渲染图形。
- 径向：渲染具有圆形横截面的图形。
  - ◆ 厚度：用于设置渲染样条线网格的直径。
  - ◆ 边：用于控制被渲染的样条线网格的边数。
- 矩形：将样条线网格显示为矩形。
  - ◆ 长度：沿着局部 Y 轴的横截面大小。
  - ◆ 宽度：沿着局部 X 轴的横截面大小。

图 3-12

（2）"插值"卷展栏（见图 3-13）。

"插值"卷展栏用于控制线的光滑程度。

- 步数：设置程序在每个顶点之间使用的分段的数量。
- 优化：启用此选项后，可以从样条线的直线线段中删除不需要的步数。
- 自适应：系统自动根据线状调整分段数。

（3）"创建方法"卷展栏（见图 3-14）。

图 3-13

图 3-14

"创建方法"卷展栏用于确定所创建的线的类型。

- "初始类型"选项组：用于设置单击鼠标左键建立线时所创建的端点类型。
  - ◆ 角点：用于建立折线，端点之间以直线连接（系统默认设置）。
  - ◆ 平滑：用于建立线，端点之间以线连接，且线的曲率由端点之间的距离决定。
- "拖动类型"选项组：用于设置按压并拖曳光标建立线时所创建的曲线类型。
  - ◆ 角点：选择此方式，建立的线端点之间为直线。
  - ◆ 平滑：选择此方式，建立的线在端点处将产生圆滑的线。
  - ◆ Bezier：选择此方式，建立的线将在端点产生光滑的线。端点之间线的曲率及方向是通过端点处拖曳光标控制的（系统默认设置）。

3．线的形体修改

线创建完成后，总要对它进行一定程度的修改，以达到满意的效果，一般都是对"顶点"进行调整。

"顶点"有4种类型，分别是 Bezier 角点、Bezier、角点和平滑。前两种类型的顶点可以通过绿色的控制手柄进行调整，一般比较常用；后两种类型的顶点可以直接使用工具栏中的 ⊕（选择并移动）工具进行位置调整。

- 平滑：使线段成为一条与顶点相切的平滑曲线。
- 角点：使顶点任意一侧的线段可以与之形成任何角度。
- Bezier：提供控制柄，但使线段成为一条通过顶点的切线。
- Bezier 角点：提供控制柄，且允许顶点任意一侧的线段与之形成任何角度。

下面介绍修改"线"的形体，操作步骤如下。

（1）单击"⚹（创建）> 🔲（图形）>线"按钮，在"前"视图中创建如图 3-15 所示的图形。

（2）切换到 ◪（修改）命令面板，在修改命令堆栈中单击"Line"前面的加号 ➕，展开子层级选项，如图 3-16 所示。

（3）单击"顶点"子层级选项，该选项变为黄色表示已将选择集定义为"顶点"。同时，视图中的线或图形会显示出顶点，如图 3-17 所示。

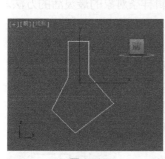

图 3-15

图 3-16

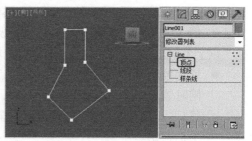

图 3-17

（4）单击鼠标左键选定要调整的顶点，如果需要调整多个顶点，可以按住 Ctrl 键继续选择顶点或者框选顶点，被选择的顶点变为红色，使用 ⊕（选择并移动）工具调整顶点的位置，线的形体即发生改变，效果如图 3-18 所示。

（5）调整好顶点位置后，选择需要调整的顶点，右键单击鼠标，在弹出的快捷菜单中选择顶点类型为"角点"，通过调整控制柄调整线的形状，调整完后的效果如图 3-19 所示。

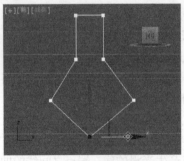
图 3-18

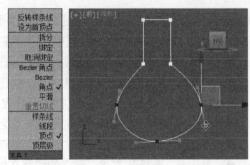
图 3-19

4．线的修改参数

"线"创建完成后单击（修改）按钮，在（修改）命令面板中会显示"线"的修改参数，"线"的修改参数共有 6 个卷展栏，如图 3-20 所示。

下面介绍其中几个卷展栏中各选项的功能。

（1）"选择"卷展栏（见图 3-21）。

图 3-20

图 3-21

"选择"卷展栏用于控制"顶点"、"线段"和"样条线"3 个子对象级别的选择。

- ∷（顶点）：样条线次对象的最低一级，因此修改顶点是编辑样条对象的最灵活的方法。
- ∧（线段）：中间级别的样条次对象，对它的修改比较少。
- ∧（样条线）：对象选择集最高的级别，对它的修改比较多。

以上 3 个进入子层级的按钮与修改命令堆栈中的选项是相对应的，在使用上有相同的效果。

- 锁定控制柄：用来锁定所有选择点的控制手柄，通过它可以同时调整多个选择点的控制手柄：选择"相似"单选选项，将相同方向的手柄锁定；选择"全部"单选选项，将所有的手柄锁定。
- 区域选择：与其右侧的微调框配合使用，用来确定面选择的范围，在选择点时可以将单击处一定范围内的点全部选择。
- 显示：勾选"显示顶点编号"复选框时，在视图中会显示出节点的编号；勾选"仅选定"复选框时只显示被选中的节点的编号。

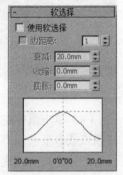
图 3-22

（2）"软选择"卷展栏（见图 3-22）。

"软选择"卷展栏控件允许选择邻接处中的子对象。这将会使显式选择的行为就像被磁场包围了一样。在对子对象选择进行变换时，在场中被部分选定的子对象就会平滑地进行绘制，这种效果随着距离或部分选择的强度而衰减。

- 使用软选择：启用该选项后，3ds Max 会将样条线曲线变形应用到所变换的选择周围的未选定子对象。要产生效果，必须在变换或修改选择之前启用该复选框。
- 边距离：启用该选项后，将软选择限制到指定的面数，该选择在进行选择的区域和软选择的最大范围之间。
- 衰减：用以定义影响区域的距离，它是用当前单位表示的从中心到球体的边的距离。使用越高的衰减设置，就可以实现更平缓的斜坡。默认设置为 20。
- 收缩：沿着垂直轴提高并降低曲线的顶点。设置区域的相对"突出度"。为负数时，将生成凹陷，而不是点；设置为 0 时，收缩将跨越该轴生成平滑变换。默认值为 0。
- 膨胀：沿着垂直轴展开和收缩曲线。设置区域的相对"丰满度"。受"收缩"限制，该选项设置"膨胀"的固定起点。"收缩"设为 0 并且"膨胀"设为 1 将会产生最为平滑的凸起。

（3）"几何体"卷展栏（见图 3-23）。

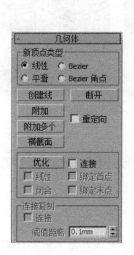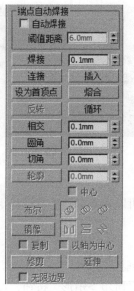

图 3-23

"几何体"卷展栏包含的参数比较多，在父物体层级或不同的子物体层级下，该卷展栏中可用的选项不同。

- 创建线：用于创建一条线并把它加入当前线中，使新创建的线与当前线成为一个整体。
- 断开：用于断开节点和线段。
- 附加多个：原理与"附加"相同，区别在于单击该按钮后，将弹出"附加多个"对话框，对话框中会显示出场景中线的名称，可以在对话框中选择多条线，然后单击"附加"按钮，将选择的线与当前的线结合为一个整体。
- 优化：用于在不改变线的形态的前提下在线上插入节点。

"优化"按钮的使用方法为单击"优化"按钮，在线上单击鼠标左键，线上插入新的节点，效果如图 3-24 所示。

● 圆角：用于在选择的节点处创建圆角。

"圆角"的使用方法为在视图中单击要修改的节点将其选中，然后激活"圆角"按钮，将光标移到被选择的节点上，按住鼠标左键不放并拖曳光标，节点会形成圆角，效果如图 3-25 所示，也可以在数值框中输入数值或通过调节 ⬙（微调器）来设置圆角。

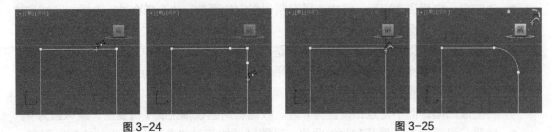

图 3-24   图 3-25

● 切角：其功能和操作方法与"圆角"相同，但创建的是切角。
● 轮廓：用于给选择的样条线设置轮廓，用法和"圆角"相同，如图 3-26 所示，该命令仅在"样条线"层级有效。

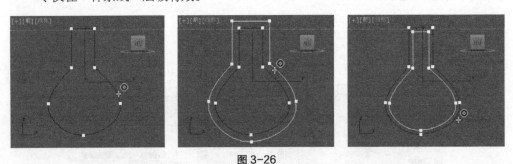

图 3-26

3.2.3 矩形

"矩形"是经常使用的工具，可以用来创建正方形和矩形，下面介绍矩形的创建方法及其参数的设置和修改。

1．创建矩形

矩形的创建比较简单，操作步骤如下。

（1）单击"⚹（创建）>◻（图形）>矩形"按钮，按住鼠标左键不放并拖曳鼠标，在视图中生成一个矩形。

（2）在适当的位置释放鼠标左键，矩形创建完成。

2．矩形的修改参数

矩形的"参数"卷展栏中各项功能介绍如下（如图 3-27 所示）。

图 3-27

● 长度：用于设置矩形的长度值。
● 宽度：用于设置矩形的宽度值。
● 角半径：用于设置矩形的四角是直角还是有弧度的圆角。

其他参数请参见前面内容。

3．参数的修改

矩形的参数比较简单，在参数的数值框中直接设置数值，矩形的形体即会发生改变，修改前后的效果对比如图 3-28 所示。

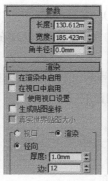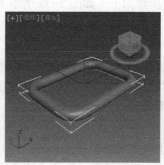

图 3-28

3.2.4 圆

"圆"用来创建圆形。下面介绍圆的创建方法及其参数的设置。

1．创建圆

（1）单击"（创建）>（图形）>圆"按钮，按住鼠标左键不放并拖曳鼠标，在视图中生成一个圆形。

（2）移动光标调整圆的大小，在适当的位置释放鼠标左键，圆创建完成。

2．圆的修改参数

圆的"参数"卷展栏中只有半径参数，如图 3-29 所示。

● 半径：用于设置圆形半径的大小。

其他参数请参见前面内容。

图 3-29

3.2.5 椭圆

"椭圆"用来创建椭圆形的工具。下面介绍椭圆的创建方法及其参数的设置。

1．创建椭圆

椭圆形的创建同圆形的创建方法基本相同，这里就不再做介绍了。

2．椭圆的修改参数

椭圆的"参数"卷展栏中各项功能介绍如下（如图 3-30 所示）。

● 长度、宽度：用于设置椭圆的长度、宽度值。

● 轮廓：勾选"轮廓"选项后，可以为椭圆设置轮廓。

● 厚度：用于设置轮廓与椭圆的间距。

其他参数请参见前面内容。

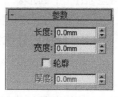

图 3-30

3.2.6 弧

"弧"用来制作圆弧曲线和扇形，下面介绍弧的创建方法及其参数的设置和修改。

1．创建弧

弧有两种创建方式，可以在"创建方法"卷展栏中选择，一种是"端点－端点－中央"创建方式（系统默认设置），另一种是"中间－端点－端点"创建方式，如图 3-31 所示。

● "端点－端点－中央"：该建立方式是先引出一条直线，以直线的两端点作为弧的两个端点，然后移动鼠标，确定弧长。

● "中间－端点－端点"：该建立方式是先引出一条直线，作为圆弧的半径，然后移动鼠标确定弧长，这种建立方式对扇形的创建非常有帮助。

创建弧的操作步骤如下（如图 3-32 所示）。

（1）单击"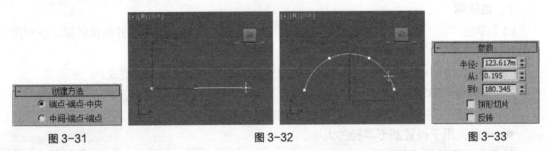（创建）>（图形）>弧"按钮，按住鼠标左键并拖曳鼠标，在视图中拖出一条直线。

（2）到达合适的位置后，释放鼠标，移动鼠标光标确定圆弧的大小，单击左键完成创建，该创建方法是以"端点-端点-中央"方式创建的弧。

2．弧的修改参数

弧的"参数"卷展栏中各项功能介绍如下（如图 3-33 所示）。

● 半径：用于设置弧的半径大小。

● 从、到：用于设置弧起点和终点的角度。

● 饼形切片：勾选此复选框，将建立封闭的扇形。

● 反转：勾选此复选框，将弧线方向反转。

其他参数请参见前面内容。

图 3-31　　　　　　　　　图 3-32　　　　　　　　　图 3-33

3.2.7　圆环

"圆环"用来制作同心的圆环，下面介绍圆环的创建方法及其参数的设置。

1．创建圆环

创建圆环的操作步骤如下（如图 3-34 所示）。

（1）单击"（创建）>（图形）>圆环"按钮，按住鼠标左键并拖曳鼠标，在视图中拖曳出一个圆形。

（2）按住鼠标左键并拖曳鼠标，向内或向外再拖曳出一个圆形，单击鼠标完成圆环的创建。

2．圆环的修改参数

圆环的"参数"卷展栏有两个半径参数，分别用于对两个圆形的半径进行设置，如图 3-35 所示。

其他参数请参见前面内容。

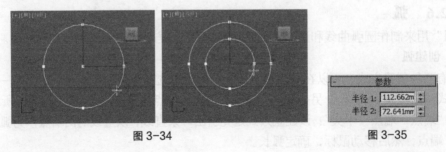

图 3-34　　　　　　　　　　　　　图 3-35

3.2.8　多边形

"多边形"用于制作任意边数的多边形，可以产生圆角多边形，效果如图 3-36 所示。下面介绍多边形的创建方法及其参数的设置和修改。

1．创建多边形

多边形的创建方法与圆相同，这里就不详细介绍了。

2．多边形的修改参数

多边形的"参数"卷展栏中各项功能介绍如下（如图3-37所示）。

图3-36　　　　　　　　图3-37

- 半径：用于设置多边形的半径大小。
- 内接/外接：用于确定以外切圆半径还是内切圆半径作为多边形的半径。
- 边数：用于设置多边形的边数，其范围为3～100。
- 角半径：用于制作带圆角的多边形，设置圆角的半径大小。
- 圆形：用于设置多边形为圆形。

其他参数请参见前面内容。

3.2.9　星形

"星形"用于创建多角星形，尖角可以钝化为圆角，制作齿轮图案；尖角的方向可以扭曲，产生刺状锯齿；参数的变换可以产生许多奇特的图案。因为它是可以渲染的，所以即使交叉，也可以用作一些特殊的图案花纹。下面介绍星形的创建方法及其参数的设置和修改。

1．创建星形

创建星形的操作步骤如下（如图3-38所示）。

（1）单击"　（创建）>　（图形）>星形"按钮，按住鼠标左键并拖曳鼠标，在视图中拖曳出一级半径。

（2）按住鼠标左键并拖曳鼠标，拖曳出二级半径，单击鼠标完成星形的创建。

2．星形的修改参数

星形的"参数"卷展栏中各项功能介绍如下（如图3-39所示）。

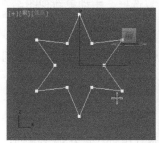
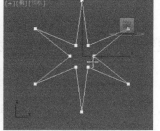
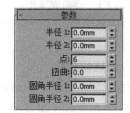

图3-38　　　　　　　　　　　　　图3-39

- 半径1、半径2：用于设置星形的内径和外径。

- 点：用于设置星形的尖角个数。
- 扭曲：用于设置扭曲值，使星形的齿产生扭曲。
- 圆角半径 1、圆角半径 2：分别用于设置尖角的内外倒角圆半径。

其他参数请参见前面内容。

3.2.10 文本

"文本"可以直接产生文字图形，在中文 Windows 平台下可以直接产生各种字体的中文字形，字形的内容、大小、间距都可以调整，在完成了动画制作后，仍可以修改文本的内容。下面介绍文本的创建方法及其参数的设置。

1．创建文本

文本的创建方法很简单，操作步骤如下（如图 3-40 所示）。

（1）单击"（创建）> （图形）>文本"按钮，在"参数"卷展栏中选择需要的字体，设置合适的"大小"，在"文本"下的文本框中输入要创建的文本内容。

（2）将光标移到视图中并单击鼠标左键，文本创建完成。

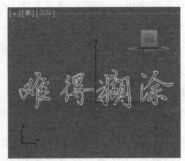

图 3-40

2．文本的修改参数

文本的"参数"卷展栏中各项功能介绍如下。

- 大小：用于设置文字的大小尺寸。
- 字间距：用于设置文字之间的间隔距离。
- 行间距：用于设置文字行与行之间的距离。
- 文本：用于输入文本内容。
- 更新：用于确定在设置修改参数以后，视图是否立刻进行更新显示。遇到大量文字处理时，为了加快显示速度，可以勾选"手动更新"复选框，手动更新视图。

3.2.11 螺旋线

"螺旋线"用来制作平面或空间的螺旋线，常用于完成弹簧、线轴等造型或用来制作运动路径。

1．创建螺旋线

螺旋线的创建方法很简单，操作步骤如下（如图 3-41 所示）。

（1）单击"（创建）> （图形）>螺旋线"按钮，按住鼠标左键并拖曳鼠标，在视图中拉出一级半径。

（2）按住鼠标左键并拖曳鼠标，拖曳出螺旋线的高度。

（3）单击鼠标，确定螺旋线的高度，然后再移动鼠标，拉出二级半径后单击鼠标，完成
螺旋线的创建。

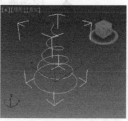

图 3-41

（4）根据需要设置"圈数"等参数。

2．螺旋线的修改参数

螺旋线的"参数"卷展栏中各项功能介绍如下（如图 3-42 所示）。

- 半径 1、半径 2：用于设置螺旋线的内径和半径。
- 高度：用于设置螺旋线的高度，此值为 0 时，是一个平面螺旋线。
- 圈数：用于设置螺旋线旋转的圈数。
- 偏移：用于设置在螺旋高度上，螺旋圈数的偏向强度。
- 顺时针、逆时针：用于分别设置两种不同的旋转方向。

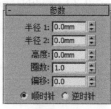

图 3-42

3.2.12　截面

"截面"用来通过截取三维造型的截面而获得二维图形，使用此工具创建一个平面，可以
对其进行移动、旋转、缩放，等它穿过一个三维造型时，会显示出截获的截面，在命令面板
中单击"创建图形"按钮，可以将这个截面制作成一个新的样条曲线。

1．创建截面

截面的创建方法很简单，操作步骤如下（如图 3-43 所示）。

（1）单击"＊（创建）> ○（几何体）>茶壶"按钮，在"顶"视图中创建一个茶壶模型 。

（2）单击"＊（创建）> （图形）>截面"按钮，在"前"视图茶壶中心位置单击并按
住鼠标左键拖曳，创建出一个平面。

（3）调整平面至合适的位置。

（4）在"截面参数"卷展栏中单击"创建图形"按钮，再在弹出的对话框中为其命名。
将茶壶和平面对象隐藏，可以看到截面效果。

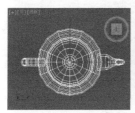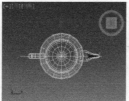

图 3-43

2．截面的修改参数

（1）截面的"截面参数"卷展栏中各项功能介绍如下（如图 3-44 所示）。

- 创建图形：单击该按钮，会弹出一个"命名截面图形"对话框，为截面命名，然后单

击"确定"按钮，即可产生一个截面图形，如果此时没有截面，该按钮将不可用。

- "更新"选项组。
  - ◆ 移动截面时：在移动截面的同时更新视图。
  - ◆ 选择截面时：只有选择截面时才进行视图更新。
  - ◆ 手动：通过单击"更新截面"按钮进行手动更新视图。
- "截面范围"选项组。
  - ◆ 无限：截面所在的平面无界限地扩展，只要经过此截面的物体都被截取，与视图显示的截面尺寸无关。
  - ◆ 截面边界：以截面所在的边界为限，凡是接触到它边界的造型都被截取，否则不会受到影响。
  - ◆ 禁用：用于关闭截面的截取功能。

（2）截面的"截面大小"卷展栏介绍如下（如图 3-45 所示）。

- 长度、宽度：用于设置截面平面的长宽尺寸。

图 3-44

图 3-45

3.2.13 课堂案例——制作冰箱贴

【案例学习目标】掌握图形的创建和修改，发挥想象制作出需要的图形。

【案例知识要点】通过图形工具中的"圆"、"椭圆"、"弧"、"线"工具制作二维图形，通过为图形施加"倒角"修改器来产生厚度和倒角的效果，制作完成后的效果如图 3-46 所示。

【贴图文件位置】CDROM/Map/Ch03/3.2.13 冰箱贴

【模型文件所在位置】CDROM/Scence/Ch03/3.2.13 冰箱贴.max。

【参考场景文件所在位置】CDROM/Scence/Ch03/3.2.13 冰箱贴场景.max。

图 3-46

（1）单击"（创建）>（图形）>圆"按钮，在"前"视图中创建圆，在"参数"卷展栏中设置"半径"为 138，如图 3-47 所示。

（2）在"前"视图中创建椭圆，在"参数"卷展栏中设置"长度"为 47、"宽度"为 22，如图 3-48 所示。

（3）在"前"视图中使用移动复制法复制椭圆，如图 3-49 所示。

（4）在"前"视图中创建合适的弧，如图 3-50 所示。

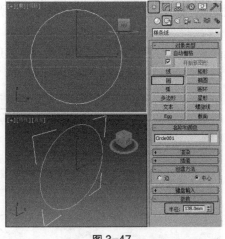

图 3-47

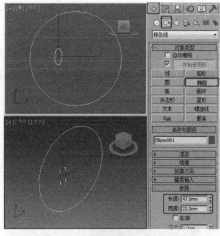

图 3-48

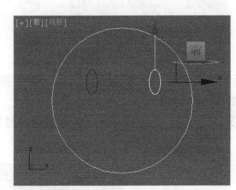

图 3-49

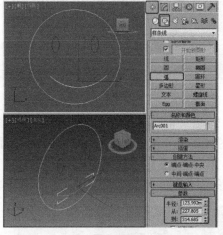

图 3-50

（5）切换到 ![]（修改）命令面板，为弧施加"编辑样条线"修改器，将选择集定义为"样条线"，在"几何体"卷展栏中单击"轮廓"按钮，为弧设置轮廓，如图 3-51 所示。

（6）将选择集定义为"顶点"，删除多余顶点，调整顶点，如图 3-52 所示。

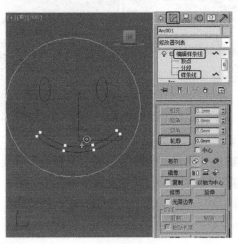

图 3-51

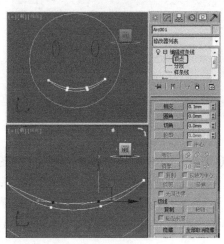

图 3-52

（7）单击"✸（创建）> ◻（图形）>线"按钮，在"前"视图中创建如图3-53所示的图形。

（8）切换到 ✎（修改）命令面板，将线的选择集定义为"顶点"，选择需要调整的顶点，右击鼠标，在弹出的快捷菜单中选择"Bezier"，调整顶点，如图3-54所示。

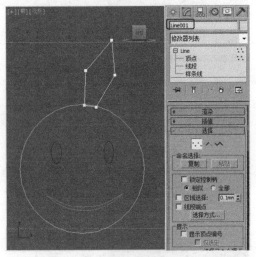
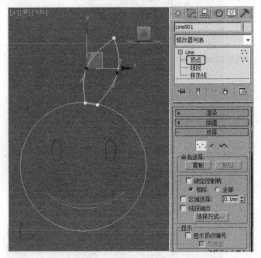

图3-53　　　　　　　　　　　　　图3-54

（9）在"前"视图中选择使用线创建的图形，切换到 ▦（层次）命令面板，在"调整轴"卷展栏中单击"仅影响轴"，调整轴点的位置，如图3-55所示。

（10）在工具栏中选择 ◎（选择并旋转）工具，在"前"视图中按住 Shift 键旋转复制图形，设置合适的"副本数"，如图3-56所示。

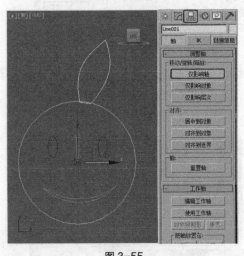
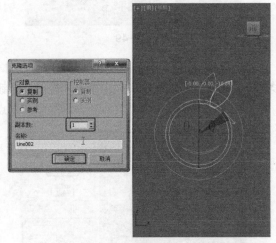

图3-55　　　　　　　　　　　　　图3-56

（11）按 Ctrl+A 组合键全选图形，为图形施加"倒角"修改器，在"倒角值"卷展栏中勾选"级别2"选项并设置其"高度"为10，勾选"级别3"选项并设置其"高度"为3、"轮廓"为-2，调整冰箱贴模型眼睛、嘴的位置，如图3-57所示。

（12）制作完成的冰箱贴模型如图3-58所示。

图 3-57   图 3-58

3.3   课堂练习——制作铁艺果盘

【案例学习目标】掌握可渲染的星形的绘制。

【案例知识要点】通过绘制可渲染的星形，为其施加球形化、FFD4×4×4 修改器，通过调整完成的效果如图 3-59 所示。

【贴图文件位置】CDROM/Map/Ch03/
3.3 铁艺果盘。

【模型文件所在位置】CDROM/Scence/Ch03/
3.3 铁艺果盘.max。

图 3-59

【参考场景文件所在位置】CDROM/Scence/Ch03/3.3 铁艺果盘场景.max。

3.4   课后习题——制作五角星

【案例学习目标】创建星形。

【案例知识要点】通过创建星形图形，为其施加倒角修改器，调整参数后完成五角星模型的效果如图 3-60 所示。

【贴图文件位置】CDROM/Map/Ch03/3.4 五角星。

【模型文件所在位置】CDROM/Scence/Ch03/
3.4 五角星.max。

图 3-60

【参考场景文件所在位置】CDROM/Scence/
Ch03/3.4 五角星场景.max。

第 4 章
编辑修改器

本章介绍

　　复杂一点的三维模型都需要先绘制二维图形，再对二维图形进行编辑，然后对其施加某种或某些修改器，得到我们理想中的三维模型。本章将主要介绍各种常用的修改命令，通过对本章的学习，读者要掌握各种修改命令的属性和作用，制作出完整、精美的模型。

学习目标

- 认识修改命令面板
- 使用二维图形生成三维模型
- 熟悉三维模型的常用修改器

技能目标

- 掌握相框的制作方法和技巧
- 掌握啤酒瓶的制作方法和技巧
- 掌握工装射灯的绘制方法和技巧

4.1 初识修改命令面板

如果将创建命令面板比作原材料生产车间的话，那么修改命令面板就是精细加工车间，它可以对物体进行各种各样的改动，并把每次改动都记录下来，就像堆粮食一样堆积起来，创建参数位于最低层。用户可以进入任何一层中调节参数，也可以在不同层之间粘贴或拷贝，还可以无限制地加入或删除各种各样的加工，最终目的就是塑造出完美的造型或动画。

图 4-1

在 （创建）命令面板中可以创建几何体、图形、灯光、摄影机、辅助对象、空间扭曲等物体类型，在产生它们的同时，它们就拥有了自己的创建参数，独自存在于三维场景中，如果要对它们的创建参数进行修改，需要进入 （修改）命令面板中来完成。创建图形或模型后进入 （修改）命令面板，施加修改器后在修改命令堆栈中就会显示出当前修改器，如图 4-1 所示。

- 名称和颜色：用于显示修改物体的名称和线框颜色，在名称框中可以更改物体名称，在 3ds Max 2013 中允许同一场景中有同名的物体存在，单击颜色色块，弹出"对象颜色"对话框，用户可以在该对话框中选择颜色。
- 修改器列表：用于显示修改工具。单击右边的下三角按钮会弹出下拉菜单，可以选择要使用的修改器。
- 修改命令堆栈：用于记录所有修改命令信息的集合，并以分配缓存的方式保留各项命令的影响效果，方便用户对其进行再次修改。修改命令按照使用先后顺序依次排列在堆栈中，最新使用的修改命令总是放置在堆栈的最上面。
- （修改命令开关）：用于开启和关闭修改器命令的使用。单击后图标会变为 ，表示该命令被关闭，被关闭的命令不再对对象产生影响，再次单击此图标，命令会重新开启。
- （锁定堆栈）：用于将修改堆栈锁定到当前的物体上，即使在场景中选择了其他物体，命令面板仍会显示锁定的物体修改命令，可以任意调节它的参数。
- （显示最终结果开/关切换）：如果当前处在修改堆栈的中间或底层，视图中会显示出当前所在层之间的修改结果，按下此按钮可以观察到最后的修改结果。这在返回到前面的层中进行修改时非常有用，可以随时看到前面的修改对最终结果的影响。
- （使唯一）：当对一组选择对象施加修改器时，这个修改命令会同时影响所有物体，以后在调节这个修改命令参数时，都会对所有的物体同时进行影响，因为它们已经属于 Instance 关联属性的命令了。通过"使唯一"，可以将已实例化或引用的对象或已实例化的修改器转换为唯一的副本。
- （从堆栈中移除修改器）：用于将当前修改命令从修改堆栈中删除。
- （配置修改器集）：用于对"修改器列表"中修改器的布局重新进行设置，可以将常用的命令以列表或按钮的形式表现出来，如图 4-2 所示。

在修改命令堆栈中，有些命令左侧有一个 加号图标，表示该命令拥有子层级选项，单击此按钮，展开该命令中的选择集，如图 4-3 所示。定义选择集后，该选择集会变为黄色，表示已被启用，如图 4-4 所示。

图 4-2   图 4-3   图 4-4

4.2 二维图形生成三维模型

本节将介绍通过修改器使二维图形转化为三维模型的建模方法和技巧。

4.2.1 "车削"修改器

"车削"修改器是将一个二维图形沿一个轴向旋转一周，从而生成一个旋转体。这是非常实用的模型工具，它常用来建立诸如高脚杯、装饰柱、花瓶及一些对称的旋转体模型。旋转的角度可以是 0°~360° 的任何数值。"车削"前后的效果如图 4-5 所示。

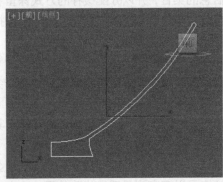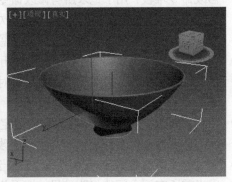

图 4-5

1．选择"车削"修改器

对于所有修改器命令来说，都必须在对象被选中时才能对修改命令进行编辑。

在视图中任意创建一个二维图形，切换到 （修改）命令面板，然后在修改器列表中选择"车削"修改器，如图 4-6 所示。

2．"车削"修改器的参数

在修改器堆栈中，将"车削"修改器展开，可以通过子对象选择集"轴"来调整车削，如图 4-7 所示。

● 轴：在子对象层级上，可以进行变换和设置绕轴旋转动画。

"车削"修改器"参数"卷展栏中各项功能介绍如下（如图 4-8 所示）。

● 度数：用于设置旋转成型的角度，360° 为一个完整环形，小于 360° 为不完整的扇形。

   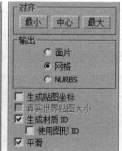

图 4-6　　　　　图 4-7　　　　　　　图 4-8

- 焊接内核：通过焊接旋转轴中的顶点来简化网格，如果要创建一个变形目标，禁用此复选框。
- 翻转法线：用于将模型表面的法线方向反向。
- "封口"选项组。
  - ◆ 封口始端：用于将顶端加面覆盖。
  - ◆ 封口末端：用于将底端加面覆盖。
  - ◆ 变形：不进行面的精简计算，以便用于变形动画的制作。
  - ◆ 栅格：进行面的精简计算，不能用于变形动画的制作。
- "方向"选项组中的 X、Y、Z 按钮分别用于设置不同的轴向。
- "对齐"选项组用于设置曲线与中心轴线的对齐方式。
  - ◆ 最小：用于将曲线内边界与中心轴线对齐。
  - ◆ 中心：用于将曲线中心与中心轴线对齐。
  - ◆ 最大：用于将曲线外边界与中心轴线对齐。
- "输出"选项组。
  - ◆ 面片：用于将放置成型的对象转换为面片模型。
  - ◆ 网格：用于将旋转成型的对象转换为网格模型。
  - ◆ NURBS：用于将放置成型的对象转换为 NURBS 曲面模型。
- 生成贴图坐标：用于将贴图坐标应用到车削对象中。当"度数"值小于 360 并选中"生成贴图坐标"复选框时，将另外的贴图坐标应用到末端封口中，并在每个封口上放置一个 1×1 的平铺图案。
- 真实世界贴图大小：控制应用于该对象的纹理贴图材质所使用的缩放方法。
- 生成材质 ID：用于为模型指定特殊的材质 ID，两端面指定为 ID1 和 ID2，侧面指定为 ID3。
- 使用图形 ID：用于旋转对象的材质 ID 号分配由封闭曲线继承的材质 ID 值决定。只有在对曲线指定材质 ID 后才可用。
- 平滑：选中该复选框时自动平滑对象的表面，产生平滑过渡，否则会产生硬边。

4.2.2 "倒角"修改器

"倒角"修改器可以使二维图形增长一定的厚度形成三维立体模型，还可以使生成的立体模型产生一定的线形或圆形倒角。"倒角"修改器多用于制作家具雕花、装饰、立体文字和标志等，如图 4-9 所示。

选择"倒角"修改器的方法与"车削"修改器相同,选择时应先在视图中创建二维图形,选中二维图形后再在"修改器列表"中选择"倒角"修改器。

选择"倒角"修改器后修改命令面板中会显示其参数,如图 4-10 所示。"倒角"修改器的参数主要分为"参数"卷展栏和"倒角值"卷展栏两部分。

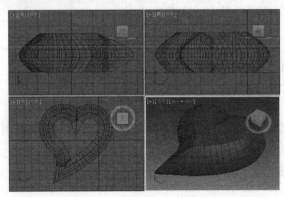

图 4-9   图 4-10

1. "参数"卷展栏

"封口"选项组和"封口类型"选项组中的选项与前面"车削"修改器的含义相同,这里就不详细介绍了。

- "曲面"选项组用于控制侧面的曲率、平滑度以及指定贴图坐标。
  - ◆ 线性侧面:激活此选项后,级别之间会沿着一条直线进行分段插值。
  - ◆ 曲线侧面:激活此选项后,级别之间会沿着一条 Bezier 曲线进行分段插值。
  - ◆ 分段:用于设置倒角内部的片段划分数。多的片段划分主要用于弧形倒角。
  - ◆ 级间平滑:用于控制是否将平滑组应用于倒角对象侧面。封口会使用与侧面不同的平滑组。启用此选项后,对侧面应用平滑组,侧面显示为弧状;禁用此选项后,不应用平滑组,侧面显示为平面倒角。
  - ◆ 生成贴图坐标:勾选该复选框,将贴图坐标应用于倒角对角。
  - ◆ 真实世界贴图大小:控制应用于该对象的纹理贴图材质所使用的缩放方法。
- "相交"选项组。
  - ◆ 避免线相交:勾选该复选框,可以防止尖锐折角产生的突出变形。
  - ◆ 分离:用于设置两个边界线之间保持的距离间隔,以防止越界交叉。

2. "倒角值"卷展栏

- 起始轮廓:用于设置原始线形的外轮廓大小。如果它大于 0,外轮廓则加粗;小于 0 则外轮廓变细;等于 0 将保持原始线形的大小不变。
- 级别 1、级别 2、级别 3:用于分别设置 3 个级别的高度和轮廓大小。

4.2.3 "挤出"修改器

"挤出"修改器是将二维图形转化为三维模型的常用方法,将深度添加到图形中,并使其成为一个参数对象。下面介绍"挤出"修改器的参数和使用方法。

1. 选择"挤出"修改器

在创建命令面板中运用线工具以及圆工具绘制图形,如图 4-11 所示。

在修改器列表中选择"挤出"修改器,为图形施加"挤出"修改器并设置其参数,如图 4-12 所示。

2．"挤出"修改器的参数

"挤出"修改器的"参数"卷展栏中各项功能介绍如下（如图 4-13 所示）。

● 数量：用于设置挤出的深度。

● 分段：用于设置在挤出厚度上的片段划分数。

下面的"封口"选项组、"输出"选项组等选项的设置与"车削"修改器的参数面板设置相同，这里就不再介绍了。

图 4-11

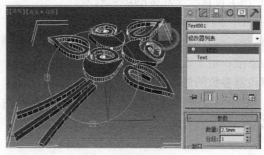

图 4-12

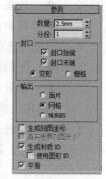

图 4-13

知识提示　　　　"挤出"命令的用法比较简单，一般情况下大部分修改参数保持为默认设置即可，只对"数量"的数值进行设置就能满足一般建模的需要。

4.2.4　"锥化"修改器

"锥化"修改器通过缩放对象几何体的两端产生锥化轮廓，一端放大而另一端缩小。可以在两组轴上控制锥化的量和曲线，也可以对几何体的一段限制锥化。"锥化"修改器在"参数"卷展栏的"锥化轴"组框中提供两组轴和一个对称设置。与其他修改器一样，这些轴指向锥化 Gizmo，而不是对象本身。

1．"锥化"修改器的参数

单击"（创建）>（几何体）>圆柱体"按钮，在视图中创建一个圆柱体，然后单击（修改）按钮，进入修改命令面板，在修改列表中选择"锥化"修改器，修改命令面板中会显示"锥化"修改器的参数，圆柱体周围会出现"锥化"修改器的套框，如图 4-14 所示。

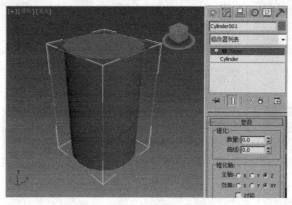

图 4-14

"锥化"修改器的"参数"卷展栏中各项功能介绍如下。

- "锥化"选项组。
  - ◆ 数量：用于设置锥化倾斜的程度。
  - ◆ 曲线：用于设置锥化曲线的弯曲程度。
- "锥化轴"选项组用于设置锥化所依据的坐标轴向。
  - ◆ 主轴：用于设置基本依据轴向。
  - ◆ 效果：用于设置影响效果的轴向。
  - ◆ 对称：用于设置一个对称的影响效果。
- "限制"选项组用于控制锥化的影响范围。
  - ◆ 限制效果：打开限制效果，允许用户限制锥化影响在 Gizmo 物体上的范围。
  - ◆ 上限/下限：用于设置锥化限制的区域。

2. "锥化"修改器参数的修改

对圆柱体中的"锥化"修改器进行编辑，在"数量"的数值框中设置数值，即可使圆柱体产生锥化效果，如表 4-1 所示。

表 4-1

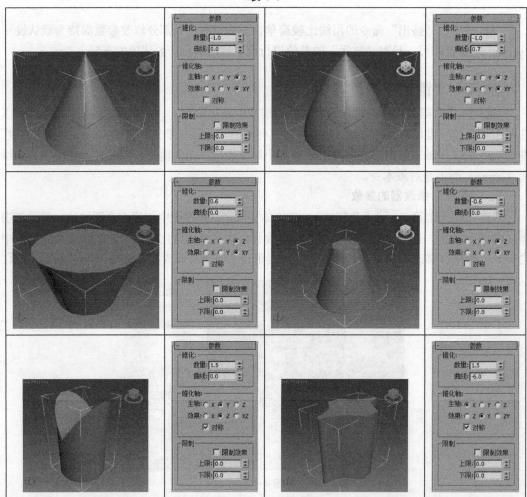

知识提示　　几何体的分段数和锥化的效果有很大关系，段数越多，锥化后物体表面就越圆滑。继续以圆柱体为例，通过改变段数，来观察锥化效果的变化。

4.2.5 "扭曲"修改器

"扭曲"修改器主要用于对物体进行扭曲处理。通过调整扭曲的角度和偏移值，可以得到各种扭曲效果，同时还可以通过限制参数的设置，使扭曲效果限定在固定的区域内。

1．"扭曲"修改器的参数

单击 " ■（创建）> ◎（几何体）> 长方体"按钮，在透视图中创建一个长方体，切换到 ☑（修改）命令面板，单击修改器列表，从中选择"扭曲"命令，修改命令面板中会显示扭曲命令的参数，如图 4-15 所示，透视图中长方体周围会出现扭曲命令的套框，如图 4-16 所示。

- 角度：用于设置扭曲的角度大小。
- 偏移：用于设置扭曲向上或向下的偏向度。
- 扭曲轴：用于设置扭曲依据的坐标轴向。
- 限制效果：选中该复选框，打开限制影响。
- 上限/下限：用于设置扭曲限制的区域。

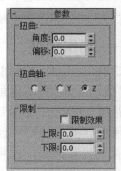
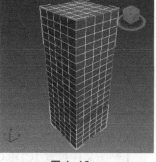

图 4-15　　　　　　　　图 4-16

2．"扭曲"修改器参数的修改

由于长方体的参数在默认设置下各个方向上的段数都为"1"，所以这时设置扭曲的参数是看不出扭曲效果的，所以应该先设置长方体的段数，将各方向上的段数都改为"6"。这时再调整扭曲命令的参数，就可以看到长方体发生的扭曲效果，如表 4-2 所示。

表 4-2

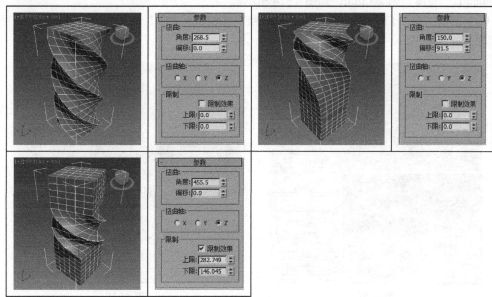

使用"扭曲"命令时，应对物体设定合适的段数。灵活运用限制参数也能很好地达到扭曲效果。

4.2.6 "编辑样条线"修改器

在二维图形的调整中，"编辑样条线"修改器的使用率是最多的。

3ds Max 提供的"编辑样条线"修改器可以很方便地调整曲线，把一个简单的曲线变成复杂的样条曲线。通过使用"线"工具创建的图形，线本身就具有编辑样条线命令的所有功能，除了线以外的所有二维图形，想要编辑样条线有如下两种方法。

● 在"修改器列表"下拉列表框中选择"编辑样条线"修改器。

● 在创建的图形上右击，在弹出的快捷菜单中选择"转换为>转换为可编辑样条线"命令。

"编辑样条线"修改器提供了"顶点"、"分段"和"样条线"3 个子对象选择集可以对曲线进行编辑。

"编辑样条线"命令与"线"中的修改命令相同，这里就不再重复介绍了。

4.2.7 课堂案例——制作相框

【案例学习目标】掌握二维图形生成三维模型的方法及应用。

【案例知识要点】创建"线"作为相框的剖面图形，创建"矩形"作为相框的剖面路径，通过为"矩形"施加"倒角剖面"修改器制作相框；使用"线"施加"倒角"修改器制作相框支架，制作完成后的效果如图 4-17 所示。

图 4-17

【贴图文件位置】CDROM/Map/Ch04/4.2.7 制作相框。

【模型文件所在位置】CDROM/Scence /Ch04/4.2.7 制作相框.max。

【参考场景文件所在位置】CDROM/ Scence/Ch04/4.2.7 制作相框场景.max。

（1）单击 "（创建）> （图形）> 矩形"按钮，在"参数"卷展栏中设置"长度"为 260mm、"宽度"为 200mm，如图 4-18 所示。

（2）单击 "（创建）> （图形）> 线"按钮，在"前"视图中创建如图 4-19 所示的线作为剖面图形。

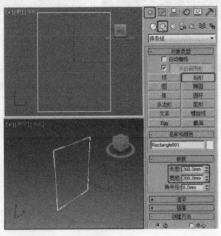

图 4-18

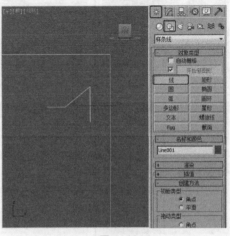

图 4-19

（3）切换到 （修改）命令面板，在"几何体"卷展栏中单击"优化"按钮添加顶点，将顶点类型转换为"Bezier"或"Bezier 角点"调整顶点，如图 4-20 所示。

（4）选择创建的矩形，为矩形施加"倒角剖面"修改器，在"参数"卷展栏中单击"拾取剖面"按钮，在场景中拾取作为剖面的线，如图 4-21 所示。

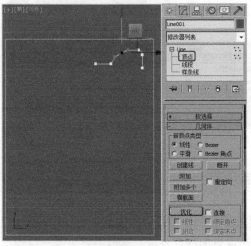

图 4-20

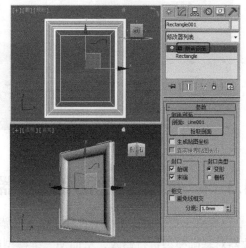

图 4-21

（5）使用线在"前"视图中创建如图 4-22 所示的图形。

（6）为图形施加"倒角"修改器，在"参数"卷展栏中勾选"级间平滑"选项，在"倒角值"卷展栏中设置"级别 1"的"高度"为 1.5mm、"轮廓"为 1.5 mm；勾选"级别 2"选项并设置其"高度"为 2 mm；勾选"级别 3"选项并设置其"高度"为 1.5 mm、"轮廓"为 −1.5 mm，如图 4-23 所示。

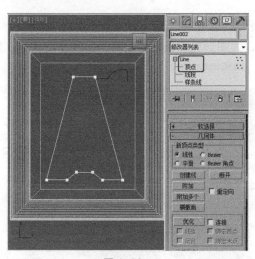

图 4-22

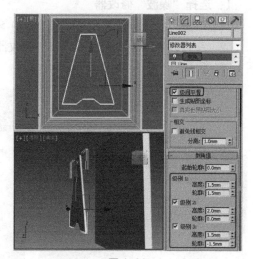

图 4-23

（7）使用 （选择并旋转）工具在"左"视图中分别调整两个模型的角度，选择支架模型，在工具栏中右击 （选择并均匀缩放）按钮，在弹出的对话框中设置参数均匀放大模型，调整模型至合适的位置，如图 4-24 所示。

（8）完成的模型效果如图 4-25 所示。

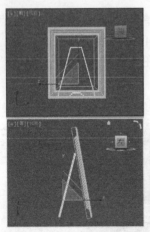

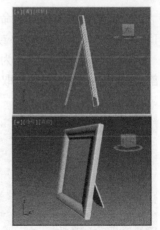

图 4-24   图 4-25

4.3 三维模型的常用修改器

　　3ds Max 提供的三维模型往往不能完全满足效果图制作过程中的需求，因此就需要使用修改器对基础模型进行修改，从而使三维模型的外观更加符合要求。本节主要讲解三维模型常用的修改器的使用方法和应用技巧。通过本节内容的学习，可以运用常用三维修改器对三维模型进行精细的编辑和处理。

4.3.1 "噪波"修改器

　　"噪波"修改器能使平面上产生高低不平的起伏效果，多用来制作群山或表面不光滑的物体。下面介绍"噪波"修改器的参数和使用方法。

1．选择"噪波"修改器

　　（1）单击" ※ （创建）> ○ （几何体）>平面"按钮，创建平面，如图 4-26 所示。

　　（2）在修改器列表中选择"噪波"修改器，为图形施加噪波修改器，并设置其参数，如图 4-27 所示。

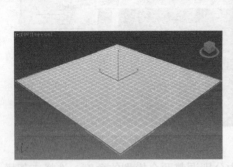
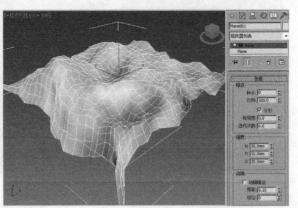

图 4-26   图 4-27

知识提示　　"平面"的"长度分段"和"宽度分段"与创建的物体的起伏有一定的关联，分段数越大，起伏越大。用户可根据自己的需求自行设置。

2．"噪波"修改器的参数

"噪波"修改器"参数"卷展栏中各项功能介绍如下（如图 4-28 所示）。

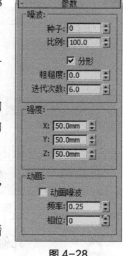

- "噪波"选项组。
    - ◆ 种子：从设置的数中生成一个随机起始点。在创建地形时尤其有用，因为每种设置都可以生成不同的配置。
    - ◆ 比例：用于设置噪波影响（不是强度）的大小。比较大的值产生更为平滑的噪波，较小的值产生锯齿现象更严重的噪波。默认值为 100。
    - ◆ 分形：根据当前设置产生分形效果。默认设置为禁用状态，如果勾选"分形"复选框，则激活"粗糙度"、"迭代次数"两个参数选项。
    - ◆ 粗糙度：决定分形变化的程度。较低的值比较高的值更精细。范围为 0~1，默认值为 0。

图 4-28

- ◆ 迭代次数：控制分形功能所使用的迭代（或是八度音阶）的数目。较小的迭代次数使用较少的分形能量并生成更平滑的效果。"迭代次数"设置为 1 时的效果与禁用"分形"的效果相同。
- "强度"组用于控制噪波效果的大小。只有应用了强度后噪波效果才会起作用。
    - ◆ X、Y、Z：可沿着 3 个不同的轴向设置噪波效果的强度，要产生噪波效果，至少要设置其中一个轴的参数。默认值为 0、0、0。
- "动画"选项组：通过为噪波图案叠加一个要遵循的正弦波形，控制噪波效果的形状。
    - ◆ 动画噪波：用于调节"噪波"和"强度"参数的组合结果。"频率"和"噪波"选项用于调整基本波形。
    - ◆ 频率：用于设置正弦波的周期，调节噪波效果的速度。较高的频率使噪波震动得更快。较低的频率产生较为平滑和更温和的噪波。
    - ◆ 相位：移动基本波形的开始和结束点。默认情况下，动画关键点设置在活动帧范围的任意一端。

4.3.2　"弯曲"修改器

"弯曲"修改器可以对物体进行弯曲处理。可以调节弯曲的角度和方向，以及弯曲依据的坐标轴向，还可以限制弯曲在一定区域内。

"弯曲"修改器允许将当前选中对象围绕单独轴弯曲 360°，在对象几何体中产生均匀弯曲。可以在任意三个轴上控制弯曲的角度和方向，也可以对几何体的一段限制弯曲。

1．选择"弯曲"修改器

（1）单击"　（创建）>　（几何体）>圆柱体"按钮，在"顶"视图创建圆柱体，设置合适的参数，如图 4-29 所示。

（2）选择圆柱体，切换到　（修改）命令面板，在修改器列表中选择"弯曲"修改器，设置合适的弯曲参数，设置"限制效果"，将选择集定义为"中心"，调整中心，如图 4-30 所示。

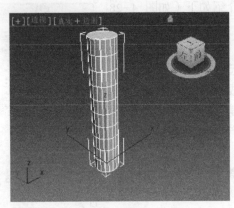

图 4-29

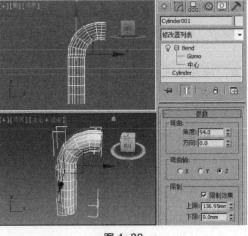

图 4-30

 知识提示 几何体的分段数与弯曲效果也是有很大关系的，几何体的分段数越多，弯曲表面就越光滑。对于同一个几何体，弯曲命令的参数不变，如果改变几何体的分段数，形体会发生很大变化。

2．"弯曲"修改器参数的修改

在修改器堆栈中，将"弯曲"修改器展开，可以通过子对象选择集"Gizmo"或"中心"来调整弯曲效果，如图 4-31 所示。

- Gizmo：可以在此子对象层级上与其他对象一样对 Gizmo 进行变换并设置动画，也可以改变弯曲修改器的效果。转换 Gizmo 将以相等的距离转换它的中心。根据中心转动和缩放 Gizmo。
- 中心：可以在子对象层级上平移中心并对其设置动画，改变弯曲 Gizmo 的图形，并由此改变弯曲对象的图形。

图 4-31

"弯曲"修改器"参数"卷展栏中各项功能介绍如下（如图 4-32 所示）。

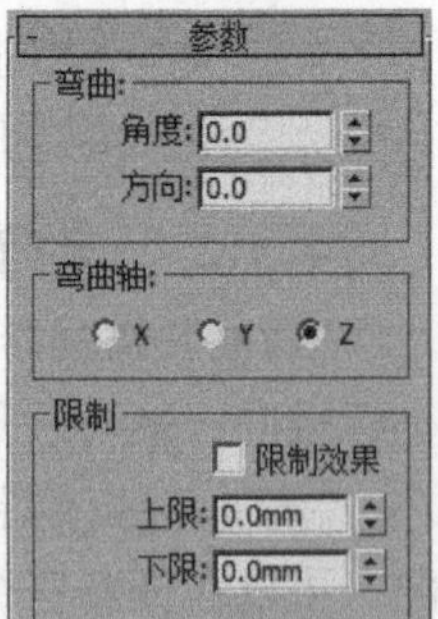

- "弯曲"选项组用于设置弯曲的角度和方向。
  - ◆ 角度：用于设置弯曲角度的大小。范围 1~360。
  - ◆ 方向：用于设置弯曲相对于水平面的方向。范围 1~360。
- "弯曲轴"选项组用于设置弯曲所依据的坐标轴向。
  - ◆ X、Y、Z：用于指定将被弯曲的轴。
- "限制"选项组用于控制弯曲的影响范围。
  - ◆ 限制效果：勾选此复选框，对物体指定限制影响，影响区域将由下面的上、下限值来确定。

图 4-32

  - ◆ 上限：设置弯曲的上限，在此限度以上的区域将不会受到弯曲影响。
  - ◆ 下限：设置弯曲的下限，在此限度与上限之间的区域将都受到弯曲影响。

4.3.3 "编辑多边形"修改器

"编辑多边形"对象也是一种网格对象，它在功能和使用上几乎和"编辑网格"是一致的。不同的是，"编辑网格"是由三角形面构成的框架结构，而多边形对象既可以是三角网格模型，也可以是四边也可以是更多，其功能也比"编辑网格"强大。

1．"编辑多边形"修改器与"可编辑多边形"的区别

"编辑多边形"修改器（如图 4-33 所示）与"可编辑多边形"（如图 4-34 所示）大部分功能相同，但卷展栏功能有不同之处。

图 4-33

图 4-34

"编辑多边形"修改器与"可编辑多边形"相比，区别如下。

- "编辑多边形"是一个修改器，具有修改器状态所说明的所有属性。其中包括在堆栈中将"编辑多边形"放到基础对象和其他修改器上方，在堆栈中将修改器移动到不同位置以及对同一对象应用多个"编辑多边形"修改器（每个修改器包含不同的建模或动画操作）的功能。
- "编辑多边形"有两个不同的操作模式："模型"和"动画"。
- "编辑多边形"中不再包括始终启用的"完全交互"开关功能。
- "编辑多边形"提供了两种从堆栈下部获取现有选择的新方法：使用堆栈选择和获取堆栈选择。
- "编辑多边形"中缺少"可编辑多边形"的"细分曲面"和"细分置换"卷展栏。
- 在"动画"模式中，通过单击"切片"而不是"切片平面"来开始切片操作。也需要单击"切片平面"，来移动平面。可以设置切片平面的动画。

2．"编辑多边形"修改器的子对象层级

为模型施加"编辑多边形"修改器后，在修改器堆栈中可以查看"编辑多边形"修改器的子对象层级，如图 4-35 所示。

"编辑多边形"子对象层级的介绍如下。

图 4-35

- 顶点：位于相应位置的点。它们定义构成多边形对象的其他子对象的结构。当移动或编辑顶点时，它们形成的几何体也会受影响。顶点也可以独立存在，这些孤立顶点可以用来构建其他几何体，但在渲染时，它们是不可见的。当定义为"顶点"时可以选择单个或多个顶点，并且使用标准方法移动它们。
- 边：连接两个顶点的直线，它可以形成多边形的边。边不能由两个以上多边形共享。另外，两个多边形的法线应相邻。如果不相邻，应卷起共享顶点的两条边。当定义为

"边"选择集时选择一条和多条边，然后使用标准方法变换它们。

- 边界：网格的线性部分，通常可以描述为孔洞的边缘。它通常是多边形仅位于一面时的边序列。例如，长方体没有边界，但茶壶对象有若干边界：壶盖、壶身和壶嘴上有边界，还有两个在壶把上。如果创建圆柱体，然后删除末端多边形，相邻的一行边会形成边界。当将选择集定义为"边界"时可选择一个和多个边界，然后使用标准方法变换它们。

- 多边形：通过曲面连接的三条或多条边的封闭序列。多边形提供"编辑多边形"对象的可渲染曲面。当将选择集定义为"多边形"时可选择单个或多个多边形，然后使用标准方法变换它们。

- 元素：两个或两个以上可组合为一个更大对象的单个网格对象。

3．公共参数卷展栏

无论是当前选择集处于何种子对象，它们都具有公共的卷展栏参数，下面介绍这些公共卷展栏中的各种命令和工具的应用。在选择子对象层级后，相应的命令就会被激活。

图 4-36

（1）"编辑多边形模式"卷展栏中的选项功能介绍如下（如图 4-36 所示）。

- 模型：用于使用"编辑多边形"功能建模。在"模型"模式下，不能设置操作的动画。
- 动画：用于使用"编辑多边形"功能设置动画。

知识提示　几何除选择"动画"外，必须启用"自动关键点"或使用"设置关键点"才能设置子对象变换和参数更改的动画。

- 标签：显示当前存在的任何命令。否则，它显示<无当前操作>。
- 提交：在"模型"模式下，使用小盒接受任何更改并关闭小盒（与小盒上的确定按钮相同）。在"动画"模式下，冻结已设置动画的选择在当前帧的状态，然后关闭对话框。会丢失所有现有关键帧。
- 设置：切换当前命令的小盒。
- 取消：取消最近使用的命令。
- 显示框架：在修改或细分之前，切换显示编辑多边形对象的两种颜色线框的显示。框架颜色显示为复选框右侧的色样。第 1 种颜色表示未选定的子对象，第 2 种颜色表示选定的子对象。通过单击其色样更改颜色。"显示框架"切换只能在子对象层级使用。

（2）"选择"卷展栏中的选项功能介绍如下（如图 4-37 所示）。

图 4-37

- （顶点）：访问"顶点"子对象层级，可从中选择光标下的顶点；区域选择将选择区域中的顶点。
- （边）：访问"边"子对象层级，可从中选择光标下的多边形的边，也可框选区域中的多条边。
- （边界）：访问"边界"子对象层级，可从中选择构成网格中孔洞边框的一系列边。
- （多边形）：访问"多边形"子对象层级，可选择光标下的多边形。区域选择可选中区域中的多个多边形。

- （元素）：访问"元素"子对象层级，通过它可以选择对象中所有相邻的多边形。区域选择用于选择多个元素。

- 使用堆栈选择：启用时，编辑多边形自动使用在堆栈中向上传递的任何现有子对象选择，并禁止用户手动更改选择。

- 按顶点：启用时，只有通过选择所用的顶点，才能选择子对象。单击顶点时，将选择使用该选定顶点的所有子对象。该功能在"顶点"子对象层级上不可用。

- 忽略背面：启用后，选择子对象将只影响朝向用户的那些对象。

- 按角度：启用时，选择一个多边形会基于复选框右侧的角度设置同时选择相邻多边形。该值可以确定要选择的邻近多边形之间的最大角度。该功能仅在多边形子对象层级可用。

- 收缩：通过取消选择最外部的子对象，缩小子对象的选择区域。如果不再减少选择大小，则可以取消选择其余的子对象，如图4-38所示。

- 扩大：朝所有可用方向外侧扩展选择区域，如图4-39所示。

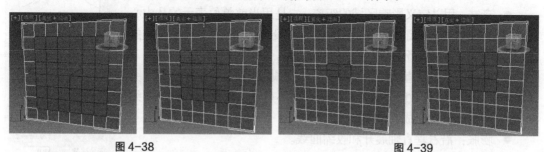

图4-38   图4-39

- 环形：环形按钮旁边的微调器允许用户在任意方向将选择移动到相同环上的其他边，即相邻的平行边，如图4-40所示。如果选择了循环，则可以使用该功能选择相邻的循环。该功能只适用于边和边界子对象层级。

- 循环：在与所选边对齐的同时，尽可能远地扩展边选定范围。循环选择仅通过四向连接进行传播，如图4-41所示。

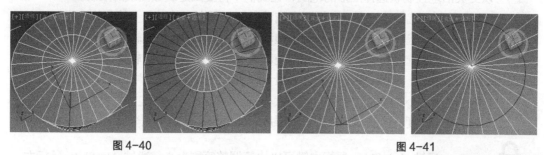

图4-40   图4-41

- 获取堆栈选择：使用在堆栈中向上传递的子对象选择替换当前选择。然后，可以使用标准方法修改此选择。

- "预览选择"选项组：提交到子对象选择之前，该选项允许预览它。根据鼠标的位置，用户可以在当前子对象层级预览，或者自动切换子对象层级。

 ◆ 关闭：预览不可用。

 ◆ 子对象：仅在当前子对象层级启用预览，如图4-42所示。

图4-42

◆ 多个：像子对象一样起作用，但根据鼠标的位置，也在顶点、边和多边形子对象层级级别之间自动变换。

● 选定整个对象：选择卷展栏底部是一个文本显示，提供有关当前选择的信息。如果没有子对象选中，或者选中了多个子对象，那么该文本给出选择的数目和类型。

（3）"软选择"卷展栏中的选项功能介绍如下（如图 4-43 所示）。

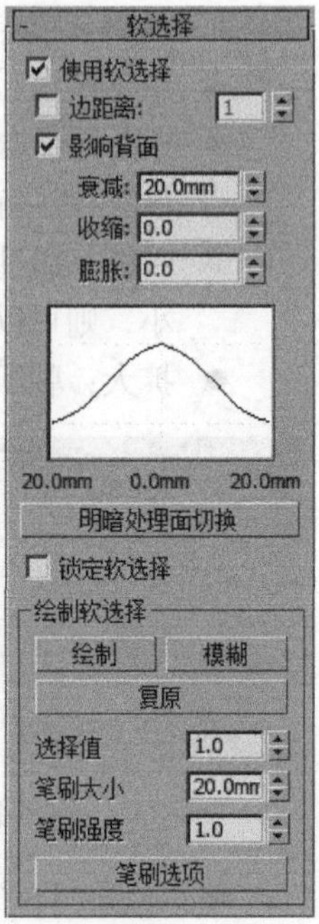

● 使用软选择：启用该选项后，3ds Max 会将样条线曲线变形应用到所变换的选择周围的未选定子对象。要产生效果，必须在变换或修改选择之前启用该复选框。

● 边距离：启用该选项后，将软选择限制到指定的面数，该选择在进行选择的区域和软选择的最大范围之间。

● 影响背面：启用该选项后，那些法线方向与选定子对象平均法线方向相反的、取消选择的面就会受到软选择的影响。

● 衰减：用以定义影响区域的距离，它是用当前单位表示的从中心到球体的边的距离。使用越高的衰减设置，就可以实现更平缓的斜坡，具体情况取决于几何体的比例。

● 收缩：沿着垂直轴提高并降低曲线的顶点。设置区域的相对"突出度"。为负数时，将生成凹陷，而不是点。设置为 0 时，收缩将跨越该轴生成平滑变换。

● 膨胀：沿着垂直轴展开和收缩曲线。

● 明暗处理面切换：显示颜色渐变，它与软选择权重相适应。

● 锁定软选择：启用该选项将禁用标准软选择选项，通过锁定标准软选择的一些调节数值选项，避免程序选择对它进行更改。

图 4-43

● "绘制软选择"选项组：可以通过鼠标在视图上指定软选择，绘制软选择可以通过绘制不同权重的不规则形状来表达想要的选择效果。与标准软选择相比，绘制软选择可以更灵活地控制软选择图形的范围，让我们不再受固定衰减曲线的限制。

◆ 绘制：选择该选项，在视图中拖动鼠标，可在当前对象上绘制软选择。

◆ 模糊：选择该选项，在视图中拖动鼠标，可模糊当前的软选择。

◆ 复原：选择该选项，在视图中拖动鼠标，可复原当前的软选择。

◆ 选择值：绘制或复原软选择的最大权重，最大值为 1。

◆ 笔刷大小：绘制软选择的笔刷大小。

◆ 笔刷强度：绘制软选择的笔刷强度，强度越高，达到完全值的速度越快。

知识提示　　　　通过 Ctrl+Shift+鼠标左键可以快速调整笔刷大小，通过 Alt+Shift+鼠标左键可以快速调整笔刷强度，绘制时按住 Ctrl 键可暂时恢复启用复原工具。

◆ 笔刷选项：可打开绘制笔刷对话框来自定义笔刷的形状、镜像、敏压设置等相关属性，如图 4-44 所示。

（4）"编辑几何体"卷展栏中的选项功能介绍如下（如图 4-45 所示）。

● 重复上一个：重复最近使用的命令。

● "约束"选项组：可以使用现有的几何体约束子对象的变换。

- ◆ 无：没有约束。这是默认选项。
- ◆ 边：约束子对象到边界的变换。
- ◆ 面：约束子对象到单个面曲面的变换。
- ◆ 法线：约束每个子对象到其法线（或法线平均）的变换。

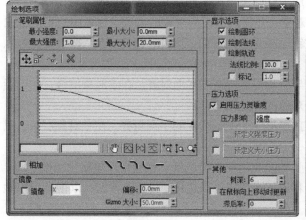

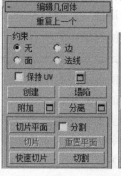

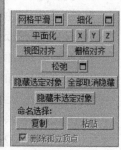

图 4-44　　　　　　　　　　　　　　　　图 4-45

- ● 保持 UV：启用此选项后，可以编辑子对象，而不影响对象的 UV 贴图。
- ● 创建：创建新的几何体。
- ● 塌陷：通过将其顶点与选择中心的顶点焊接，使连续选定子对象的组产生塌陷，如图 4-46 所示。
- ● 附加：用于将场景中的其他对象附加到选定的多边形对象。单击▣（附加列表）按钮，在弹出的对话框中可以选择一个或多个对象进行附加。
- ● 分离：将选定的子对象和附加到子对象的多边形作为单独的对象或元素进行分离。单击▣（设置）按钮，打开分离对话框，使用该对话框可设置多个选项。

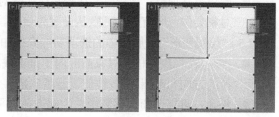

图 4-46

- ● 切片平面：为切片平面创建 Gizmo，可以定位和旋转它，来指定切片位置。同时启用切片和重置平面按钮；单击切片可在平面与几何体相交的位置创建新边。
- ● 分割：启用时，通过快速切片和分割操作，可以在划分边的位置处的点创建两个顶点集。
- ● 切片：在切片平面位置处执行切片操作。只有启用切片平面时，才能使用该选项。
- ● 重置平面：将切片平面恢复到其默认位置和方向。只有启用切片平面时，才能使用该选项。
- ● 快速切片：可以将对象快速切片，而不操纵 Gizmo。进行选择，并单击快速切片，然后在切片的起点处单击一次，再在其终点处单击一次。激活命令时，可以继续对选定内容执行切片操作。要停止切片操作，可在视口中右键单击，或者重新单击快速切片将其关闭。
- ● 切割：用于创建一个多边形到另一个多边形的边，或在多边形内创建边。单击起点，并移动鼠标光标，然后再单击，再移动和单击，以便创建新的连接边。右键单击一次退出当前切割操作，然后可以开始新的切割，或者再次右键单击退出切割模式。

- 网格平滑：使用当前设置平滑对象。
- 细化：根据细化设置细分对象中的所有多边形。单击■（设置）按钮，以便指定平滑的应用方式。
- 平面化：强制所有选定的子对象成为共面。该平面的法线是选择的平均曲面法线。
- X、Y、Z：平面化选定的所有子对象，并使该平面与对象的局部坐标系中的相应平面对齐。例如，使用的平面是与按钮轴相垂直的平面，因此，单击"X"按钮时，可以使该对象与局部 *YZ* 轴对齐。
- 视图对齐：使对象中的所有顶点与活动视口所在的平面对齐。在子对象层级，此功能只会影响选定顶点或属于选定子对象的那些顶点。
- 栅格对齐：使选定对象中的所有顶点与活动视图所在的平面对齐。在子对象层级，只会对齐选定的子对象。
- 松弛：使用当前的松弛设置将松弛功能应用于当前选择。松弛可以规格化网格空间，方法是朝着邻近对象的平均位置移动每个顶点。单击■（设置）按钮，以便指定松弛功能的应用方式。
- 隐藏选定对象：隐藏选定的子对象。
- 全部取消隐藏：将隐藏的子对象恢复为可见。
- 隐藏未选定对象：隐藏未选定的子对象。
- 命令选择：用于复制和粘贴对象之间的子对象的命名选择集。
- 复制：打开一个对话框，使用该对话框，可以指定要放置在复制缓冲区中的命名选择集。
- 粘贴：从复制缓冲区中粘贴命名选择。
- 删除孤立顶点：启用时，在删除连续子对象的选择时删除孤立顶点。禁用时，删除子对象会保留所有顶点。默认设置为启用。

（5）"绘制变形"卷展栏中的选项功能介绍如下（如图 4-47 所示）。

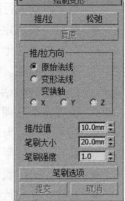

图 4-47

- 推/拉：将顶点移入对象曲面内（推）或移出曲面外（拉）。推拉的方向和范围由推/拉值设置所确定。
- 松弛：将每个顶点移到由它的邻近顶点平均位置所计算出来的位置上，来规格化顶点之间的距离。松弛使用与松弛修改器相同的方法。
- 复原：通过绘制可以逐渐擦除或反转推/拉或松弛的效果。仅影响从最近的提交操作开始变形的顶点。如果没有顶点可以复原，复原按钮就不可用。
- "推/拉方向"选项组：此设置用以指定对顶点的推或拉是根据曲面法线、原始法线、或变形法线进行，还是沿着指定轴进行。
    - ◆ 原始法线：选择此项后，对顶点的推或拉会使顶点以它变形之前的法线方向进行移动。重复应用绘制变形总是将每个顶点以它最初移动时的相同方向进行移动。
    - ◆ 变形法线：选择此项后，对顶点的推或拉会使顶点以它现在的法线（即变形后的法线）方向进行移动。
    - ◆ 变换轴（X、Y、Z）：选择此项后，对顶点的推或拉会使顶点沿着指定的轴进行移动。

- 推/拉值：确定单个推/拉操作应用的方向和最大范围。正值将顶点拉出对象曲面，而负值将顶点推入曲面。
- 笔刷大小：设置圆形笔刷的半径。
- 笔刷强度：设置笔刷应用推/拉值的速率。低的强度值应用效果的速率要比高的强度值来得慢。
- 笔刷选项：单击此按钮以打开绘制选项对话框，在该对话框中可以设置各种笔刷相关的参数。
- 提交：使变形的更改永久化，将它们烘焙到对象几何体中。在使用提交后，就不可以将复原应用到更改上。
- 取消：取消自最初应用绘制变形以来的所有更改，或取消最近的提交操作。

4．子对象层级卷展栏

在"编辑多边形"中有许多参数卷展栏是与子对象层级相关联的，选择子对象层级时，相应的卷展栏将出现，下面我们对这些卷展栏进行详细的介绍。

（1）选择集为"顶点"时在修改面板中出现的卷展栏。

"编辑顶点"卷展栏中的选项功能介绍如下（如图4-48所示）。

选中需要删除的顶点，如图4-49所示。如果直接Delete键，此时网格中会出现一个或多个洞，如图4-50所示；如果按"移除"键则不会出现孔洞，如图4-51所示。

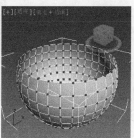

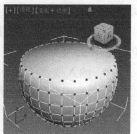

图4-48　　　　　图4-49　　　　　图4-50　　　　　图4-51

- 移除：删除选中的顶点，并接合起使用这些顶点的多边形。
- 断开：在与选定顶点相连的每个多边形上，都创建一个新顶点，这可以使多边形的转角相互分开，使它们不再相连于原来的顶点上。如果顶点是孤立的或者只有一个多边形使用，则顶点将不受影响。
- 挤出：可以手动挤出顶点，方法是在视口中直接操作。单击此按钮，然后垂直拖动到任何顶点上，就可以挤出此顶点。挤出顶点时，它会沿法线方向移动，并且创建新的多边形，形成挤出的面，将顶点与对象相连。挤出对象的面的数目，与原来使用挤出顶点的多边形数目一样。单击 □（设置）按钮打开助手小盒，以便通过交互式操纵执行挤出。
- 焊接：对焊接助手中指定的公差范围内选定的连续顶点进行合并。所有边都会与产生的单个顶点连接。单击 □（设置）按钮打开助手小盒以便设定焊接阈值。
- 切角：单击此按钮，然后在活动对象中拖动顶点。如果想准确的设置切角，先单击 □

（设置）按钮打开助手小盒，然后设置切角量值，如图 4-52 所示。如果选定多个顶点，那么它们都会被施加同样的切角。

● 目标焊接：可以选择一个顶点，并将它焊接到相邻目标顶点，如图 4-53 所示。目标焊接只焊接成对的连续顶点，也就是说，顶点间有一个边相连。

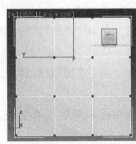

图 4-52   图 4-53

● 连接：在选中的顶点对之间创建新的边，如图 4-54 所示。
● 移除孤立顶点：将不属于任何多边形的所有顶点删除。
● 移除未使用的贴图顶点：某些建模操作会留下未使用的（孤立）贴图顶点，它们会显示在展开 UVW 编辑器中，但是不能用于贴图。可以使用这一按钮来自动删除这些贴图顶点。

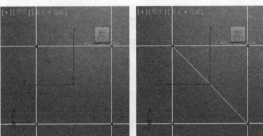

（2）选择集为"边"时在修改面板中出现的卷展栏。

"编辑边"卷展栏中的选项功能介绍如下（如图 4-55 所示）。

图 4-54

● 插入顶点：用于手动细分可视的边。
启用插入顶点后，单击某边即可在该位置处添加顶点。
● 移除：删除选定边并组合使用这些边的多边形。
● 分割：沿着选定边分割网格。对网格中心的单条边应用时，不会起任何作用。影响边末端的顶点必须是单独的，以便能使用该选项。例如，因为边界顶点可以一分为二，所以，可以在与现有的边界相交的单条边上使用该选项。另外，因为共享顶点可以进行分割，所以，可以在栅格或球体的中心处分割两个相邻的边。
● 桥：使用多边形的桥连接对象的边。桥只连接边界边，也就是只在一侧有多边形的边。创建边循环或剖面时，该工具特别有用。单击 █（设置）按钮打开小盒助手，以便通过交互式操纵在边对之间添加多边形，如图 4-56 所示。

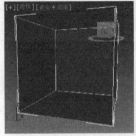

图 4-55   图 4-56

- 创建图形：选择一条或多条边创建新的曲线。
- 编辑三角剖分：用于修改绘制内边或对角线时多边形细分为三角形的方式。
- 旋转：用于通过单击对角线修改多边形细分为三角形的方式。激活旋转时，对角线可以在线框和边面视图中显示为虚线。在旋转模式下，单击对角线可更改其位置。要退出旋转模式，可在视口中右键单击或再次单击旋转按钮。

（3）选择集为"边界"时在修改面板中出现的卷展栏。

"编辑边界"卷展栏中的选项功能介绍如下（如图4-57所示）。

- 封口：使用单个多边形封住整个边界环，如图4-58所示。
- 创建图形：选择边界创建新的曲线。
- 编辑三角剖分：用于修改绘制内边或对角线时多边形细分为三角形的方式。
- 旋转：用于通过单击对角线修改多边形细分为三角形的方式。

图4-57　　　　　　　　　　　　　图4-58

（4）选择集为"多边形"时在修改面板中出现"编辑多边形"、"多边形：材质ID"、"多边形：平滑组"卷展栏。

"编辑多边形"卷展栏中的选项功能介绍如下（如图4-59所示）。

- 轮廓：用于增加或减小每组连续的选定多边形的外边，单击■（设置）按钮打开助手小盒，以便通过数值设置施加轮廓操作，如图4-60所示。

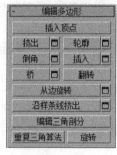
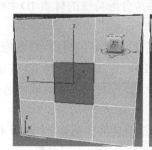

图4-59　　　　　　　　　　　　　图4-60

- 倒角：通过直接在视口中操纵执行手动倒角操作。单击■（设置）按钮打开助手小盒，以便通过交互式操纵执行倒角处理，如图4-61所示。
- 插入：执行没有高度的倒角操作，如图4-62所示即在选定多边形的平面内执行该操作。单击"插入"按钮，然后垂直拖动任何多边形，以便将其插入。单击■（设置）按钮打开助手小盒，以便通过交互式操纵插入多边形。
- 翻转：反转选定多边形的法线方向。
- 从边旋转：通过在视口中直接操纵执行手动旋转操作。单击■（设置）按钮打开从边旋转助手，以便通过交互式操纵旋转多边形。

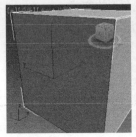

图 4-61　　　　　　　　　　　　　　　　　　图 4-62

- 沿样条线挤出：沿样条线挤出当前的选定内容。单击 ■（设置）按钮打开沿样条线挤出助手，以便通过交互式操纵沿样条线挤出。
- 编辑三角剖面：可以通过绘制内边修改多边形细分为三角形的方式，如图 4-63 所示。
- 重复三角算法：允许 3ds Max 对多边形或当前选定的多边形自动执行最佳的三角剖分操作。
- 旋转：用于通过单击对角线修改多边形细分为三角形的方式。

图 4-63　　　　　　　　　　　　　　　　　　图 4-64

"多边形：材质 ID"卷展栏中的选项功能介绍如下（如图 4-64 所示）。

- 设置 ID：用于向选定的面片分配特殊的材质 ID 编号，以供多维/子对象材质和其他应用使用。
- 选择 ID：选择与相邻 ID 字段中指定的材质 ID 对应的子对象。输入或使用该微调器指定 ID，然后单击选择 ID 按钮。
- 清除选择：启用时，选择新 ID 或材质名称会取消选择以前选定的所有子对象。

"多边形：平滑组"卷展栏中的选项功能介绍如下（如图 4-65 所示）。

图 4-65

- 按平滑组选择：显示说明当前平滑组的对话框。
- 清除全部：从选定片中删除所有的平滑组分配多边形。
- 自动平滑：基于多边形之间的角度设置平滑组。如果任何两个相邻多边形的法线之间的角度小于阈值角度（由该按钮右侧的微调器设置），它们会被包含在同一平滑组中。

知识提示　　　"元素"选择集的卷展栏中的相关命令与"多边形"选择集功能大体相同，这里就不重复介绍了，具体命令参考"多边形"选择集即可。

4.4 课堂练习——制作啤酒瓶

【案例学习目标】学习使用线工具，结合使用车削修改器制作啤酒瓶模型。

【案例知识要点】创建线作为车削图形，再为线设置轮廓、调整顶点，最后为图形施加车削修改器完成模型的创建，制作完成后的模型效果如图 4-66 所示。

【贴图文件位置】CDROM/Map/Ch04/4.4 啤酒瓶。

【模型文件所在位置】CDROM/Scence/Ch04/4.4 啤酒瓶.max。

【参考场景文件所在位置】CDROM/Scence/Ch04/4.4 啤酒瓶场景.max。

图 4-66

4.5 课后习题——制作工装射灯

【案例学习目标】学习使用切角圆柱体、矩形、可渲染的样条线、圆柱体、球体、胶囊工具，结合使用编辑多边形、编辑样条线、挤出、平滑修改器制作工装射灯模型。

【案例知识要点】创建切角圆柱体制作射灯底座；创建切角圆柱体、矩形，调整并设置矩形的挤出作为射灯的支架；创建切角圆柱体、圆柱体、球体、胶囊，圆柱体、球体使用编辑多边形修改器，球体使用编辑多边形、平滑修改器制作射灯部分；创建可渲染的样条线制作电线，完成的模型如图 4-67 所示。

【贴图文件位置】CDROM/Map/Ch04/4.5 工装射灯。

【模型文件所在位置】CDROM/Scence/Ch04/4.5 工装射灯.max。

【参考场景文件所在位置】CDROM/Scence/Ch04/4.5 工装射灯场景.max。

图 4-67

PART 5

第 5 章
复合对象的创建

本章介绍

　　3ds Max 的基本内置模型是创建复合物体的基础，创建复合物体的功能可以将多个内置模型组合在一起，从而产生出千变万化的模型。"布尔"工具和"放样"工具曾经是 3ds Max 的主要建模手段，虽然这两个建模工具已渐渐退出主要地位，但仍然是快速创建一些相对复杂物体的好方法。

学习目标

- 熟悉复合对象的类型
- 使用布尔建模
- 使用放样建模

技能目标

- 掌握鱼缸的制作方法和技巧
- 掌握欧式画框的制作方法和技巧
- 掌握玻璃杯的制作方法和技巧

5.1 复合对象的类型

单击"❈（创建）>○（几何体）>复合对象"，即可打开复合对象工具面板。

复合对象通常将两个或多个现有对象组合成单个对象。对于合并的过程不仅可以反复调节，还可以表现为动画方式，使一些高难度的造型和动画制作成为可能，复合对象工具面板如图 5-1 所示。

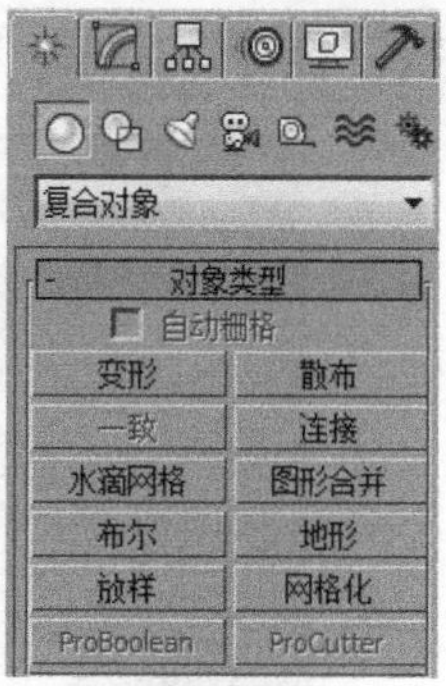

复合对象面板中各工具的功能介绍如下。

- 变形：一种与 2D 动画中的中间动画类似的动画技术。"变形"对象可以将两个或多个对象合并，方法是插补第一个对象的顶点，使其与另外一个对象的顶点位置相符。如果随时执行这项插补操作，将会生成变形动画。

- 散布：复合对象的一种形式，可将所选的源对象散布为阵列，或散布到分布对象的表面。

图 5-1

- 一致：通过将某个对象（称为包裹器）的顶点投影至另一个对象（称为包裹对象）的表面。

- 连接：通过表面的"洞"连接两个或两个对象。

- 水滴网格：水滴网格复合对象可以通过几何体或粒子创建一组球体，还可以将球体连接起来，就好像这些球体是由柔软的液态物质构成的一样。

- 图形合并：用于创建包含网格对象和一个或多个图形的复合对象。这些图形嵌入在网格中（将更改边与面的模式），或从网格中消失。

- 布尔：通过对其他对象执行布尔操作将它们组合起来。

- 地形：通过轮廓线数据生成地形对象。

- 放样：放样对象是沿着路径挤出的二维图形。从两个或多个现有样条线对象中创建放样对象。这些样条线之一会作为路径，其余的样条线会作为放样对象的横截面或图形。沿着路径排列图形时，3ds Max 会在图形之间生成曲面。

- 网格化：以每帧为基准将程序对象转化为网格对象，这样可以应用修改器，如"弯曲"或"UVW 贴图"。它可用于任何类型的对象，但主要为使用粒子系统而设计。

- ProBoolean（超级布尔）：布尔对象通过对两个或多个其他对象执行布尔运算将它们组合起来。ProBoolean 将大量功能添加到传统的 3ds Max 布尔对象中，将在视口中实时显示不同的运算结果。ProBoolean 还可以自动将布尔结果细分为四边形面，这有助于将网格平滑和涡轮平滑。

- ProCutter（超级切割）：ProCutter 运算的结果尤其适合在动态模拟中使用，主要目的是分裂或细分体积。

5.2 使用布尔建模

布尔运算类似于传统的雕刻建模技术，因此，布尔运算建模是许多使用者常用、也非常喜欢使用的技术。通过使用基本几何体，可以快速、容易地创建任何非有机体的对象。

布尔运算是对两个或两个以上的物体进行并集、差集、交集的运算，得到新的物体状态。

5.2.1 布尔运算

系统提供了5种布尔运算方式：并集、交集、差集（A-B）、差集（B-A）和切割。下面将举例介绍布尔运算的基本用法。

（1）单击">>长方体"按钮，在"前"视图中创建长方体，在"参数"卷展栏中设置"长度"为100、"宽度"为100、"高度"为100，如图5-2所示。

（2）单击">>球体"按钮，在"前"视图中创建球体，在"参数"卷展栏中设置"半径"为65，调整模型至合适的位置，如图5-3所示。

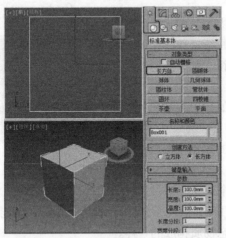
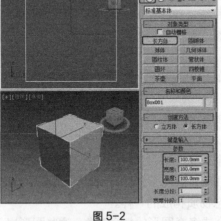

图5-2

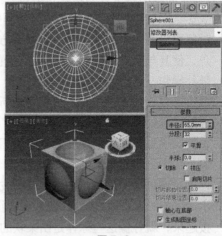

图5-3

（3）在场景中选择长方体，单击">>复合对象>布尔"按钮，在"拾取布尔"卷展栏中单击"拾取操作对象 B"按钮，在场景中单击球体对象，然后通过改变不同的运算类型，可以生成不同的形体，如表5-1所示。

- 并集运算：将两个造型合并，相交的部分被删除，成为一个新物体，与"结合"命令类似，但造型结构已发生变化，相对产生的造型复杂度较低。

- 交集运算：增加另外两个维度的阵列设置，这两个维度依次对前一个维度产生作用。

- 差集运算：将两个造型进行相减处理，得到一种切割后的造型。这种方式对两个物体相减的顺序有要求，会得到两种不同的结果，其中"差集（A-B）"是默认的一种运算方式。

- 切割运算：剪切布尔运算方式共有4种，包括"优化"、"分割"、"移除内部"和"移除外部"选项。

  ◆ 优化：在操作对象 B 与操作对象 A 面的相交之处，在操作对象 A 上添加新的顶点和边。

3ds Max 2013 将采用操作对象 B 相交区域内的面来优化操作对象 A 的结果几何体。由相交部分所切割的面被细分为新的面。可以使用此选项来细化包含文本的长方体，以便为对象指定单独的材质 ID。

  ◆ 分割：类似于"细化"编辑修改器，不过此种剪切还沿着操作对象 B 剪切操作对象 A 的边界添加第二组顶点和边或两组顶点和边。此选项产生属于同一个网格的两个元素。可使用"分割"沿着另一个对象的边界将一个对象分为两个部分。

  ◆ 移除内部：删除位于操作对象 B 内部的操作对象 A 的所有面。此选项可以修改和删除位于操作对象 B 相交区域内部的操作对象 A 的面。它类似于"差集"操作，不同的是，3ds Max 不添加来自操作对象 B 的面。可以使用"移除内部"从几何体中删除特定区域。

◆ 移除外部：删除位于操作对象 B 外部的操作对象 A 的所有面。此选项可以修改和删除位于操作对象 B 相交区域外部的操作对象 A 的面。它类似于"交集"操作，不同的是，3ds Max 不添加来自操作对象 B 的面。可以使用"移除外部"从几何体中删除特定区域。

表 5-1

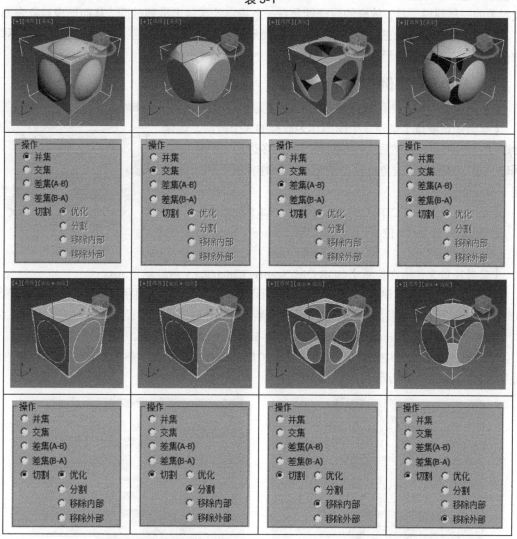

5.2.2 布尔运算的注意事项

经过布尔运算后的对象点面分布特别混乱，出错的概率会很高，这是由于经布尔运算后的对象会增加很多面片，而这些面是由若干个点相互连接构成的，这样一个新增加的点就会与相邻的点连接，这种连接具有一定的随机性。随着布尔运算次数的增加，对象结构会变得越来越混乱。这就要求布尔运算的对象最好有多个分段数，这样就可以大大减少布尔运算出错的机会。

经过布尔运算后的对象最好在编辑修改器堆栈中使用鼠标右键单击菜单中的"塌陷到"或者"塌陷全部"命令对布尔运算结果进行塌陷，这个操作在进行多次布尔运算时显得尤为重要。在进行布尔运算时，两个布尔运算的对象应该充分相交。

5.3 使用放样建模

放样造型起源于古代的造船技术，以龙骨为路径，在不同截面处放入木板，从而产生船体模型。这种技术被应用于三维建模领域，就是放样操作。放样同布尔运算一样，都属于合成对象的一种建模工具，放样的原理就是在一条指定的路径上排列截面，从而形成对象表面。

放样是一种传统的三维建模技法，使截面形沿着路径放样形成三维物体，在路径的不同的位置可以有多个截面形。

5.3.1 课堂案例——制作鱼缸

【案例学习目标】熟悉放样建模的方法与变化。

【案例知识要点】创建 3 个图形作为放样的 3 个截面，创建"线"作为放样路径，然后为模型施加"编辑多边形、平滑、壳、涡轮平滑"修改器完成鱼缸模型的创建，制作完成后的效果如图 5-4 所示。

【贴图文件位置】CDROM/Map/Ch05/5.3.1 鱼缸。

【模型文件所在位置】CDROM/Scence/Ch05/5.3.1 鱼缸.max。

图 5-4

【参考场景文件所在位置】CDROM/Scence/Ch05/5.3.1 鱼缸场景.max。

（1）单击"✳（创建）>▣（图形）>星形"按钮，在"顶"视图中创建星形作为路径为 0 时的放样图形，在"参数"卷展栏中设置"半径 1"为 55mm、"半径 2"为 45mm、"点"为 8、"圆角半径 1"为 10mm、"圆角半径 2"为 5mm，如图 5-5 所示。

（2）在"顶"视图中创建圆作为路径为 10 时的放样图形，在"参数"卷展栏中设置"半径"为 44，如图 5-6 所示。

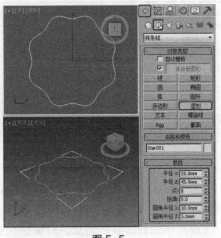

图 5-5

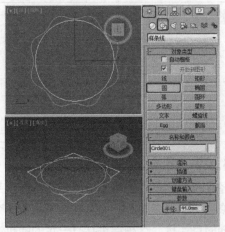

图 5-6

（3）在"顶"视图中创建圆作为路径为 100 时的放样图形，在"参数"卷展栏中设置"半径"为 55mm，如图 5-7 所示。

（4）单击"（创建）> （图形）>线"按钮，在"前"视图中由上往下创建一条两点的直线作为放样路径，如图 5-8 所示。

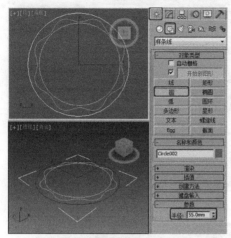

图 5-7

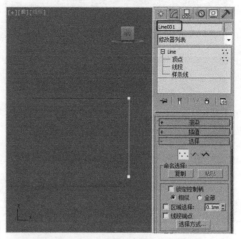

图 5-8

（5）选择作为路径的线，单击" （创建）> （几何体）>复合对象>放样"按钮，在"创建方法"卷展栏中单击"获取图形"按钮，在场景中拾取路径为 0 时的放样图形星形，如图 5-9 所示。

（6）在"路径参数"卷展栏中设置"路径"为 10，在"创建方法"卷展栏中单击"获取图形"按钮，在场景中拾取路径为 10 时的放样图形圆 001，如图 5-10 所示。

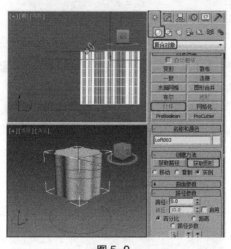

图 5-9

图 5-10

（7）在"路径参数"卷展栏中设置"路径"为 100，在"创建方法"卷展栏中单击"获取图形"按钮，在场景中拾取路径为 100 时的放样图形圆 002，如图 5-11 所示。

（8）切换到 （修改）命令面板，在"蒙皮参数"卷展栏中设置"路径步数"为 10，如图 5-12 所示。

（9）在"变形"卷展栏中单击"缩放"按钮，弹出"缩放变形"窗口，单击 （插入角点）按钮在曲线上添加点，单击 （移动控制点）按钮调整曲线，在调整曲线时需时时观看调整效果，调整完成后的效果如图 5-13 所示。

图 5-11

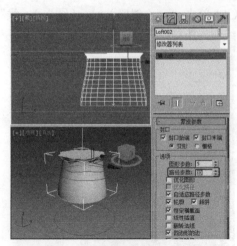
图 5-12

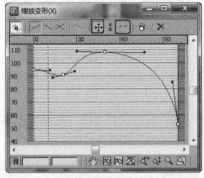
图 5-13

（10）为模型施加"编辑多边形"修改器，将选择集定义为"多边形"，在场景中选择如图 5-14 所示的多边形，按 Delete 键删除多边形。

（11）为模型施加"平滑"修改器，在"参数"卷展栏中勾选"自动平滑"选项，如图 5-15 所示。

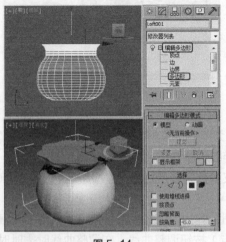
图 5-14

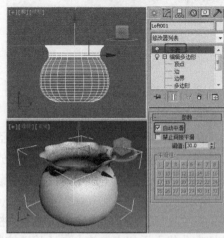
图 5-15

（12）为模型施加"壳"修改器，在"参数"卷展栏中设置"外部量"为2，如图5-16所示。

（13）为模型施加"涡轮平滑"修改器，在"涡轮平滑"卷展栏中设置"迭代次数"为2，如图5-17所示。

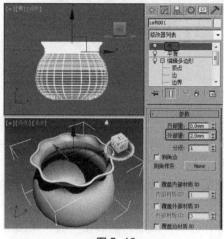
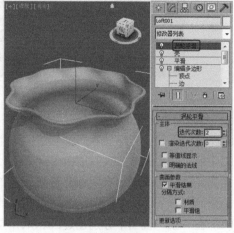

图 5-16

图 5-17

5.3.2 创建放样的用法

放样命令的用法主要分为两种，一种是单截面放样变形，只用一次放样变形即可制作出所需要的形体；另一种是多截面放样变形，用于制作较为复杂的几何形体，在制作过程中要进行多个路径的放样变形。

1．单截面放样变形

本节先来介绍单截面放样变形，它是放样命令的基础，也是使用比较普遍的放样方法。

（1）在视图中创建一个星形和一条线，如图5-18所示。这两个二维图形可以随意创建。

（2）选择作为路径的线，单击" ✳（创建）> ◯（几何体）>复合对象>放样"按钮，命令面板中会显示放样的创建参数，如图5-19所示。

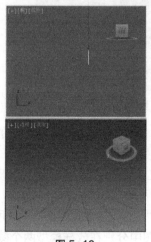
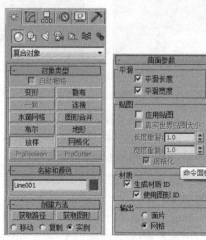
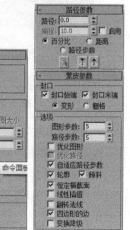

图 5-18

图 5-19

（3）单击"获取图形"按钮，在视图中单击星形，样条线会以星形为截面生成三维形体，如图5-20所示。

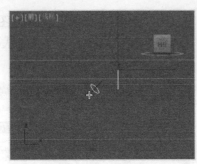
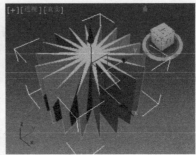

图 5-20

2．多截面放样变形

在路径的不同位置摆放不同的二维图形主要是通过在"路径参数"卷展栏中的"路径"文本框中输入数值或单击微调按钮（百分比、距离、路径步数）来实现。

在实际制作过程中，有一部分模型只用单截面放样是不能完成的，复杂的造型由不同的截面结合而成，所以就要用到多截面放样。

（1）在"顶"视图中分别创建圆和六角星图形作为放样图形，然后在"前"视图中创建弧作为放样路径，如图 5-21 所示。这几个二维图形可以随意创建。

（2）在视图中选择作为路径的弧，单击"＊（创建）> ○（几何体）>复合对象>放样"按钮，在"创建方法"卷展栏中单击"获取图形"按钮，在视图中单击星形，这时二维图形变成了三维图形，如图 5-22 所示。

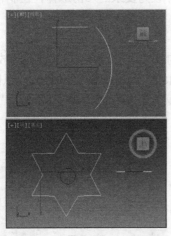
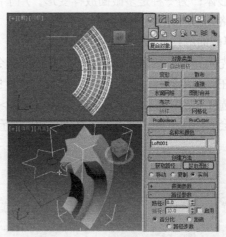

图 5-21   图 5-22

（3）在"路径参数"卷展栏中设置"路径"为 100，再次单击"创建方法"卷展栏中的"获取图形"按钮，在视图中单击圆，如图 5-23 所示。

（4）切换到 ⬭（修改）命令面板，然后将当前选择集定义为"图形"，这时命令面板中会出现新的命令参数，如图 5-24 所示。

（5）在"图形命令"卷展栏中单击"比较"按钮，弹出"比较"窗口，如图 5-25 所示。

（6）在"比较"窗口中单击 ⬭（拾取图形）按钮，在视图中分别在放样模型两个截面图形的位置上单击，将两个截面拾取到"比较"窗口中，如图 5-26 所示。

在"比较"窗口中，可以看到两个截面图形的起始点，如果起始点没有对齐，可以使用 ⬭（选择并旋转）工具手动调整，使之对齐。

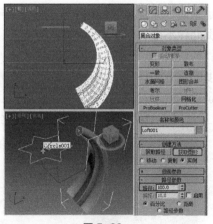

图 5-23

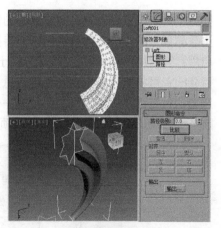

图 5-24

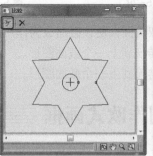

图 5-25

图 5-26

5.3.3 放样对象的参数修改

放样命令的参数由 5 部分组成，其中包括创建方法、路径参数、曲面参数、蒙皮参数和变形。

1．"创建方法"卷展栏

"创建方法"卷展栏用于决定在放样过程中使用哪一种方式来进行放样，如图 5-27 所示。

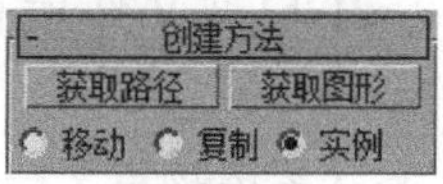

- 获取路径：用于将路径指定给选定图形或更改当前指定的路径。
- 获取图形：用于将图形指定给选定路径或更改当前指定的图形。
- 移动：选择的路径或截面不产生复制品，这意味选择后的模型
  在场景中不独立存在，其他路经或截面无法再使用。

图 5-27

- 复制：选择后的路径或截面产生原型的一个复制品。
- 实例：选择后的路径或截面产生原型的一个关联复制品，关联复制品与原型间相关联，
  即对原型修改时，关联复制品也会改变。

> 对于是先指定路径，再拾取截面图形，还是先指定截面图形，再拾取路径，
> 本质上对造型的形态没有影响，只是因为位置放置的需要而选择不同的方式。

2．"路径参数"卷展栏

"路径参数"卷展栏，可以控制沿着放样对象路径在不同间隔期间的多个图形位置，如
图 5-28 所示。

- 路径：用于设置截面图形在路径上的位置。图 5-29 所示为在多个路径位置插入不同
  的图形。

- 捕捉：用于设置沿着路径图形之间的恒定距离。该捕捉值依赖于所选择的测量方法，更改测量方法也会更改捕捉值以保持捕捉间距不变。
- 启用：当启用该选项时，"捕捉"处于活动状态。默认设置为禁用状态。
- 百分比：可将路径级别表示为路径总长度的百分比。
- 距离：可将路径级别表示为路径第一个顶点的绝对距离。
- 路径步数：可将图形置于路径步数和顶点上，而不是作为沿着路径的一个百分比或距离。

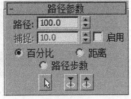

图 5-28   图 5-29

- （拾取图形）：用来选取截面，使该截面成为作用截面，以便选取截面或更新截面。
- （上一个图形）：用于转换到上一个截面图形。
- （下一个图形）：用于转换到下一个截面图形。

5.4 课堂练习——制作欧式画框

【案例学习目标】学习使用线、矩形、平面、放样工具制作欧式画框模型。

【案例知识要点】使用线创建图形作为放样的图形，矩形作为放样的路径，通过放样制作画框的框架；创建平面作为相片，完成的模型如图 5-30 所示。

【贴图文件位置】CDROM/Map/Ch05/ 5.4 欧式画框。

【模型文件所在位置】CDROM/Scence/Ch05/5.4.欧式画框.max。

图 5-30

【参考场景文件所在位置】CDROM/Scence/Ch05/ 5.4 欧式画框场景.max。

5.5 课后习题——制作玻璃杯

【案例学习目标】学习使用星形、圆、线、圆柱体、放样、ProBoolean 工具，结合使用编辑样条线、编辑多边形修改器制作欧式画框模型。

【案例知识要点】使用星形和圆作为放样图形，使用线作为放样路径，创建圆柱体使用编辑多边形创建布尔对象，通过放样与布尔完成的模型如图 5-31 所示。

【贴图文件位置】CDROM/Map/Ch05/5.5 玻璃杯。

【模型文件所在位置】CDROM/Scence/Ch05/5.5 玻璃杯.max。

图 5-31

【参考场景文件所在位置】CDROM/Scence/Ch05/5.5 玻璃杯场景.max。

PART 6

第6章
材质与贴图

本章介绍

　　本章将对材质和贴图进行系统的介绍，希望通过对本章的学习，用户不仅能了解材质，而且能自己设置出真实、理想的材质与贴图。

学习目标

- 了解材质编辑器
- 学会设置材质参数
- 了解常用材质
- 了解常用贴图

技能目标

- 掌握不锈钢材质的设置
- 掌握多维/子对象材质的设置
- 掌握光线跟踪材质的设置
- 掌握卡通老鼠材质的设置
- 掌握瓷器杯子材质的设置

6.1 材质编辑器

"材质编辑器"窗口用于创建和编辑材质以及贴图，并将设置的材质指定给场景中的对象。材质将使场景更加具有真实感。材质详细描述对象如何反射或透射灯光。材质属性与灯光属性相辅相成；明暗处理或渲染将两者合并，用于模拟对象在真实世界设置下的情况。

指定给材质的图像称为贴图，通过将贴图指定给材质的不同组件，可以影响其颜色、不透明度、曲面的平滑度等。

下面将对"材质编辑器"进行讲解。

- 示例窗：材质示例窗是显示材质效果的窗口，从示例窗中可以看到两类物质，一种是有体积感的材质，另一种是平面的贴图。如果要对它们进行编辑首先要将它们激活。
- 将材质指定给选定对象：用于将当前激活示例窗中的材质指定给场景中的选定对象，同时此材质会变成一个同步材质。材质贴图被指定后，如果对象还未进行贴图坐标的指定，在最后渲染时也会自动进行坐标指定，如果单击"在视口中显示贴图"按钮，则在视图中可以看到贴图效果，同时也会自动进行坐标指定。
- 参数区域：根据材质类型不同以及贴图类型的不同，设置材质的参数。

6.1.1 Slate 材质编辑器

材质编辑器是一个浮动的对话框，用于设置不同类型和属性的材质与贴图效果，并将设置的结果赋予场景中的物体。在工具栏中单击 （材质编辑器）按钮，弹出"Slate 材质编辑器"窗口，如图 6-1 所示。

图 6-1

1．菜单栏

在菜单栏中包含带有创建和管理场景中材质的各种选项的菜单。大部分菜单选项也可以从工具栏或导航按钮中找到，因此下面就跟随菜单选项来介绍相应的按钮。

- "模式"菜单：可以在精简材质编辑器和 Slate 材质编辑器之间进行转换，如图 6-2 所示。
- "材质"菜单中的各命令如下（如图 6-3 所示）。
  - ◆ （从对象选取）：选择此命令后，3ds Max 会显示一个滴管光标。单击视口中的一个对象，以在当前"视图"中显示出其材质。
  - ◆ 从选定项获取：从场景中选定的对象获取材质，并显示在活动视图中。
  - ◆ 获取所有场景材质：在当前视图中显示所有场景材质。
  - ◆ （将材质指定给选定对象）：将当前材质指定给当前选择中的所有对象。快捷键为 A。
  - ◆ 导出为 XMSL 文件：打开一个文件对话框，将当前材质导出为 "XMSL" 文件。
- "编辑"菜单（如图 6-4 所示）中的各项命令介绍如下。

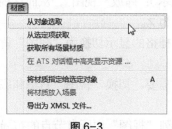

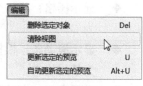

图 6-2　　　　　　　图 6-3　　　　　　　图 6-4

  - ◆ 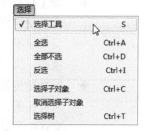（删除选定对象）：在活动"视图"中，删除选定的节点或关联。快捷键为 Delete。
  - ◆ 清除视图：删除活动"视图"中的全部节点和关联。
  - ◆ 更新选定的预览：自动更新关闭时，选择此选项可以为选定的节点更新预览窗口。快捷键为 U。
  - ◆ 自动更新选定的预览：切换选定预览窗口的自动更新。快捷键为 Alt+U 组合键。
- "选择"菜单（如图 6-5 所示）中的各项命令介绍如下。
  - ◆ （选择工具）：激活"选择工具"工具。"选择工具"处于活动状态时，此菜单选项旁边会有一个复选标记。快捷键为 S。
  - ◆ 全选：选择当前"视图"中的所有节点。快捷键为 Ctrl+A 组合键。
  - ◆ 全部不选：取消当前"视图"中的所有节点的选择。快捷键为 Ctrl+D 组合键。

图 6-5

  - ◆ 反选：反转当前选择，之前选定的节点全都取消选择，未选择的节点现在全都选择。快捷键为 Ctrl+I 组合键。
  - ◆ 选择子对象：选择当前选定节点的所有子节点。快捷键为 Ctrl+C 组合键。
  - ◆ 取消选择子对象：取消选择当前选定节点的所有子节点。
  - ◆ 选择树：选择当前树中的所有节点 Ctrl+T 组合键。
- "视图"菜单（如图 6-6 所示）中的各项命令介绍如下。

◆ （平移工具）：启用"平移工具"命令后，在当前"视图"中拖动就可以平移视图了。快捷键为 Ctrl+P 组合键。

◆ （平移至选定项）：将"视图"平移至当前选择的节点。快捷键为 Alt+P 组合键。

◆ （缩放工具）：启用"缩放工具"命令后，在当前"视图"中拖动就可以缩放视图了。快捷键为 Alt+Z 组合键。

◆ （缩放区域工具）：启用"缩放区域工具"命令后，在"视图"中拖动一块矩形选区就可以放大该区域了。快捷键为 Ctrl+W 组合键。

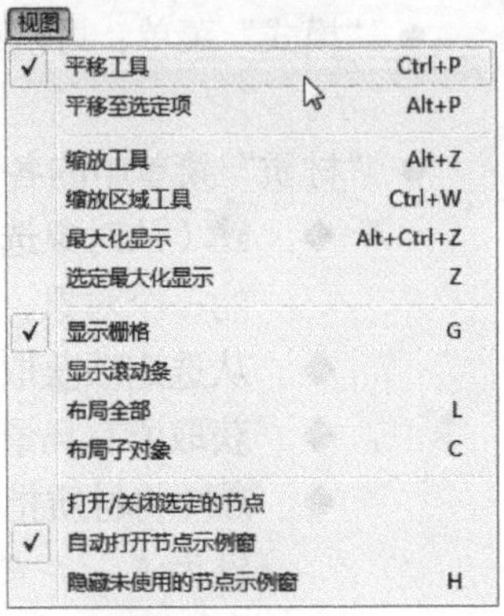

◆ （最大化显示）：缩放"视图"，从而让视图中的所有节点都可见且居中显示。快捷键为 Ctrl+Alt+Z 组合键。

◆ （选定最大化显示）：缩放"视图"，从而让视图中的所有选定节点都可见且居中显示。快捷键为 Z。

◆ 显示栅格：将一个栅格的显示切换为"视图"背景。默认设置为启用。快捷键为 G。

◆ 显示滚动条：根据需要，切换"视图"右侧和底部的滚动条的显示。默认设置为禁用状态。

◆ 布局全部：自动排列"视图"中所有节点的布局。快捷键为 L。

◆ （布局子对象）：自动排列当前所选节点的子对象的布局。此操作不会更改父节点的位置。快捷键为 C。

◆ 打开/关闭选定的节点：打开"展开"或关闭"折叠"选定的节点。

◆ 自动打开节点示例窗：启用此命令时，新创建的所有节点都会打开"展开"。

◆ （隐藏未使用的节点示例窗）：对于选定的节点，在节点打开的情况下切换未使用的示例窗的显示。快捷键为 H。

● "选项"菜单（如图 6-7 所示）中的各项命令介绍如下。

图 6-6

图 6-7

◆ （移动子对象）：启用此命令时，移动父节点会移动与之相随的子节点。禁用此命令时，移动父节点不会更改子节点的位置。默认设置为禁用状态。快捷键为 Alt+C 组合键。

◆ 将材质传播到实例：启用此命令时，任何指定的材质将被传播到场景中对象的所有实例，包括导入的 AutoCAD 块或基于 ADT 样式的对象，它们都是 DRF 文件中常见的对象类型。

◆ 启用全局渲染：切换预览窗口中位图的渲染。默认设置为启用。快捷键为 Alt+Ctrl+U 组合键。

◆ 首选项：打开"选项"对话框，从中设置面板中的材质参数。

● "工具"菜单（如图 6-8 所示）中的各项命令介绍如下。

图 6-8

◆ （材质/贴图浏览器）：切换"材质/贴图浏览器"的显示。默认设置为启用。快捷键为 O。

◆ （参数编辑器）：切换"参数编辑器"的显示。默认设置为启用。快捷键为 P。

◆ 导航器：切换"导航器"的显示。默认设置为启用。快捷键为 N。

2．工具栏

使用"Slate 材质编辑器"工具栏可以快速访问许多命令。该工具栏还包含一个下拉列表框，使用户可以在命名的视图之间进行选择，图 6-9 所示为"Slate 材质编辑器"的工具栏。

图 6-9

工具栏中各个工具的功能介绍如下（前面介绍过的工具这里就不重复介绍了）。

● （视口中显示明暗处理材质）：在视图中显示设置的贴图。

● （在预览中显示背景）：在预览窗口中显示方格背景。

● （布局全部−垂直）：单击此按钮将以垂直模式自动布置所有节点。

● （按材质选择）：仅当选定了单个材质节点时才启用此按钮。

3．材质/贴图浏览器

"材质/贴图浏览器"中的每个库和组都带有一个打开/关闭 （+/−）图标的标题栏，该图标可用于展开或收缩列表。组可以有子组，子组有自己的标题栏，某些子组可以有更深层的子组。

"材质/贴图浏览器"（如图 6-10 所示）中各个卷展栏介绍如下。

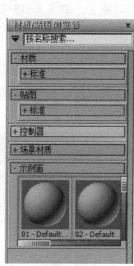

● 材质："材质"卷展栏和"贴图"卷展栏显示可用于创建新的自定义材质和贴图的基础材质和贴图类型。这些类型是"标准"类型，它们可能具有默认值，但实际上是供用户进行自定义的模板。

● 控制器："控制器"卷展栏显示可用于为材质设置动画的动画控制器。

● 场景材质："场景材质"卷展栏列出用在场景中的材质（有时为贴图）。默认情况下，它始终保持最新，以便显示当前的场景状态。

● 示例窗：示例窗卷展栏是由"精简材质编辑器"使用的示例窗的小版本。

图 6-10

4．活动视图

在"视图"中显示材质和贴图节点，用户可以在节点之间创建关联。

（1）编辑节点

可以折叠节点隐藏其窗口，如图 6-11 所示，也可以展开节点显示窗口，如图 6-12 所示。还可以在水平方向调整节点大小，这样可以更易于读取窗口名称，如图 6-13 所示。

通过双击预览，可以放大节点标题栏中预览的大小。要减小预览大小，再次双击预览即可，如图 6-14 所示。

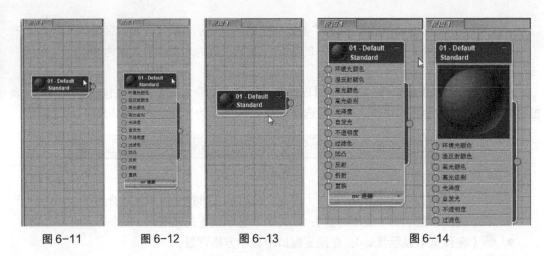

图 6-11 　　　　 图 6-12 　　　　 图 6-13 　　　　　　 图 6-14

在节点的标题栏中，材质预览的拐角处表明材质是否是热材质。没有三角形则表示场景中没有使用材质，如图 6-15 左图所示；轮廓式白色三角形表示此材质是热材质，换句话说，它已经在场景中实例化，如图 6-15 中图所示；实心白色三角形表示材质不仅是热，而且已经应用到当前选定的对象上，如图 6-15 右图所示。如果材质没有应用于场景中的任何对象，就称它是冷材质。

图 6-15

（2）关联节点

要设置材质组件的贴图，需将一个贴图节点关联到该组件窗口的输入套接字。从贴图套接字拖到材质套接字上，图 6-16 所示为创建的关联。

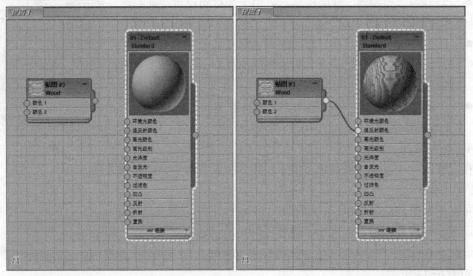

图 6-16

若要移除选定项，单击工具栏中的 ▨（删除选定对象）按钮，或直接单击 Delete 键，如图 6-17 所示。同样，使用这种方法也可以将创建的关联删除，如图 6-18 所示。

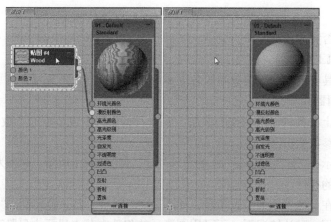

图 6-17

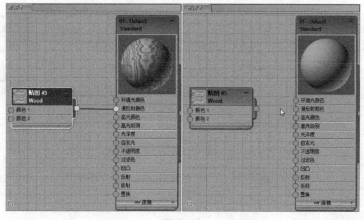

图 6-18

（3）替换关联方法

在视图中拖动出关联，在视图的空白部分上释放新关联，将打开一个用于创建新节点的菜单，如图 6-19 所示。用户可以从输入套接字向后拖动，也可以从输出套接字向前拖动。

如果将关联拖动到目标节点的标题栏，则将显示一个弹出菜单，可通过它选择要关联的组件窗口，如图 6-20 所示。

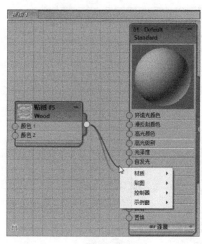

图 6-19

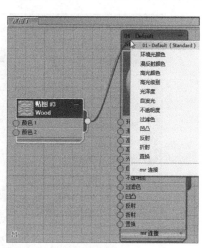

图 6-20

5．状态栏

显示当前是否完成预览窗口的渲染。

6．视图导航工具

视图导航工具与"视图"菜单中的各项命令相同，这里就不重复介绍了。

7．参数编辑器

材质和贴图上有各种可以调整的参数。要查看某个位图或节点的参数，双击此节点。参数就会出现在"参数编辑器"中。

具体参数显示在"参数编辑器"中的卷展栏上，如图 6-21 所示。左图为材质节点的控件，右图为位图节点的控件。

也可以直接在节点显示中编辑参数，如图 6-22 所示。但一般来说，"参数编辑器"界面更易于阅读和使用。默认情况下，不可用图表示的组件在节点显示中呈隐藏状态。

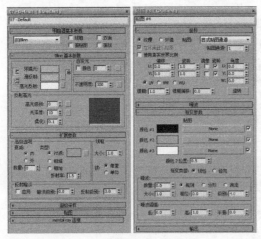

图 6-21　　　　　　　　　　　　　　　　　　图 6-22

8．导航器

"导航器"位于"Slate 材质编辑器"中，用于浏览活动"视图"的控件，与 3ds Max 视口中用于浏览几何体的控件类似。

图 6-23 所示为导航器对应的视图控件。

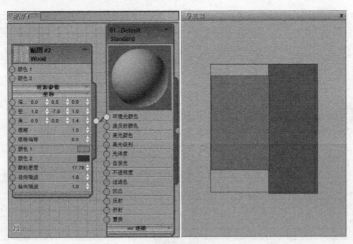

图 6-23

"导航器"中的红色矩形显示了活动"视图"的边界。在导航器中拖动矩形可以更改"视图"的布局。

6.1.2 精简材质编辑器

在工具栏中单击 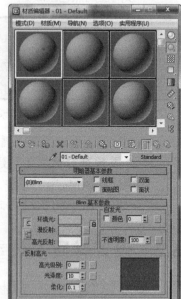 （材质编辑器）按钮，弹出"材质编辑器"对话框，打开精简材质窗口，如图 6-24 所示。通常，"Slate 材质编辑器"在设计材质时功能更强大，而"材质编辑器"在只需应用已设计好的材质时更方便。

"精简材质编辑器"中与"Slate 材质编辑器"中的参数基本相同，下面将主要介绍"材质编辑器"窗口周围的工具按钮的使用。

工具栏中各个工具的功能介绍如下。

- （将材质放入场景）：该按钮可在编辑材质之后更新场景中的材质。
- （生成材质副本）：通过复制自身的材质，生成材质副本，冷却当前热示例窗。
- （使唯一）：可以使贴图实例成为唯一的副本。
- （放入库）：使用该按钮可以将选定的材质添加到当前库中。
- （材质 ID 通道）：弹出按钮将材质标记为 Video Post 效果或渲染效果，或存储以 RLA 或 RPF 文件格式保存的渲染图像的目标（以便通道值可以在后期处理应用程序中使用）。材质 ID 值等同于对象的 G 缓冲区值。范围为 1～15，表示将使用此通道 ID 的 Video Post 或渲染效果应用于该材质。

图 6-24

- （显示最终结果）：当此按钮处于启用状态时，示例窗将显示"显示最终结果"，即材质树中所有贴图和明暗器的组合。当此按钮处于禁用状态时，示例窗只显示材质的当前层级。
- （转到父对象）：使用该按钮可以在当前材质中向上移动一个层级。
- （转到下一个同级项）：使用该按钮，将移动到当前材质中相同层级的下一个贴图或材质。
- （采样类型）：使用"采样类型"弹出按钮可以选择要显示在活动示例中的几何体，如图 6-25 所示。
- （背光）：启用该按钮将背光添加到活动示例窗中。默认情况下，此按钮处于启用状态。图 6-26 左图所示为启用背光后的效果，右图为未启用背光时的效果。

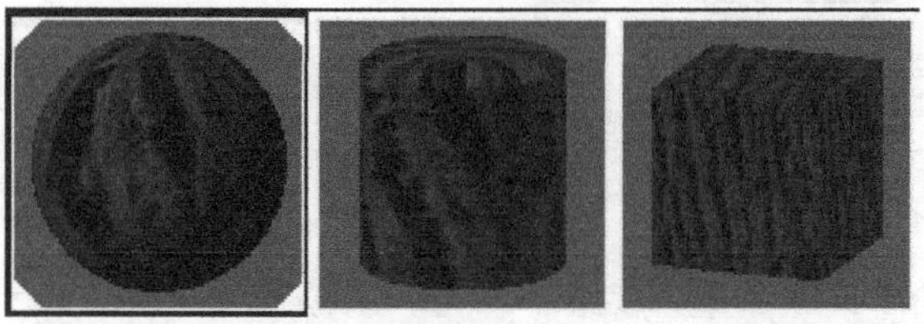

图 6-25 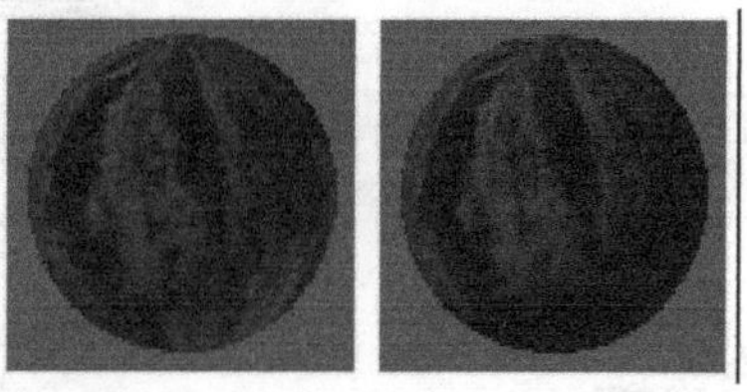   图 6-26

- 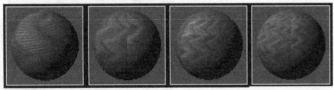（采样 UV 平铺）：使用"采样 UV 平铺"弹出按钮可以在活动示例窗中调整采样对象上的贴图图案重复，如图 6-27 所示。
- （视频颜色检查）：用于检查示例对象上的材质颜色是否超过安全 NTSC 或 PAL 阈值。图 6-28 左图所示为颜色过分饱和的材质，右图所示为"视频颜色检查"超过视频阈值的黑色区域。

图 6-27   图 6-28

- 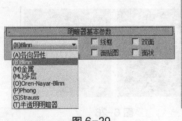（生成预览、播放预览、保存预览）：单击"生成预览"按钮，弹出创建材质预览对话框，创建动画材质的 AVI 文件；单击"播放预览"按钮将使用 Windows Media Player 播放 .avi 预览文件；单击"保存预览"按钮将 .avi 预览以另一名称的 AVI 文件形式保存。

6.2　设置材质参数

　　"标准"材质是默认的通用材质，在现实生活中，对象的反射光线取决于它的外观，在 3ds Max 中，标准材质用来模拟对象表面的反射属性，在不适用贴图的情况下，标准材质为对象提供了单一均匀的表面颜色效果。

　　"标准"材质的界面分为"明暗器基本类型"、"基本参数"、"扩展参数"、"超级采样"、"mental ray 连接"卷展栏，通过单击顶部的项目条可以收起或展开对应的参数面板，鼠标指针呈手形时可以进行上下拖动，右侧还有一个细的滑块可以进行上下滑动，具体用法和修改命令面板相同。

- "明暗器基本参数"卷展栏：可以在基本参数中选择明暗方式，用于改变灯光照射对材质表面的效果，明暗器有 8 种不同的明暗器类型，它们确定了不同材质渲染的基本性质，如图 6-29 所示。
- Blinn 基本参数：主要用于指定物体贴图，设置材质的颜色、反光度、透明度等基本属性。选择不同的明暗器类型，基本参数栏中会显示出相应的控制参数，如图 6-30 所示。
- 扩展参数：标准材质所有的明暗器类型的扩展参数相同，选项内容涉及透明度、反射以及线框模式，还有标准透明材质真实程度的折射率设置，如图 6-31 所示。

　　　　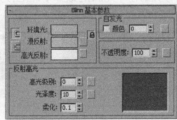　　　　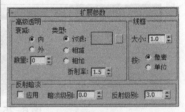

图 6-29　　　　　　　　　图 6-30　　　　　　　　　图 6-31

- "贴图"卷展栏：在每种方式右侧有一个很宽的按钮，单击它们可以打开"材质/贴图浏览器"对话框，但只能选择贴图，这里提供了 30 多种贴图类型，都可以用在不同的贴图方式上。当选择一个贴图类型后，会自动进入其贴图设置层级中，以便进行相应的参数设置。单击 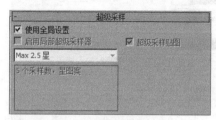（转到父对象）按钮可以返回到贴图方式设置层级，这时该按钮上会出现贴图类型的名称，左侧复选框被勾选，表示当前该贴图方式处于活动状态；如果取消左侧复选框的勾选，则会关闭该贴图方式对材质的影响，如图 6-32 所示。
- "超级采样"卷展栏：它是 3ds Max 2013 中的几种抗锯齿技术之一。在 3ds Max 2013 中，纹理、阴影、高光以及光线跟踪的反射和折射都具有自身设置的抗锯齿功能，与之相比，超级采样则是一种外部附加的抗锯齿方式，作用于标准材质和光线跟踪材质，如图 6-33 所示。

图 6-32

图 6-33

6.2.1 课堂案例——设置不锈钢材质

【案例学习目标】熟悉设置材质及贴图。

【案例知识要点】选择明暗器类型为"金属"以设置出金属效果，为"反射"指定"位图"贴图模仿真实不锈钢反射效果，设置完成后的效果如图 6-34 所示。

【贴图文件位置】CDROM/Map/Ch06/6.2.1 设置不锈钢材质。

【模型文件所在位置】CDROM/Scence/Ch06/6.2.1 设置不锈钢材质.max。

【参考场景文件所在位置】CDROM/Scence/ Ch06/6.2.1 设置不锈钢材质 ok.max。

（1）单击 （应用程序）按钮，选择"打开"命令，打开随书附带光盘中的"Scence>Ch06>6.2.1 设置不锈钢材质.max " 文件，在场景中选择金属管模型，如图 6-35 所示。

图 6-34

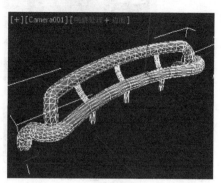

图 6-35

（2）在工具栏中单击 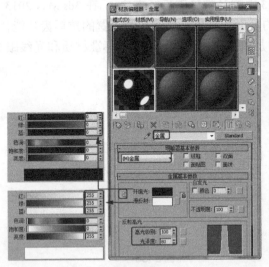（材质编辑器）按钮或按 M 键打开"材质编辑器"窗口，选择一个新的材质样本球，将其命名为"金属"，在"明暗器基本参数"卷展栏中选择明暗器类型为金属；在"金属基本参数"卷展栏中单击"环境光"和"漫反射"前的 C（锁定）按钮，解除锁定状态，设置"环境光"颜色的红、绿、蓝值均为 0，设置"漫反射"颜色的红、绿、蓝值均为 255，在"反射高光"组中设置"高光级别"为 100、"光泽度"为 80，如图 6-36 所示。

（3）在"贴图"卷展栏中单击"反射"后的"None"按钮，弹出"材质/贴图浏览器"窗口，选择"位图"贴图，单击"确定"按钮，如图 6-37 所示。

图 6-36

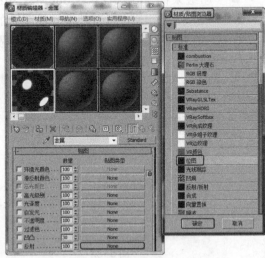

图 6-37

（4）在弹出的对话框中选择贴图文件，贴图是随书附带光盘中的"Map> Ch06>6.2.1 设置不锈钢材质>LAKEREM.jpg"文件，进入"反射"贴图层级面板，如图 6-38 所示。

（5）单击 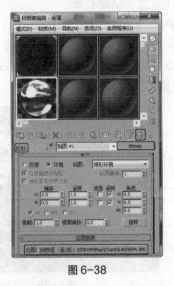（转到父对象）按钮返回上一级面板，在"贴图"卷展栏中设置"反射"的数量为 60，单击 （将材质指定给选定对象）按钮将材质指定给选定模型，如图 6-39 所示。

图 6-38

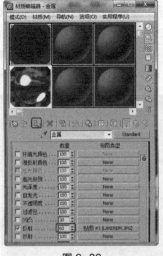

图 6-39

（6）单击 （渲染产品）按钮对场景进行渲染，渲染后的效果如图 6-34 所示。

6.2.2　明暗方式

标准材质的明暗器类型有8种,分别是:各向异性、Blinn、金属、多层、Oren-Nayar-Blinn、Phong、Strauss 和半透明明暗器,如图6-40所示。

下面将简单介绍一下8种明暗方式。

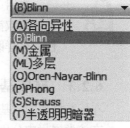

- "各向异性"通过调节两个垂直正交方向上可见高光级别之间的差,从而实现一种"重折光"的高光效果。这种渲染属性可以很好地表现毛发、玻璃和被擦拭过的金属等模型效果。

- "Blinn"高光点周围的光晕是旋转混合的,背光处的反光点形状为圆形,清晰可见,若增大"柔化"参数值,"Blinn"的反光点将保持尖锐的形态,从色调上来看,"Blinn"趋于冷色。

图 6-40

- "金属"是一种比较特殊的明暗器类型,专用于金属材质的制作,可以提供金属所需的强烈反光。它取消了高光反射色彩的调节,反光点的色彩仅依据于漫反射色彩和灯光的色彩。由于取消了高光反射色彩的调节,所以在高光部分的高光度和光泽度设置也与"Blinn"有所不同。"高光级别"文本框仍控制高光区域的亮度,而"光泽度"文本框变化的同时将影响高光区域的亮度和大小。

- "多层"明暗器与"各向异性"明暗器有相似之处,它的高光区域也属于"各向异性"类型,这意味着从不同的角度产生不同的高光尺寸,当"各向异性"值为0时,它们根本是相同的,高光是圆形的,与"Blinn"、"Phong"相同;当"各向异性"值为100时,这种高光的各向异性达到最大程度的不同,在一个方向上高光非常尖锐,而另一个方向上光泽度可以单独控制。

- "Oren-Nayar-Blinn"明暗器是"Blinn"的一个特殊变量形式。通过它附加的"漫反射级别"和"粗糙度"设置,可以实现物质材质的效果。这种明暗器类型常用来表现织物、陶制品等粗糙对象的表面。

- "Strauss"提供了一种金属感的表面效果,比"金属"明暗器更简洁,参数更简单。

- "半透明明暗器"与"Blinn"类似,最大的区别在于它能够设置半透明的效果。光线可以穿透这些半透明效果的对象,并且在穿过对象内部时离散。通常"半透明明暗器"用来模拟很薄的对象,如窗帘、电影银幕、霜或者毛玻璃等效果。

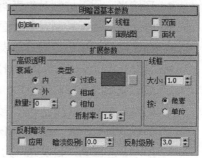

在"明暗器基本参数"卷展栏中还包括"线框"、"双面"、"面贴图"和"面状"4种材质指定渲染方式。

- 线框:以网格线框的方式来渲染对象,它只能表现出对象的线架结构,对于线框的粗细,可以通过"扩展参数"卷展栏中的"线框"选项组来调节,"大小"值用于确定它的粗细,可以选择"像素"和"单位"两种单位,如图6-41所示。

图 6-41

- 双面:将对象法线为反方向的一面也进行渲染,通常计算机为了简化计算,只渲染对象法线为正方向的表面(即可视的外表面),这对大多数对象都适用,但有些敞开面的对象,其内壁看不到任何材质效果,这时就必须打开双面设置。

- 面贴图:将材质指定给造型的全部面,如果含有贴图的材质,在没有指定贴图坐标的情况下,贴图会均匀分布在对象的每一个表面上。

● 面状：将对象的每个表面以平面化进行渲染，不进行相邻面的组群平滑处理。

在相应的明暗方式下都有相对应的基本参数卷展栏设置，这里不做具体介绍。

使用"双面"材质会使渲染变慢，最好的方法是对必须使用双面材质的对象使用双面材质，在最后渲染时不要打开渲染设置框中的"强制双面"渲染属性，这样既可以达到预期的效果，又加快了渲染速度。

6.2.3 材质基本参数

在标准材质的"基本参数"卷展栏中，基本包括以下参数设置，如图 6-42 所示。

在该卷展栏中分别单击"环境光"、"漫反射"、"高光反射"右侧的色块可以分别设置控制材质的阴影区、漫反射、高光区的颜色。

在"漫反射"的色块右侧有个▇（无）按钮，单击该按钮可以为该项指定相应的贴图，然后进入该项目的贴图层级，属于贴图设置的快捷操作，另外的 4 个与此相同。如果指定了贴图，小方块上会显示"M"字样，如图 6-43 所示。以后单击它可以快速进入该贴图层级。如果该项目贴图目前是关闭状态，则显示小写"m"。

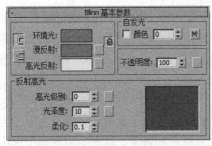

图 6-42

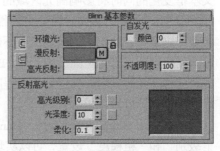

图 6-43

其中，左侧的▣（锁定）按钮用来锁定"环境光"、"漫反射"和"高光反射"3 种材质中的两种（或 3 种全部锁定），锁定的目的是使被锁定的两个区域颜色保持一致，调节一个时另一个也随之变化。

● 环境光：用于控制对象表面阴影区的颜色。

● 漫反射：用于控制对象表面过渡区的颜色。

● 高光反射：用于控制对象表面过渡区的颜色。

● 自发光：可使材质具备自身发光效果，常用于制作灯

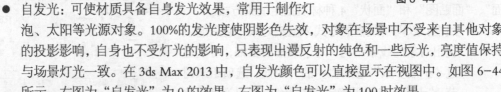

图 6-44

泡、太阳等光源对象。100%的发光度使阴影色失效，对象在场景中不受来自其他对象的投影影响，自身也不受灯光的影响，只表现出漫反射的纯色和一些反光，亮度值保持与场景灯光一致。在 3ds Max 2013 中，自发光颜色可以直接显示在视图中。如图 6-44 所示，左图为"自发光"为 0 的效果，右图为"自发光"为 100 时效果。

指定自发光有两种方式。一种是选中前面的复选框，使用带有颜色的自发光；另一种是取消选中复选框，使用可以调节数值的单一颜色的自发光，对数值的调节可以看作是对自发光颜色的灰度比例进行的调节。

● 不透明度：用于设置材质的不透明度百分比值，默认值为 100，即不透明材质。降低

值使透明度增加，值为 0 时变为完全透明材质。对于透明材质，还可以调节它的透明衰减，这需要在扩展参数中进行调节。

- 高光级别：用于设置高光强度。
- 光泽度：用于设置高光的范围，值越高，高光范围越小，相反地，值越低，高光范围越大。
- 柔化：对高光区的反光进行柔化处理，使它变得模糊、柔和，如果材质反光度值很低，反光强度值很高，这种尖锐的反光往往在背光处产生锐利的界限，此时增加柔光值可以很好地进行修饰。

6.2.4 材质扩展参数

标准材质中的扩展参数基本都相同，选项内容涉及透明度、反射以及线框模式，还有标准透明材质真实程度的折射率设置，如图 6-45 所示。下面对常用的参数设置进行介绍。

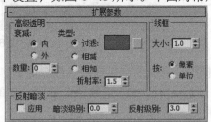

图 6-45

在"高级透明"区域中的"衰减"下包括"内"、"外"两个选项。其中，"内"选项用于设置透明度由内向外逐渐减少透明度的程度；而"外"选项则用于设置由外向内逐渐减少透明度的程度。这两个选项的衰减程度取决于"数量"的设置。

在"类型"下"过滤"右侧的色块用来产生彩色的透明度材质。"相减"可根据背景色作递减色彩的处理，"相加"可根据背景色作递增色彩的处理，常用来作发光体。

在"线框"区域中，"大小"用来调整线框网线的粗细，在设置大小时可以按"像素"或"单位"进行设置。

6.3 常用材质简介

在材质编辑器中有许多常用的材质，本节将对这些常用的材质进行简单的介绍。

6.3.1 课堂案例——设置多维/子对象材质

【案例学习目标】熟悉"多维/子对象"材质的使用。

【案例知识要点】如何设置"多维/子对象"材质使一个模型表现不同材质，设置完成后的效果如图 6-46 所示。

【贴图文件位置】CDROM/Map/Ch06/6.3.1 设置多维/子对象材质。

【模型文件所在位置】CDROM/Scence/Ch06/6.3.1 设置多维/子对象材质.max。

【参考场景文件所在位置】CDROM/Scence/Ch06/6.3.1 设置多维/子对象材质 ok.max。

（1）单击 ⑥（应用程序）按钮，选择"打开"命令，打开随书附带光盘中的"Scence>Ch06>6.31 设置多维/子对象材质.max"文件，打开的场景如图 6-47 所示。

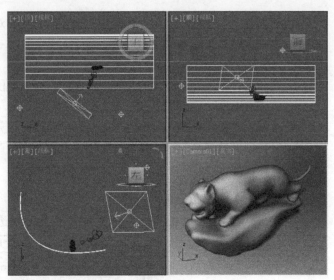

图 6-46   图 6-47

（2）在场景中选择摆件模型，切换到 （修改）命令面板，将"可编辑多边形"的选择集定义为"多边形"，在"多边形：材质 ID"卷展栏中设置"选择 ID"为 1，按 Enter（回车）键确定，看一下设置为 1 号材质的多边形，如图 6-48 所示。

（3）看一下设置为 2 号材质的多边形，如图 6-49 所示。

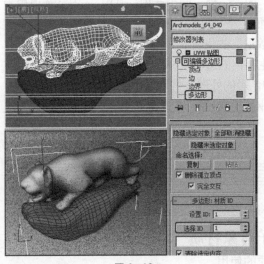

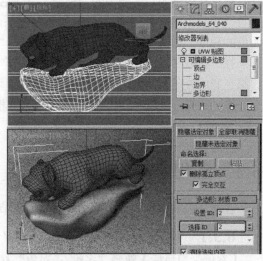

图 6-48   图 6-49

（4）在工具栏中单击 （材质编辑器）按钮或按 M 键打开"材质编辑器"窗口，选择一个新的材质样本球，单击"Standard（标准）"按钮，在弹出的"材质/贴图浏览器"中选择"多维/子对象"，单击"确定"按钮，如图 6-50 所示。

（5）在"多维/子对象基本参数"卷展栏中单击"设置数量"按钮，在弹出的"设置材质数量"对话框中设置"材质数量"为 2，单击"确定"按钮，如图 6-51 所示。

（6）单击 1 号子材质后的子材质按钮，进入（1）号材质设置面板，在"Blinn 基本参数"卷展栏的"反射高光"组中设置"高光级别"为 120、"光泽度"为 40，如图 6-52 所示。

（7）在"贴图"卷展栏中单击"漫反射颜色"后的"None"按钮，在弹出的"材质/贴图浏览器"中选择"位图"贴图,单击"确定"按钮,在弹出的"选择位图图像文件"对话框中选择贴图,位图文件是随书附带光盘中的"Map>Ch06>6.3.1 设置多维/子对象材质>大理石02.jpg"文件,单击 按钮返回上一级面板,如图 6-53 所示。

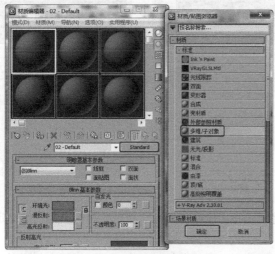

图 6-50

图 6-51

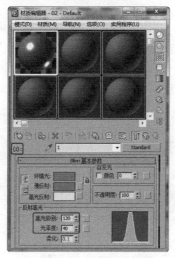

图 6-52

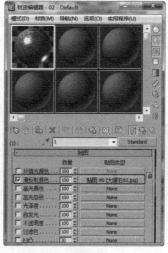

图 6-53

(8)在"贴图"卷展栏中设置"反射"的数量为 8,为"反射"指定"光线跟踪"贴图,使用默认参数即可,如图 6-54 所示。

(9)返回主材质面板,鼠标拖曳 1 号材质的子材质按钮至 2 号材质的子材质按钮上,将材质以"复制"的方式复制给 2 号材质,如图 6-55 所示。

(10)进入(2)号材质设置面板,在"贴图"卷展栏中单击"漫反射颜色"后的贴图类型按钮,进入"漫反射颜色"层级面板,在"位图参数"卷展栏中单击"位图"后的设置按钮替换位图文件,位图文件是随书附带光盘中的"CDROM>Map>Ch06>6.3.1 设置多维/子对象材质>大理石 01.jpg"文件,如图 6-56 所示。

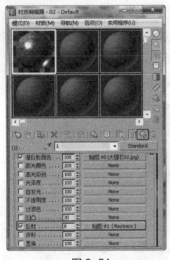 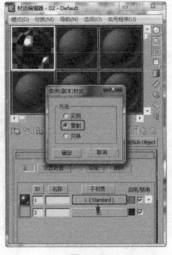 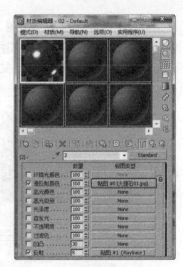

| 图 6-54 | 图 6-55 | 图 6-56 |

（11）返回主材质面板，单击 （将材质指定给选定对象）按钮，将材质指定给选定的摆件模型，如图 6-57 所示。

（12）单击" （创建）> （灯光）>标准>天光"按钮，在"顶"视图中创建天光，使用默认参数即可，如图 6-58 所示。

（13）在工具栏中单击 （渲染设置）按钮，弹出"渲染设置"对话框，切换到"高级照明"选项卡，在"选择高级照明"卷展栏中单击照明插件下拉框，从中选择"光跟踪器"选项，如图 6-59 所示。

（14）单击"渲染"按钮渲染场景，得到如图 6-46 所示的效果。

 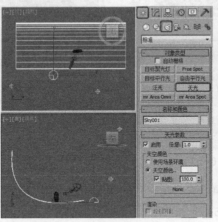 

| 图 6-57 | 图 6-58 | 图 6-59 |

6.3.2 "多维/子对象"材质

将多个材质组合为一个复合式材质，分别指定给一个物体的不同子对象选择级别。先通过"编辑多边形"修改器的"多边形"子对象选择物体表面，并为需要表现不同材质的多边形指定不同的材质 ID，然后创建"多维/子对象"材质，分别为相应的材质 ID 设置材质，最后将设置好的材质指定给目标物体。

在对"多维/子对象"介绍之前，首先介绍一下材质 ID 的设置。

（1）选择需要设置材质 ID 的对象，前提是需要设置材质 ID 的对象是一个整体，施加"编辑多边形"修改器，将当前选择集定义为"多边形"，在视图中选择需要设置某种材质的多边形，然后在"多边形：材质 ID"卷展栏中设置"设置 ID"的 ID 号，使用同样的方法依次为其他多边形设置材质 ID。

（2）设置完材质 ID 后，在"材质编辑器"中将"Standard（标准）"材质转换为"多维/子对象"材质，并设置相应的材质数量。

"多维/子对象基本参数"卷展栏中各项功能介绍如下。

- 设置数量：用于设置拥有子级材质的数目，注意如果减少数目，会将已经设置的材质丢失。
- 添加：用于添加一个新的子材质。新材质默认的 ID 号在当前 ID 号的基础上递增。
- 删除：用于删除当前选择的子材质。可以通过撤销命令取消删除。
- ID：单击该按钮将列表排序，其顺序开始于最低材质 ID 的子材质，结束于最高材质 ID。
- 名称：单击该按钮后按名称栏中指定的名称进行排序。
- 子材质：可按子材质的名称进行排序。子材质列表中每个子材质有一个单独的材质项。该卷展栏一次最多显示 10 个子材质，如果材质数超过 10 个，则可以通过右边的滚动栏滚动列表。
- ID 号：用于显示指定给子材质的 ID 号，同时还可以在这里重新指定 ID 号。如果输入的 ID 号有重复，系统会提出警告。
- 无：该按钮用来选择不同的材质作为子级材质。右侧颜色按钮用来确定材质的颜色，它实际上是该子级材质的"漫反射"值。最右侧的复选框可以对单个子级材质进行启用和禁用的开关控制。
- 材质样本球：用于提供子材质的预览，单击材质球图标可以对子材质进行选择。
- 材质名称框：可以在这里输入自定义的材质名称。

6.3.3 "复合"材质

"复合"材质指将两个或多个子材质组合在一起。"复合"材质类似于"合成器"贴图，但后者位于材质级别。将复合材质应用于对象可以生成复合效果。用户可以使用"材质/贴图浏览器"对话框来加载或创建复合材质。

不同类型的材质生成不同的效果，具有不同的行为方式，或者具有组合了多种材质的方式。不同类型的复合材质介绍如下。

- 混合：用于将两种材质通过像素颜色混合的方式混合在一起，与混合贴图一样。
- 合成：通过将颜色相加、相减或不透明混合，可以将多达 10 种的材质混合起来。
- 双面：用于为对象内外表面分别指定两种不同的材质，一种为法线向外，另一种为法线向内。
- 变形器：变形器材质使用"变形器"修改器来管理多种材质。
- 多维/子对象：可用于将多个材质指定给同一对象。存储两个或多个子材质时，这些子材质可以通过使用"网格选择"修改器在子对象级别进行分配。还可以通过使用"材质"修改器将子材质指定给整个对象。
- 虫漆：用于将一种材质叠加在另一种材质上。

● 顶/底：用于存储两种材质。一种材质可渲染在对象的顶表面，另一种材质可渲染在对象的底表面，具体取决于面法线向上还是向下。

6.3.4　课堂案例——设置光线跟踪材质

【案例学习目标】熟悉"光线跟踪"材质的使用。

【案例知识要点】通过为果盘模型设置"光线跟踪"材质，以达到真实的反射、折射效果，设置完成后的效果如图 6-60 所示。

【贴图文件位置】CDROM/Map/Ch06/6.3.4 设置光线跟踪材质。

【模型文件所在位置】CDROM/Scence/Ch06/6.3.4 设置光线跟踪材质.max。

【参考场景文件所在位置】CDROM/Scence/Ch06/6.3.4 设置光线跟踪材质 ok.max。

（1）单击 ⑥（应用程序）按钮，选择"打开"命令，打开随书附带光盘中的"Scence > Ch06 > 6.3.4 设置光线跟踪材质.max"文件，在场景中选择果盘模型，如图 6-61 所示。

图 6-60 　　　　　　　　　　　　　　　图 6-61

（2）在工具栏中单击 ❷（材质编辑器）按钮或按 M 键打开"材质编辑器"窗口，选择一个新的材质样本球，单击"Standard（标准）"按钮，在弹出的"材质/贴图浏览器"中选择"光线跟踪"，单击"确定"按钮，如图 6-62 所示。

（3）在"光线跟踪基本参数"卷展栏中选择"明暗处理"类型为"各向异性"，勾选"双面"选项，设置"环境光"颜色的红、绿、蓝值均为 255，设置"漫反射"颜色的红、绿、蓝值分别为 0、0、255，设置"反射"颜色的红、绿、蓝值均为 18，如图 6-63 所示。

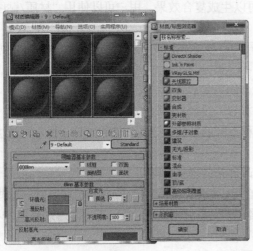
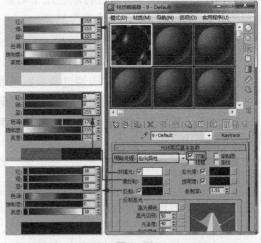

图 6-62 　　　　　　　　　　　　　　　图 6-63

（4）取消勾选"自发光"并设置其数值为 30，设置"折射率"为 1.5，在"反射高光"组中设置"高光级别"为 259、"光泽度"为 54、"各向异性"为 87，勾选"透明度"复选框，并将颜色的红绿蓝值均设置为 200，如图 6-64 所示。

（5）在"扩展参数"卷展栏中设置"半透明"颜色的红绿蓝值分别为 144、0、255，单击 （将材质指定给选定对象）按钮，将材质指定给果盘模型，如图 6-65 所示。

（6）渲染场景后的效果如图 6-60 所示。

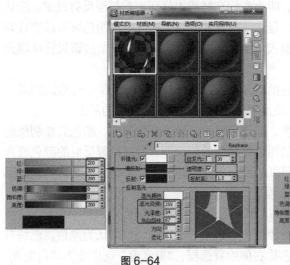

图 6-64

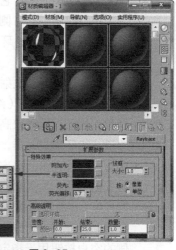

图 6-65

6.3.5 "光线跟踪"材质

"光线跟踪"材质是一种比"标准"材质更高级的材质类型，它不仅包括了"标准"材质具备的全部特性，还可以创建真实的反射和折射效果，并且还支持雾、颜色浓度、半透明、荧光灯其他特殊效果。

当光线在场景中移动时，通过跟踪对象来计算材质颜色，这些光线可以穿过透明对象，在光亮的材质上反射，得到逼真的效果。光线跟踪材质产生的反射和折射的效果要比光线跟踪贴图更逼真，但渲染速度会变得更慢。

上面介绍了一个光线跟踪材质的制作案例，相信读者对"光线跟踪"材质的基本使用已经有所了解。"光线跟踪"贴图与"光线跟踪"材质是相同的，能提供反射和折射效果。

"光线跟踪基本参数"卷展栏中各项功能介绍如下（如图 6-66 所示）。

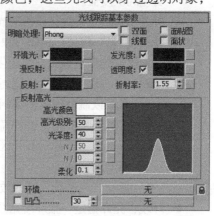

图 6-66

- 明暗处理：可在下拉列表中选择一个明暗器。用户选择的明暗器不同，"反射高光"中显示的明暗器的控件也会不同。明暗器的控件包括 Phong、Blinn、金属、Oren-Nayar-Blinn、各向异性 5 种方式。

- 双面：与标准材质相同。勾选此复选框时，在面的两面着色并进行光线跟踪。在默认的情况下，对象只有一面，以便提高渲染速度。

- 面贴图：用于将材质指定给模型的全部面，如果是一个贴图材质，则无需贴图坐标，贴图会自动指定到对象的每个表面。
- 线框：与标准材质中的线框属性相同，勾选该复选框时，可在"线框"模式下渲染材质并可在"扩展参数"卷展栏中指定线框大小。
- 面状：可将对象的每个表面均作为平面进行渲染。
- 环境光：与标准材质的环境光含义完全不同，对于光线跟踪材质，它控制材质吸收环境光的多少，如果将它设为纯白色，即为在标准材质中将环境光与漫反射锁定。默认为黑色。启用名称右侧的复选框时，显示环境光的颜色，通过右侧的色块可以进行调整；禁用复选框时，环境光为灰度模式，可以直接输入或者通过调节按钮设置环境光的灰度值。
- 漫反射：代表对象反射的颜色，不包括高光反射。反射与透明效果位于过渡区的最上层，当反射为100%（纯白色）时，漫反射色不可见，默认为50%的灰度。
- 反射：用于设置对象高光反射的颜色，即经过反射过滤的环境颜色，颜色值控制反射的量。与环境光一样，通过启用或禁用名称右侧的复选框，可以设置反射的颜色或灰度值。此外，第二次启用复选框，可以为反射指定"菲涅尔"镜像效果，它可以根据对象的视角为反射对象增加一些折射效果。
- 发光度：与标准材质的自发光设置近似（禁用则变为自发光设置），只是不依赖于"漫反射"进行发光处理，而是根据自身颜色来决定所发光的颜色。默认为黑色。色块右侧的空白按钮用于指定贴图。禁用名称右侧的复选框，"发光度"选项变为"自发光"选项，通过微调按钮可以调节发光色的灰度值。
- 透明度：用于控制在光线跟踪材质背后经过颜色过滤所表现的色彩，黑色为完全不透明，白色为完全透明。将"漫反射"与"透明度"都设置为完全饱和的色彩，可以得到彩色玻璃的材质。禁用后，对象仍折射环境光，不受场景中其他对象的影响。色块右侧的空白按钮用于指定贴图。禁用名称右侧的复选框后，可以通过微调按钮调整透明色的灰度值。
- 折射率：用于设置材质折射光线的强度。
- "反射高光"组用于控制对象表面反射区反射的颜色，根据场景中灯光颜色的不同，对象反射的颜色也会发生变化。
  - 高光颜色：用于设置高光反射灯光的颜色，将它与"反射"颜色都设置为饱和色可以制作出彩色铬钢效果。
  - 高光级别：用于设置高光区域的强度。值越高，高光越明亮。默认值为50。
  - 光泽度：可影响高光区域的大小。光泽度越高，高光区域越小，高光越锐利。默认值为40。
  - 柔化：用于柔化高光效果。
- 环境：允许指定一张环境贴图，用于覆盖全局环境贴图。默认的反射和透明度使用场景的环境贴图，一旦在这里进行环境贴图的设置，将取代原来的设置。利用这个特性，可以单独为场景中的对象指定不同的环境贴图，或在一个没有环境的场景中为对象指定虚拟的环境贴图。
- 凹凸：这与标准材质的凹凸贴图相同。单击该按钮可以指定贴图。使用微调器可更改凹凸量。

"扩展参数"卷展栏中各项功能介绍如下（如图 6-67 所示）。

"扩展参数"卷展栏中的参数用于对光线追踪材质类型的特殊效果进行设置。

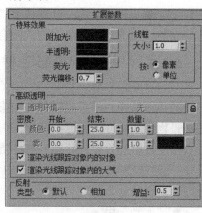

图 6-67

- "特殊效果"组
  - ◆ 附加光：这项功能像环境光一样，能用于模拟从一个对象放射到另一个对象上的光。
  - ◆ 半透明：可用于制作薄对象的表面效果，有阴影投在薄对象的表面。当用在厚对象上时，可以用于制作类似于蜡烛或有雾的玻璃效果。
  - ◆ 荧光、荧光偏移："荧光"使材质发出类似黑色灯光下的荧光颜色，它将引起材质被照亮，就像被白光照亮，而不管场景中光的颜色。而"荧光偏移"决定亮度的程度，1.0 表示最亮，0 表示不起作用。
- 密度、颜色：可以使用颜色密度创建彩色玻璃效果，其颜色的程度取决于对象的厚度和"数量"参数设置，"开始"参数设置颜色开始的位置，"结束"设置颜色达到最大值的距离。"雾"与"颜色"相似，都是基于对象厚度，可用于创建烟状效果。
- "反射"选项组：决定反射时漫反射颜色的发光效果。选择"默认"单选按钮时，反射被分层，把反射放在当前漫反射颜色的顶端；选择"相加"单选按钮时，给漫反射颜色添加反射颜色。
  - ◆ 增益：用于控制反射的亮度，取值范围为 0~1。

6.3.6 "混合"材质

混合材质可以将两种不同的材质融合在一起，根据融合度的不同，控制两种材质表现出的强度，并且可以制作成材质变形的动画；另外还可以指定一张图像作为融合的遮罩，利用它本身的明暗度来决定两种材质融合的程度。

"混合基本参数"卷展栏中各项功能介绍如下（如图 6-68 所示）。

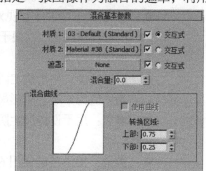

图 6-68

- 材质 1、材质 2：通过单击右侧的空白按钮选择相应的材质。
- 遮罩：选择一张图案或程序贴图来作为蒙版，利用蒙版图案的明暗度来决定两个材质的融合情况。
- 交互式：用于决定在视图中以"平滑+高光"方式交互渲染时，选择哪一个材质显示在对象表面。
- 混合量：确定融合的百分比例，对无蒙版贴图的两个材质进行融合时，依据它来调节混合程度。值为 0 时，材质 1 完全可见，材质 2 不可见；值为 1 时，材质 1 不可见，材质 2 可见。
- "混合曲线"组：控制蒙版贴图中黑白过渡区造成的材质融合的尖锐或柔和程度，专用于使用了 Mask 蒙版贴图的融合材质。

◆ 使用曲线：确定是否使用混合曲线来影响融合效果。

◆ 转换区域：分别调节 "上部" 和 "下部" 数值来控制混合和曲线，两值相近时，会产生清晰尖锐的融合边缘；两值差距很大时，会产生柔和模糊的融合边缘。

6.3.7 "天光/投影" 材质

"无光/投影" 材质能够使物体（或任何次级表面）成为一种不可见的物体，从而显露出当前的环境贴图。不可见物体在渲染时无法看到，也不会对环境背景进行遮挡，但对于其后的场景物体却可以起到遮挡作用，并且还可以表现出投影或接受投影的效果，此外，该材质还可以接受反射。

"无光/投影基本参数" 卷展栏中各项功能介绍如下（如图 6-69 所示）。

图 6-69

● "天光" 组。

◆ 不透明 Alpha：用于确定是否将不可见物体渲染到 Alpha 通道中，如果只需要它的阴影，并且将来要利用阴影的 Alpha 通道进行合成，那么就取消该复选框的勾选。

● "大气" 组。

◆ 应用大气：用于确定不可见物体是否受到场景中大气设置的影响。

◆ 以背景深度：这是一种二维模式，如果场景中有雾，则渲染不可见对象的投影。扫描线渲染方式为先渲染场景中的雾，再渲染阴影，这时阴影将不能被雾照亮，因此需要提高 "阴影亮度" 值。

◆ 以对象深度：这是一种三维模式，先渲染阴影，再渲染雾，雾效将覆盖在三维不可见对象的表面，所产生的 Alpha 通道不能完美地与背景图像融合。

● "阴影" 组。

◆ 接收阴影：如果勾选此复选框，不可见对象表面将会渲染出来自其他对象的投影。

◆ 影响 Alpha：将不可见对象接受的阴影渲染到 Alpha 通道中，产生一种半透明的阴影通道图像，以便于将它进行其他合成操作，这时应将 "不透明 Alpha" 复选框取消勾选。

◆ 阴影亮度：用于确定阴影在背景图像上的亮度，值为 1 时，阴影最亮，亮到消失；值为 0 时，阴影最黑，几乎掩盖了全部背景色。

◆ 颜色：用于设置产生阴影的颜色，以便与背景图像中的阴影颜色相匹配。

● "反射" 组。

◆ 数量：用于控制使用的反射效果数量。该选项是百分比参数，取值范围从 0~100，只有指定贴图后该参数才有效。

◆ 附加反射：用于确定无光曲面是否具有反射。

◆ 贴图：单击右侧 "None" 按钮，打开 "材质/贴图浏览器" 对话框，为反射指定贴图。除非选择了 "反射/折射" 贴图或 "镜面反射" 贴图类型，否则反射效果独立于环境。

6.3.8 "双面" 材质

使用 "双面" 材质可以为对象的前面和后面指定两个不同的材质。

"双面基本参数"卷展栏中各项功能介绍如下（如图 6-70 所示）。

- 半透明：用于设置一个材质在另一个材质上显示出的百分比效果。
- 正面材质：用于设置对象外表面的材质。
- 背面材质：用于设置对象内表面的材质。

图 6-70

6.4　常用贴图

贴图能够在不增加物体几何结构复杂程度的基础上增加物体的细节程度，最大的用途就是提高材质的真实程度，此外，贴图还可以用于设置环境或灯光投影效果。

3ds Max 2013 系统提供了 38 种贴图类型，如图 6-71 所示。下面将对材质编辑器中的主要贴图进行介绍。

图 6-71

6.4.1　"位图"贴图

"位图"贴图是 3ds Max 程序贴图中最常用的贴图类型，调用这种位图可以真实地模拟出实际生活中的各种材料。

位图是由彩色像素的固定矩阵生成的图像。"位图"贴图支持多种图像格式，包括*.jpg、*.tif、*.avi、*.tga 等格式图像，因此可以将实际生活中模型的照片图像作为位图使用，如大理石图片、木纹图片、人物图片等。如果在贴图面板上选用了一幅位图贴图（如地毯.jpg），即可进入贴图层级，显示"位图参数"卷展栏，在该卷展栏中可以对图像贴图进行修改。

（1）"位图参数"卷展栏中各项功能介绍如下（如图 6-72 所示）。

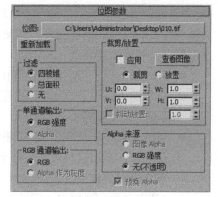

图 6-72

- 位图：单击其右侧的"None"按钮，可以在文件框中选择一个位图文件，要求 3ds Max 2013支持的位图格式，不要求位图所在路径，因为在选择的同时会自动打通其所在路径。
- 重新加载：按照相同的路径和名称重新将上面的位图调入，这主要是因为在其他软件中对该图做了改动，重新加载它才能使修改后的效果生效。

- "过滤"选项组是确定对位图进行抗锯齿处理的方式，对于一般需求，四棱锥过滤方式已经足够了；"总面积"过滤方式提供更加优秀的过滤效果，只是会占用更多的内存，如果对凹凸贴图的效果不满意，可以选择这种过滤方式，效果非常优秀，这是提高 3ds Max 2013 凹凸贴图渲染品质的一个关键参数，不过渲染时间也会大幅增长。

- "单通道输出"选项组。
  - ◆ RGB 强度：使用红、绿、蓝通道的强度作用于贴图。像素点的颜色将被忽略，只使用它的明亮度值，彩色将在 0（黑）～255（白）级的灰度值之间进行计算。
  - ◆ Alpha：使用自带的 Alpha 通道的强度作用于贴图。

- "RGB 通道输出"组。
  - ◆ Alpha 作为灰度：以 Alpha 通道图像的灰度级别来显示色调。

- "裁剪/放置"选项组：这是在贴图参数中非常有力的一种控制方式，它允许在位图上任意剪切一部分图像作为贴图进行使用，或者将原位图比例进行缩小使用，它并不会改变原位图文件，只是在材质编辑器中实施控制。这种方法非常灵活，尤其是在进行反射贴图时，可以随意调节反射贴图的大小和内容，以便取得最佳的质感。
  - ◆ 抖动放置：针对"放置"方式起作用，这时缩小位图的比例和尺寸由系统提供的随机值来控制。
  - ◆ 查看图像：单击该按钮，会弹出一个虚拟图像设置框，可以直观地进行剪切和放置操作，如果"应用"复选框启用，可以在样本球上看到裁剪的部分被应用。

- "Alpha 来源"选项组
  - ◆ 图像 Alpha：如果该图像具有 Alpha 通道，将使用它的 Alpha 通道。
  - ◆ RGB 强度：将彩色图像转化的灰度图像作为透明通道来源。
  - ◆ 无（不透明）：不使用透明信息。

- 预乘 Alpha：确定以何种方式来处理位图的 Alpha 通道，默认为开启状态，如果将它关闭，RGB 值将被忽略。

（2）"时间"卷展栏中各项功能介绍如下（如图 6-73 所示）。

"时间"卷展栏用于控制动态纹理贴图（flic 或 avi 动画）开始的时间和播放速度，这使得序列贴图在时间上得到更为精确的控制。

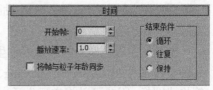

图 6-73

- 开始帧：用于指定动画贴图由哪一帧开始播放。

- 播放速率：用于控制动画贴图播放的速度，值为 1 时为正常速度，值为 2 时是原速的 2 倍，以此类推。

- 将帧与粒子年龄同步：启用此选项后，软件会将位图序列的帧与贴图所应用的粒子年龄同步。利用这种效果，每个粒子从出生开始显示该序列，而不是被指定于当前帧。默认设置为禁用状态。

- "结束条件"选项组：用于设置动画贴图在最后一帧播放完后的情况。
  - ◆ 循环：用于设置动画播放完后从头开始循环播放。
  - ◆ 往复：用于设置动画在播放完后逆向播放至开始，再正向播放至结束，如此反复，形成流畅的循环效果。

◆　保持：用于设置动画在播放完后保持最后一帧静止直至结束。

6.4.2　"渐变"贴图

渐变是指从一种颜色到另一种颜色进行明暗处理。在"渐变"贴图中 3 个色块颜色可以随意调节，相互区域比例的大小也可调，通过贴图可以产生无限级别的渐变和图像嵌套效果，渐变效果如图 6-74 所示。

"渐变参数"卷展栏中各项功能介绍如下（如图 6-75 所示）。

图 6-74

图 6-75

● 颜色#1、颜色#2、颜色#3：分别用于设置 3 个渐变区域，通过色块可以设置颜色，通过"None"按钮可以设置贴图。

● 颜色 2 位置：设置中间色的位置，默认为 0.5，3 种色平均分配区域。值为 1 时，"颜色 #2"代替了"颜色 #1"，形成"颜色 #2"和"颜色 #3"的双色渐变；值为 0 时，"颜色 #2"代替了"颜色 #3"，形成"颜色 #1"和"颜色 #2"的双色渐变。

● 渐变类型：分为"线性"和"径向"两种。

● "噪波"选项组。

　　◆　数量：用于控制噪波的程度，值为 0 时不产生噪波影响。

　　◆　大小：用于设置噪波函数的比例，即碎块的大小密度。

　　◆　相位：用于控制噪波变化的速度，对它进行动画设置可以产生动态的噪波效果。

　　◆　级别：针对分形噪波计算，控制迭代计算的次数，值越大，噪波越复杂。

　　◆　规则、分形、湍流：提供 3 种强度不同的噪波生成方式。

● "噪波阈值"选项组。

　　◆　低：用于设置低的阈值。

　　◆　高：用于设置高的阈值。

　　◆　光滑：根据阈值对噪波值产生光滑处理，以避免发生锯齿现象。

6.4.3　"噪波"贴图

"噪波"贴图基于两种颜色或材质的交互，创建曲面的随机扰动。常用于无序贴图效果的制作。图 6-76 所示为在"凹凸"贴图中使用"噪波"贴图表现的马路效果。

"噪波参数"卷展栏中的选项功能介绍如下（如图 6-77 所示）。

● 噪波类型：用于选择噪波类型，如图 6-78 所示 3 种噪波类型效果。

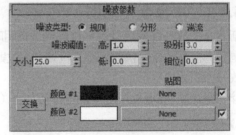

图 6-76　　　　　　　　　　　　　　　　图 6-77

图 6-78

◆ 规则：默认设置，生成普通噪波。基本上类似于"级别"设置为 1 的"分形"
噪波。当噪波类型设为"规则"时，"级别"微调器处于非活动状态（因为"规
则"不是分形功能）。

◆ 分形：使用分形算法生成噪波。

◆ 湍流：生成应用绝对值函数来制作故障线条的分形噪波。

● 噪波阈值：如果噪波值高于"低"阈值而低于"高"阈值，动态范围会拉伸到填满 0~1。
这样，在阈值转换时会补偿较小的不连续（技术上是第一级而不是 0 级），因此，会减少
可能产生的锯齿。

◆ 高:设置高阈值，默认设置为 1。

◆ 低：设置低阈值，默认设置为 0。

◆ 级别：决定有多少分形能量用于分形和湍流噪波函数。用户可以根据需要设置
确切数量的湍流，也可以设置分形层级数量的动画。默认设置为 3。

◆ 相位：控制噪波函数的动画速度。使用此选项可以设置噪波函数的动画。默认
设置为 0。

● 交换：切换两个颜色或贴图的位置。

● 颜色#1、颜色#2：可以从两个主要噪波颜色中进行选择。将通过所选的两种颜色生
成中间颜色值。

● 贴图：选择以一种或其他噪波颜色显示的位图或程序贴图。

6.4.4 "棋盘格"贴图

"棋盘格"贴图可以产生两色方格交错的方案，也可以用两个贴图来进行交错，如果使用
棋盘格进行嵌套，可以产生多彩色方格图案效果。用于产生一些格状纹理，或砌墙、地板块
等有序纹理。图 6-79 所示的地面效果就是通过"棋盘格"贴图产生的。

"棋盘格参数"卷展栏中的选项功能介绍如下（如图 6-80 所示）。

- 柔化：模糊两个区域之间的交界。
- 颜色#1、颜色#2：分别用于设置两个区域的颜色或贴图，单击颜色色块进行颜色设置；单击"None"按钮进行贴图设置。
- 交换：将两个区域的设置进行调换。

图 6-79

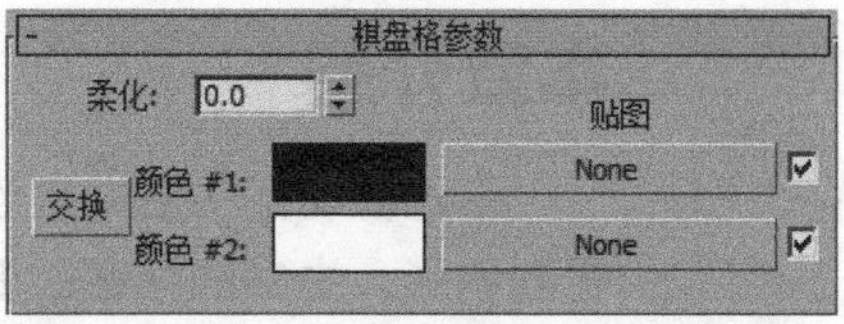

图 6-80

6.5 课堂练习——制作卡通老鼠

【案例学习目标】熟悉卡通材质 Ink'n Paint。

【案例知识要点】通过将材质转换为 Ink'n Paint，将转换为卡通的材质指定给模型，适当地调整材质即可完成卡通模型效果，如图 6-81 所示。

【贴图文件位置】CDROM/Map/Ch06/6.5 卡通材质。

【模型文件所在位置】CDROM/Scence/Ch06/6.5 老鼠.max。

【参考场景文件所在位置】CDROM/Scence/Ch06/6.5 老鼠 ok.max。

图 6-81

6.6 课后习题——制作瓷器杯子

【案例学习目标】渐变贴图和位图的使用。

【案例知识要点】通过为"漫反射"指定"渐变"，为"反射"指定"位图"，完成渐变瓷器杯子的效果如图 6-82 所示。

【贴图文件位置】CDROM/Map/Ch06/6.6 瓷器杯子。

【模型文件所在位置】CDROM/Scence/Ch06/6.6 瓷器杯子.max。

【参考场景文件所在位置】CDROM/Scence/Ch06/6.6 瓷器杯子 ok.max。

图 6-82

PART 7

第7章
创建灯光和摄影机

本章介绍

　　三光在现实生活中担当着重要的角色，正因为有光，我们才会时刻感觉到色彩、生命的存在。摄影机是三维世界中必不可少的，摄影机好比人的眼睛，创建场景对象、布置灯光、调整材质所创作的效果图都要通过这双眼睛来观察，通过对摄影机的调整可以决定视图中建筑物的位置和尺寸，影响到场景对象的数量以及创建方法。

　　通过对本章的学习，用户可以使用灯光与摄影机使场景达到一种自然、和谐，让作品达到更好的视觉效果。

学习目标

- 了解各种灯光的应用
- 熟练掌握灯光的创建和参数设置
- 掌握摄影机的使用方法及创建景深特效的技巧

技能目标

- 掌握静物场景角度和灯光的设置
- 掌握天光的创建和技巧
- 掌握体积光的设置和技巧
- 掌握标版动画的制作和技巧
- 掌握室外灯光的创建和技巧

7.1 灯光的使用和特效

光线是画面视觉信息与视觉造型的基础，没有光便无法体现对象的形状、质感和颜色。

为当前场景创建平射式的白色照明或使用系统的默认照明设置是一件非常容易的事情，然而，平射式的照明通常对当前场景中对象的特别之处或奇特的效果展现不会有任何的帮助。如果调整场景的照明，使光线同当前的气氛或环境配合，就可以强化环境的效果，使其更加真实地体现在我们的视野中。

7.1.1 课堂案例——制作静物场景

【案例学习目标】熟悉摄影机、目标聚光灯和泛光灯的创建。

【案例知识要点】在原始场景文件的基础上调整合适"透视"图角度，创建摄影机，并创建目标聚光等和泛光灯，效果如图7-1所示。

【贴图文件位置】CDROM/Map/Ch07/7.1.1 静物场景。

【原始场景文件所在位置】CDROM/Scence/ Ch07/7.1.1 静物场景.max。

【参考场景文件所在位置】CDROM/Scence/ Ch07/7.1.1 静物场景 ok.max。

（1）打开原始的场景文件，如图7-2所示。

（2）在"透视"图中调整视图的角度，按 Ctrl+C 组合键，在视图角度的基础上创建摄影机，如图7-3所示。

图 7-1

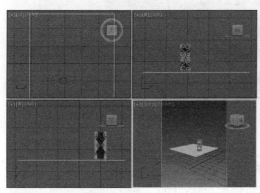

图 7-2

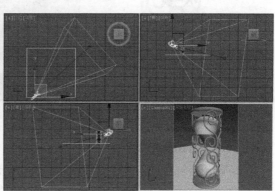

图 7-3

（3）单击" ※ （创建）> ◀ （灯光）>标准>目标聚光灯"按钮，在"前"视图中创建目标摄影机，调整摄影机至合适的位置和角度。

在"常规参数"卷展栏中勾选"启用"选项，选择阴影类型为"区域阴影"；

在"强度/颜色/衰减"卷展栏中设置"倍增"为1；

在"聚光灯参数"卷展栏中设置"聚光区/光束"为0.5、"衰减区/区域"为100，如图7-4所示。

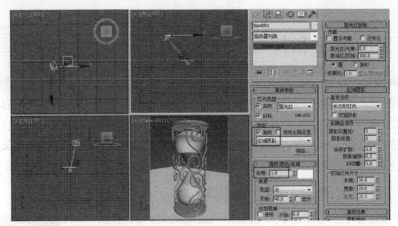

图 7-4

（4）渲染当前场景为如图 7-5 所示的效果。

（5）单击"＋（创建）>（灯光）>标准>泛光灯"按钮，在"顶"视图中创建泛光灯，并在其他视图中调整泛光灯的位置，如图 7-6 所示，完成灯光的创建，渲染场景得到如图 7-1 所示的效果。

图 7-5

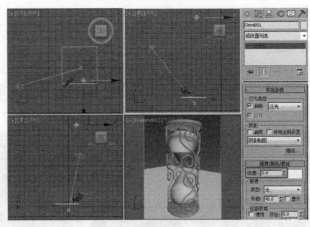

图 7-6

7.1.2 标准灯光

3ds Max 2013 中的灯光可分为"标准"和"光度学"两种类型。标准灯光是 3ds Max 2013 的传统灯光。系统提供了 8 种标准灯光，分别是目标聚光灯、Free Spot（自由聚光灯）、目标平行光、自由平行光、泛光、天光、mr Area Omni（mr 区域泛光灯）和 mr Area Spot（mr 区域聚光灯），如图 7-7 所示。

下面分别对标准灯光进行简单介绍。

1．目标聚光灯

"目标聚光灯"是一个有方向的光源，它具有可以独立移动的目标点投射光，如图 7-8 所示。加入投影设置，可以表现出优秀的静态仿真效果，如图 7-9 所示。但是"目标聚光灯"在进行动画照射时不易制作跟踪照射。

图 7-7

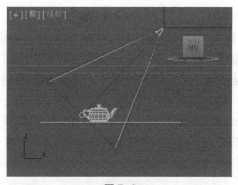

图 7-8

图 7-9

2. Free Spot（自由聚光灯）

"Free Spot（自由聚光灯）"具有目标聚光灯的所有功能，只是没有目标对象。

在使用该类型灯光时，并不是通过放置一个目标来确定聚光灯光锥的位置，而是通过旋转自由聚光灯来对准它的目标对象。选择自由聚光灯而不是目标聚光灯的原因可能是动画与其他几何体有关灯光的需要，或者是用户的个人喜好。

在制作一个场景时，有时需要保持它相对于另一个对象的位置不变。如汽车的前照灯、聚光灯和矿工的头灯都是非常典型的、有说明意义的例子，并且在这些情况下都需要使用自由聚光灯。

3. 目标平行光

"目标平行光"可产生单方向的平行照射区域，与目标聚光灯的区别是它照射区域呈圆柱形或矩形，而不是"锥形"。平行光主要用于模拟阳光的照射，对于户外场景尤为适用。如果作为体积光源，可以产生一个光柱，常用来模拟探照灯、激光光束等特殊效果。创建"目标平行光"的场景如图 7-10 所示，渲染后的效果如图 7-11 所示。

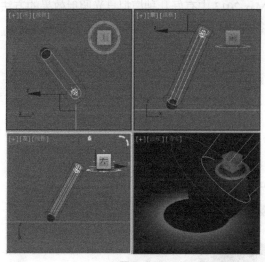

图 7-10

图 7-11

知识提示

　　当创建并设置灯光后，如果想让该灯光在渲染输出的效果中产生光芒四射效果，那么在菜单栏中选择"渲染>环境"命令，打开"环境和效果"对话框，为灯光设置"体积光"特效，然后设置特效的参数即可。

4．自由平行光

"自由平行光"可产生平行的照射区域。它其实是一种受限制的目标平行光，在视图中，它的投射点和目标点不可分别调节，只能进行整体移动或旋转，这样可以保证照射范围不发生改变。如果对灯光的范围有固定要求，尤其是在灯光的动画中，这是一个非常好的选择。

5．mr Area Omni（mr 区域泛光灯）

当使用"mental ray"渲染器渲染场景时，mr 区域泛光灯从球体或圆柱体上发射光线，而不是从点源发射光线。使用默认的"扫描线"渲染器，区域泛光灯像其他标准的泛光灯一样发射光线。

> **知识提示**　在 3ds Max 2013 中，由 MAX Script 脚本创建和支持区域泛光灯。只有"mental ray"渲染器才可使用"区域光源参数"卷展栏上的参数。

6．mr Area Spot（mr 区域聚光灯）

mr 区域聚光灯在使用"mental ray"渲染器进行渲染时，可以从矩形或圆形区域发射光线，产生柔和的照明和阴影。而在使用 3ds Max 2013 默认的"扫描线"渲染器时，其效果等同于标准的聚光灯。

7．泛光

"泛光"可向四周发散光线，标准的泛光灯用来照亮场景。它的优点是易于建立和调节，不用考虑是否有对象在范围外而不被照射；缺点是不能创建太多，否则显得无层次感。泛光灯用于将"辅助照明"添加到场景中，或模拟点光源。

泛光灯可以投射阴影和投影，单个投射阴影的泛光灯等同于 6 盏聚光灯的效果，从中心指向外侧。泛光灯常用来模拟灯泡、台灯等光源对象。

8．天光

"天光"能够模拟日光照射效果。在 3ds Max 2013 中有好几种模拟日光照射效果的方法，但如果配合"照明追踪"渲染方式，"天光"往往能产生最生动的效果。

7.1.3　课堂案例——创建天光

【案例学习目标】熟悉天光和泛光灯的创建。

【案例知识要点】在原始场景中创建天光，创建泛光灯，设置泛光灯的参数，并制定渲染器为高级照明，渲染出效果如图 7-12 所示。

【贴图文件位置】CDROM/Map/ Ch07/7.1.3 天光。

【原始场景文件所在位置】CDROM/Scence/Ch07/7.1.3 天光.max。

【参考场景文件所在位置】CDROM/Scence/Ch07/7.1.3 天光 ok.max。

图 7-12

（1）首先打开原始场景文件，如图7-13所示。

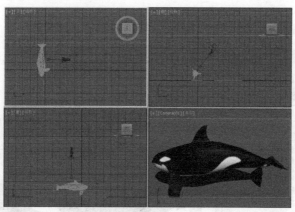

图7-13

（2）单击"✱（创建）> ⚄（灯光）>标准>天光"按钮，在场景中创建天光，如图7-14所示。

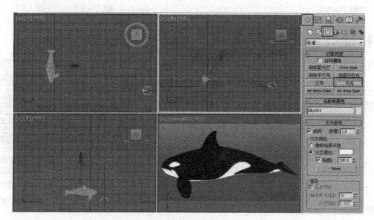

图7-14

（3）单击"✱（创建）> ⚄（灯光）> 标准 > 泛光灯"按钮，在场景中创建泛光灯，调整至合适的位置，在"常规参数"卷展栏中勾选"阴影"组中的"启用"选项，选择阴影类型为"阴影贴图"。在"强度/颜色/衰减"卷展栏中设置"倍增"为0.5，如图7-15所示。

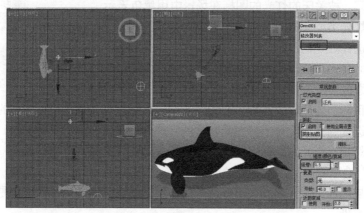

图7-15

（4）打开"渲染设置"面板，从中选择"高级照明"选项卡，选择高级照明为"光跟踪器"，如图 7-16 所示。

（5）渲染完成后的效果如图 7-17 所示。

图 7-16

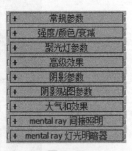

图 7-17

7.1.4 标准灯光的参数

标准灯光的参数大部分都是相同或相似的，只有天光具有自身的修改参数，但比较简单。下面就以目标聚光灯的参数为例，介绍标准灯光的参数。

在创建命令面板中单击"（创建）>（灯光）>标准>目标聚光灯"按钮，在视图中创建一盏目标聚光灯，单击（修改）按钮切换到修改命令面板，修改命令面板中会显示出目标聚光灯的修改参数，如图 7-18 所示。

图 7-18

1．"常规参数"卷展栏

该卷展栏是所有类型的灯光共有的，用于设定灯光的开启和关闭、灯光的阴影、包含或排除对象以及灯光阴影的类型等，如图 7-19 所示。

● "灯光类型"选项组。

◆ 启用：勾选该复选框，灯光被打开，未选定时，灯光被关闭。被关闭的灯光的图标在场景中用黑色表示。

◆ 灯光类型下拉列表框：使用该下拉列表框可以改变当前选择灯光的类型，包括"聚光灯"、"平行光"和"泛光"3 种类型。改变灯光类型后，灯光所特有的参数也将随之改变。

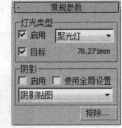

图 7-19

◆ 目标：勾选该复选框，则为灯光设定目标。灯光及其目标之间的距离显示在复选框的右侧。对于自由光，可以自行设定该值，而对于目标光，则可通过移动灯光、灯光的目标物体或关闭该复选框来改变值的大小。

● "阴影"选项组。

◆ 启用：用于开启和关闭灯光产生的阴影。在渲染时，可以决定是否对阴影进行渲染。

◆ 使用全局设置：该复选框用于指定阴影是使用局部参数还是全局参数。开启该复选框，则其他有关阴影的设置的值将采用场景中默认的全局统一的参数设置，如果修改了其中一个使用该设置的灯光，则场景中所有使用该设置的灯光都会相应地改变。

◆ 阴影类型下拉列表框：在 3ds Max 2013 中产生的阴影类型 5 种，分别是高级光线跟踪、mental ray 阴影贴图、区域阴影、阴影贴图和光线跟踪阴影，如图 7-20 所示。

| 阴影贴图 ▼ |
| 高级光线跟踪 |
| mental ray 阴影贴图 |
| 区域阴影 |
| 阴影贴图 |
| 光线跟踪阴影 |

图 7-20

◆ 阴影贴图：产生一个假的阴影，它从灯光的角度计算产生阴影对象的投影，然后将它投影到后面的对象上。优点：渲染速度较快，阴影的边界较柔和。缺点：阴影不真实，不能反映透明效果，如图 7-21 所示。

◆ 光线跟踪阴影：可以产生真实的阴影。它在计算阴影时考虑对象的材质和物理属性，缺点是计算量较大。效果如图 7-22 所示。

图 7-21

图 7-22

以上介绍的参数基本上都是建模中比较常用的。灯光亮度的调节、阴影的设置、灯光物体摆放的位置等设置技巧需要多加练习，才能熟练掌握。

◆ 高级光线跟踪：光线跟踪阴影的改进，拥有更多详细的参数调节。

◆ mental ray 阴影贴图：由 mental ray 渲染器生成的位图阴影，这种阴影没有高级光线跟踪阴影精确，但计算时间较短。

◆ 区域阴影：可以模拟面积光或体积光所产生的阴影，是模拟真实光照效果的必备功能。

◆ 排除：该按钮用于设置灯光是否照射某个对象，或者是否使某个对象产生阴影。单击该按钮，会弹出"排除/包含"对话框，如图 7-23 所示。

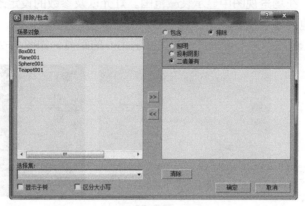

图 7-23

在"排除/包含"对话框左边窗口中选择要排除的物体后，单击 >> 按钮即可，如果要撤销对物体的排除，则在右边的窗口中选择物体，单击 << 按钮即可。

2. "强度/颜色/衰减"卷展栏

该卷展栏用于设定灯光的强弱、颜色以及灯光的衰减参数，参数面板如图7-24所示。

- 倍增：类似于灯的调光器。倍增器的值小于"1"时减小光的亮度，大于"1"时增加光的亮度。当倍增器为负值时，可以从场景中减去亮度。
- 颜色选择器：位于倍增的右侧，可以从中设置灯光的颜色。
- "衰退"选项组用于设置灯光的衰减方法。
    - ◆ 类型：用于设置灯光的衰减类型，共包括3种衰减类型：无、倒数和平方反比。默认为无，不会产生衰减；倒数类型使光从光源处开始线性衰减，距离越远，光的强度越弱；平方反比类型按照离光源距离的平方比倒数进行衰减，这种类型最接近真实世界的光照特性。
    - ◆ 开始：用于设置距离光源多远开始进行衰减。
    - ◆ 显示：在视图中显示衰减开始的位置，它在光锥中用绿色圆弧来表示。
- "近距衰减"选项组用于设定灯光亮度开始减弱的距离，如图7-25所示。

图7-24

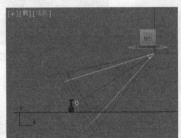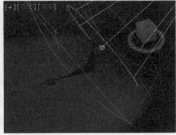

图7-25

- ◆ 开始和结束：开始设定灯光从亮度为0开始逐渐显示的位置，在光源到开始之间，灯光的亮度为0。从开始到结束，灯光亮度逐渐增强到灯光设定的亮度。在结束以外，灯光保持设定的亮度和颜色。
    - ◆ 使用：用于开启或关闭衰减效果。
    - ◆ 显示：在场景视图中显示衰减范围。灯光以及参数的设定改变后，衰减范围的形状也会随之改变。
- "远距衰减"选项组用于设定灯光亮度减弱为0的距离，如图7-26所示。

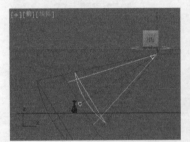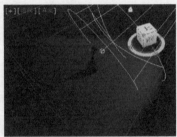

图7-26

◆ 开始和结束：开始设定灯光开始从亮度为初始设定值逐渐减弱的位置，在光源到开始之间，灯光的亮度设定为初始亮度和颜色。从开始到结束，灯光亮度逐渐减弱到 0。在结束以外，灯光亮度为 0。

图 7-27

3．"聚光灯参数"卷展栏

该卷展栏用于控制聚光灯的"聚光区/光束"和"衰减区/区域"等，是聚光灯特有的参数卷展栏，如图 7-27 所示。

● "光锥"选项组用于对聚光灯照明的锥形区域进行设定。

◆ 显示光锥：该复选框用于控制是否显示灯光的范围框。选择该复选框后，即使聚光灯未被选择，也会显示灯光的范围框。

◆ 泛光化：选择该复选框后，聚光灯能作为泛光灯使用，但阴影和阴影贴图仍然被限制在聚光灯范围内。

◆ 聚光区/光束：调整灯光聚光区光锥的角度大小。它是以角度为测量单位的，默认值是 25，光锥以亮蓝色的锥线显示。

◆ 衰减区/区域：调整灯光散光区光锥的角度大小，默认值是 45。

聚光区/光束和衰减区/区域两个参数可以理解为调节灯光的内外衰减，如图 7-28 所示。

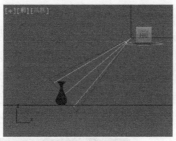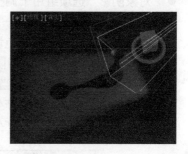

图 7-28

◆ "圆"和"矩形"单选项：决定聚光区和散光区是圆形还是矩形。默认为圆形，当用户要模拟光从窗户中照射进来时，可以设置为矩形的照射区域。

◆ "纵横比"和"位图拟合"：当设定为矩形照射区域时，使用纵横比来调整方形照射区域的长宽比，或者使用"位图拟合"按钮为照射区域指定一个位图，使灯光的照射区域同位图的长宽比相匹配。

4．"高级效果"卷展栏

该卷展栏用于控制灯光影响表面区域的方式，并提供了对投影灯光的调整和设置，如图 7-29 所示。

● "影响曲面"选项组用于设置灯光在场景中的工作方式。

◆ 对比度：该参数用于调整最亮区域和最暗区域的对比度，取值范围为 0~100。默认值为 0，是正常的对比度。

◆ 柔化漫反射边：取值范围为 0~100。数值越小，边界越柔和。默认值为 50。

◆ 漫反射：该复选框用于控制打开或者关闭灯光的漫反射效果。

◆ 高光反射：该复选框用于控制打开或者关闭灯光的高光部分。

◆ 仅环境光：该复选框用于控制打开或者关闭对象表面的环境光部分。当选中复选框时，灯光照明只对环境光产生效果，而漫反射、高光反射、对比度和柔滑漫反射边选项将不能使用。

- "投影贴图"选项组能够将图像投射在物体表面，可以用于模拟投影仪和放映机等效果，如图7-30所示。
  - ◆ 贴图：用于开启或关闭所选图像的投影。
  - ◆ 无：单击该按钮，将弹出"材质/贴图浏览器"窗口，用于指定进行投影的贴图。

图7-29　　　　　　　　　　　　图7-30

5．"阴影参数"卷展栏

该卷展栏用于选择阴影方式，设置阴影的效果，如图7-31所示。

- "对象阴影"选项组用于调整阴影的颜色和密度以及增加阴影贴图等，是阴影参数卷展栏中主要的参数选项组。
  - ◆ 颜色：阴影颜色，色块用于设定阴影的颜色，默认为黑色。
  - ◆ 密度：通过调整投射阴影的百分比来调整阴影的密度，从而使它变黑或者变亮。取值范围为0~1.0，当该值等于0时，不产生阴影；当该值等于1时，产生最深颜色的阴影。负值产生阴影的颜色与设置的阴影颜色相反。
  - ◆ 贴图：可以将物体产生的阴影变成所选择的图像，效果如图7-32所示。

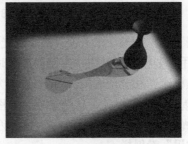

图7-31　　　　　　　　　　　　图7-32

  - ◆ 灯光影响阴影颜色：选中该复选框，灯光的颜色将会影响阴影的颜色，阴影的颜色为灯光的颜色与阴影的颜色相混合后的颜色。
- "大气阴影"选项组用于控制大气效果是否产生阴影，一般大气效果是不产生阴影的。
  - ◆ 启用：用于开启或关闭大气阴影。
  - ◆ 不透明度：用于调整大气阴影的透明度。当该参数为0时，大气效果没有阴影；当该参数为100时，产生完全的阴影。
  - ◆ 颜色量：用于调整大气阴影颜色和阴影颜色的混合度。当采用大气阴影时，在某些区域产生的阴影是由阴影本身颜色与大气阴影颜色混合生成的。当该参数为100时，阴影的颜色完全饱和。

6．"阴影贴图参数"卷展栏

选择阴影类型为"阴影贴图"后，将出现"阴影贴图参数"卷展栏，如图 7-33 所示。这些参数用于控制灯光投射阴影的质量。

- 偏移：该数值框用于调整物体与产生的阴影图像之间的距离。数值越大，阴影与物体之间的距离就越大。如图 7-34 所示，左图为将"偏移"值设置为 1 后的效果，右图为将"偏移"值设置为 10 后的效果。看上去好像是物体悬浮在空中，实际上是影子与物体之间有距离。

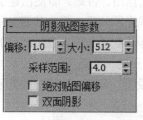

图 7-33

图 7-34

- 大小：用于控制阴影贴图的大小，值越大，阴影的质量越高，但也会占用更多内存。
- 采样范围：用于控制阴影的模糊程度。数值越小，阴影越清晰；数值越大，阴影越柔和；取样范围为 0~20，推荐使用 2~5，默认值是 4。
- 绝对贴图偏移：选中该复选框时，为场景中的所有对象设置偏移范围。未选中该复选框时，只在场景中相对于对象偏移。
- 双面阴影：选中该复选框时，在计算阴影时同时考虑背面阴影，此时对象内部并不被外部灯光照亮。未选中该复选框时，将忽略背面阴影，外部灯光也可照亮对象内部。

7.1.5 天光的特效

天光在标准灯光中是比较特殊的一种灯光，主要用于模拟自然光线，能表现全局光照的效果。在真实世界中，由于空气中的灰尘等介质，即使阳光照不到的地方也不会觉得暗，也能够看到物体。但在 3ds Max 2013 中，光线就好像在真空中一样，光照不到的地方是黑暗的，所以，在创建灯光时，一定要让光照射在物体上。

天光可以不考虑位置和角度，在视图中的任意位置创建，都会有自然光的效果。下面先来介绍天光的参数。

单击 "[图标]（创建）>[图标]（灯光）>标准>天光"按钮，在任意视图中单击鼠标左键，即可创建一盏天光。参数面板中会显示出天光的参数，如图 7-35 所示。

图 7-35

- 启用：用于打开或关闭天光。选中该复选框，将在阴影和渲染计算的过程中利用天光来照亮场景。
- 倍增：通过设置倍增的数值调整灯光的强度。

1．"天空颜色"选项组

- 使用场景环境：选中该选项，将利用"环境和效果"对话框中的环境设置来设定灯光的颜色。只有当光线跟踪处于激活状态时，该设置才有效。
- 天空颜色：选中该选项，可通过单击颜色样本框显示"颜色选择器"对话框，并从中选择天光的颜色。一般使用天光，保持默认的颜色即可。

● 贴图：可利用贴图来影响天光的颜色，复选框用于控制是否激活贴图，右侧的微调器用于设置使用贴图的百分比，小于100%时，贴图颜色将与天空颜色混合，None按钮用于指定一个贴图。只有当光线跟踪处于激活状态时，贴图才有效。

2．"渲染"选项组

● 投射阴影：选中复选框时，天光可以投射阴影，默认是关闭的。

● 每采样光线数：设置用于计算照射到场景中给定点上的天光的光线数量，默认值为"20"。

● 光线偏移：设置对象可以在场景中给定点上投射阴影的最小距离。

使用天光一定要注意，天光必须配合高级灯光使用才能起作用，否则，即使创建了天光，也不会有自然光的效果。下面先来介绍如何使用天光表现全局光照效果。操作步骤如下。

（1）打开一个模型场景，在视图中创建一盏天光。在工具栏中单击 （渲染产品）按钮，渲染效果如图7-36所示。可以看出，渲染后的效果并不是真正的天光效果。

（2）在工具栏中单击 （渲染设置）按钮，弹出"渲染设置"窗口，如图7-37所示。

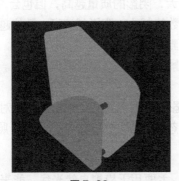

图7-36　　　　　　　　　　　　　　　图7-37

（3）切换到"高级照明"选项卡，在"选择高级照明"卷展栏的下拉列表框中选择"光跟踪器"渲染器，如图7-38所示。

图7-38

（4）单击"渲染"按钮，对视图中的茶壶再次进行渲染，得到天光的效果如图7-39所示。

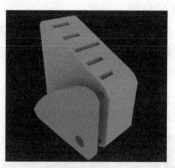

图 7-39

7.1.6 课堂案例——制作体积光特效

【案例学习目标】熟悉体积光效果。

【案例知识要点】在场景中创建文本模型，创建目标聚光灯，并为其设置体积光效果，配合材质和环境背景的设置完成体积光效果，如图7-40所示。

【参考场景文件所在位置】CDROM/Scence/Ch07/7.1.6 体积光.max。

图 7-40

（1）单击"　（创建）>　（图形）>文本"按钮，在"参数"卷展栏中选择需要的字体，设置合适的"大小"，在"文本"下的文本框中输入"举国欢腾"，如图7-41所示。

（2）切换到　（修改）命令面板，在"参数"卷展栏中设置"数量"为 20，如图 7-42所示。

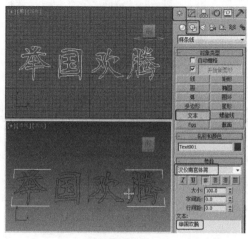

图 7-41

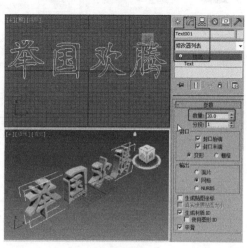

图 7-42

（3）单击"（创建）> （灯光）> 标准 > 目标聚光灯"按钮，在"顶"视图中创建灯光，在其他视图调整灯光的位置。

在"常规参数"卷展栏中勾选"阴影"组中的"启用"选项，使用默认的阴影类型；

在"强度/颜色/衰减"卷展栏中设置"倍增"为1，在"远距衰减"卷展栏中勾选"使用"选项，设置"开始"为392、"结束"为556；

在"聚光灯参数"卷展栏中设置"聚光区/光束"为29.6、"衰减区/区域"为37，选择"矩形"选项，并设置"纵横比"为5.77，如图7-43所示。

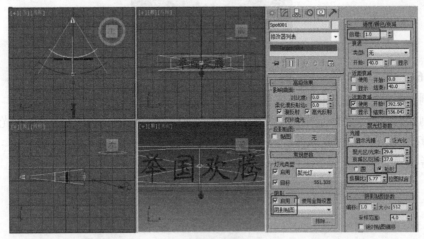

图 7-43

（4）按 8 键，打开"环境和效果"面板，在"大气"卷展栏中单击"添加"按钮，在弹出的"添加大气效果"对话框中选择"体积光"，单击"确定"按钮，如图7-44所示。

（5）添加体积光后，在"体积光参数"卷展栏中单击"拾取灯光"按钮，在场景中拾取目标聚光灯，如图7-45所示。

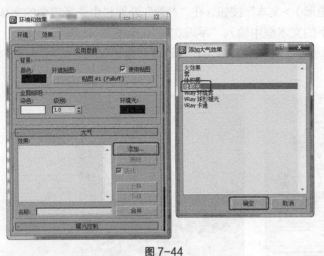

图 7-44

图 7-45

（6）渲染场景得到图7-46所示的效果。

（7）在"环境和效果"面板中设置环境的"背景>颜色"为红色，如图7-47所示。

图 7-46

图 7-47

（8）设置文本的材质为发光的红色即可，渲染场景得到最终效果，如图 7-48 所示。

图 7-48

7.1.7　灯光的特效

在标准灯光的参数中的"大气和效果"卷展栏用于制作灯光特效，如图 7-49 所示。

● 添加：用于添加特效。单击该按钮后，会弹出"添加大气或效果"对话框，可以从中
选择"体积光"和"镜头效果"，如图 7-50 所示。

图 7-49

图 7-50

● 删除：用于删除列表框中所选定的大气效果。
● 设置：用于对列表框中选定的大气或环境效果进行参数设定。

7.1.8　光度学灯光

"光度学"灯光使用光度学（光能）值，通过这些值可以更精确地定义灯光，就像在真实
世界一样。用户可以创建具有各种分布和颜色特性的灯光，或导入照明制造商提供的特定光
度学文件。

"光度学"灯光使用平方反比衰减方式持续衰减，并依赖于使用实际单位的场景。

140 in the left margin

在 3ds Max 2013 中提供了 3 种不同类型的"光度学"灯光，如图 7-51 所示，分别是"目标灯光"、"自由灯光"以及"mr 天空门户"。单击任意光度学灯光按钮，弹出"创建光度学灯光"对话框，如图 7-52 所示。

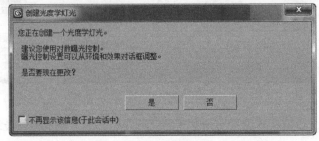

图 7-51   图 7-52

在创建光度学灯光时，有可能遇到卡屏现象。那么就需要找到 3ds Max 的安装目录，进入"dlcomponents"文件夹，找到"DlComponentList_x64"文件，先创建一个"DlComponentList_x64"文件夹，然后删除"DlComponentList_x64"文件，就可以解决这个问题了。

1．目标灯光

目标灯光具有可以用于指向灯光的目标子对象。图 7-53 所示为采用球形分布、聚光灯分布以及 Web 分布的目标灯光的视口示意图。

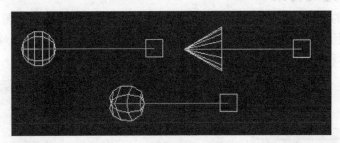

图 7-53

创建目标灯光的操作步骤如下。

（1）单击"　（创建）>　（灯光）>光度学>目标灯光"按钮。

（2）在视口中单击鼠标左键并拖动鼠标光标，拖动的初始点是灯光的位置，释放鼠标的点就是目标位置。

（3）设置创建参数，调整灯光的位置和方向。

"常规参数"卷展栏中各项功能介绍如下（如图 7-54 所示）。

"灯光分布（类型）"下拉列表提供了 4 种灯光分布类型，即光度学 Web、聚光灯、统一漫反射、统一球形。

图 7-54

- 光度学 Web：使用光域网定义分布灯光。如果选择该灯光类型，在修改面板上将显示对应的卷展栏。
- 聚光灯：当使用聚光灯分布创建或选择光度学灯光时，修改面板上将显示对应的卷展栏。
- 统一漫反射：仅在半球体中投射漫反射灯光，就如同从某个表面发射灯光一样。统一漫反射分布遵循 Lambert 余弦定理：从各个角度观看灯光时，它都具有相同明显的强度。

● 统一球形：如其名称所示，可在各个方向上均匀投射灯光。

"分布（光度学 Web）"卷展栏中各项功能介绍如下（如图 7-55 所示）。

● Web 缩略图：在选择光度学文件之后，该缩略图将显示灯光分布图案的示意图。

● 选择光学度文件：单击此按钮，可选择用作光度学 Web 的文件。该文件可采用 IES、LTLI 或 CIBSE 格式。

● X 轴旋转：沿着 x 轴旋转光域网。旋转中心是光域网的中心。范围为-180° ~180° 。

● Y 轴旋转：沿着 y 轴旋转光域网。

● Z 轴旋转：沿着 z 轴旋转光域网。

图 7-55

"强度/颜色/衰减"卷展栏中各项功能介绍如下（如图 7-56 所示）。

● "颜色"选项组。

◆ 灯光：拾取常见灯规范，使之近似于灯光的光谱特征。"开尔文"参数旁边的色样，用以反映用户选择的灯光。在下拉列表中选择灯光颜色类型。

◆ 开尔文：通过调整色温微调器设置灯光的颜色。色温以开尔文度数显示。相应的颜色在温度微调器旁边的色样中可见。

◆ 过滤颜色：使用颜色过滤器模拟置于光源上的过滤色的效果。

● "强度"选项组：这些控件在物理数量的基础上指定光度学灯光的强度或亮度。

◆ lm：测量整个灯光（光通量）的输出功率。100 瓦的通用灯泡约有 1 750 lm 的光通量。

◆ cd：用于测量灯光的最大发光强度，通常沿着瞄准发射。100 瓦通用灯炮的发光强度约为 139 cd。

◆ lx：测量由灯光引起的照度，该灯光以一定距离照射在曲面上，并面向光源的方向。

图 7-56

● "暗淡"选项组。

◆ 结果强度：用于显示暗淡所产生的强度，并使用与"强度"组相同的单位。

◆ 暗淡百分比：启用该选项后，该值会指定用于降低灯光强度的倍增。值为 100%时，则灯光具有最大强度；值较低时，灯光较暗。

◆ 光线暗淡时白炽灯颜色会切换：启用此选项之后，灯光可在暗淡时通过产生更多黄色来模拟白炽灯。

"图形/区域阴影" 卷展栏中各项功能介绍如下（如图 7-57 所示）。

● "从（图形）发射光线"组：在下拉列表中可以选择阴影生成的图形类型。

图 7-57

◆ 点光源：计算阴影时，如同点在发射灯光一样。点图形未提供其他控件。

◆ 线：计算阴影时，如同灯光从一条线发出一样。线性图形提供了长度控件。

◆ 矩形：计算阴影时，如同灯光从矩形区域发出一样。区域图形提供了长度和宽度控件。

◆ 圆形：计算阴影时，如同灯光从圆形发出一样。圆图形提供了半径控件。

◆ 球形：计算阴影时，如同灯光从球体发出一样。球体图形提供了半径控件。

◆ 圆柱体：计算阴影时，如同灯光从圆柱体发出一样。圆柱体图形提供了长度和半径控件。

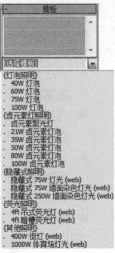

- 灯光图形在渲染中可见：启用此选项后，如果灯光对象位于视野内，灯光图形在渲染中会显示为自供照明（发光）的图形。关闭此选项后，将无法渲染灯光图形，而只能渲染它投影的灯光。默认设置为禁用状态。

"模板"卷展栏中各项功能介绍如下（如图 7-58 所示）。

图 7-58

通过"模板"卷展栏可以在各种预设的灯光类型中进行选择。当选择模板时，将更新灯光参数以使用该灯光的值，并且列表之上的文本区域会显示灯光的说明。如果标题选择的是类别而非灯光类型，则文本区域会提示用户选择实际的灯光。

2．自由灯光

自由灯光不具备目标子对象。用户可以通过使用变换瞄准它。图 7-59 所示为采用球形分布、聚光灯分布以及 Web 分布的自由灯光的视口示意图。

图 7-59

3．mr 天空门户

"mr 天空门户"是专为 mental ray 渲染器的灯光，对象提供了一种"聚集"内部场景中的现有天空照明的有效方法，无需高度最终聚集或全局照明设置（这会使渲染时间过长）。实际上，入口就是一个区域灯光，从环境中导出其亮度和颜色。

为使"mr 天空门户"正确工作，场景必须包含天光组件。此组件可以是"mr 天光"，也可以是"天光"。

"mr 天光门户参数"卷展栏中各项功能介绍如下（如图 7-60 所示）。

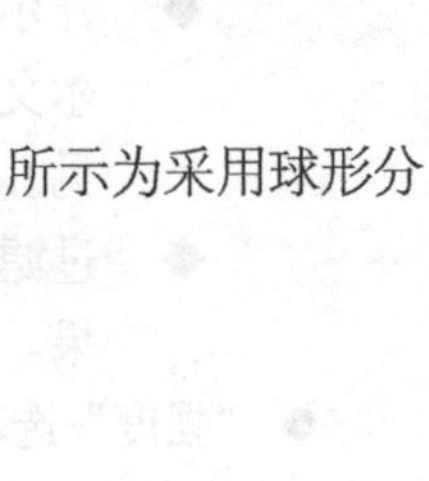

- 启用：切换来自入口的照明。禁用时，入口对场景照明没有任何效果。

- 倍增：增加灯光功率。例如，如果将该值设置为 2，灯光将亮两倍。

- 过滤颜色：渲染来自外部的颜色。

- "阴影"组。

图 7-60

◆ 启用：切换由入口灯光投影的阴影。

◆ 从"户外"： 启用此选项时，从入口外部的对象投射阴影；也就是说，在远离箭头图标的一侧。默认情况下，此选项处于禁用状态，因为启用后会显著增加渲染时间。

◆ 阴影采样：由入口投影的阴影的总体质量。如果渲染的图像呈颗粒状，请增加此值。

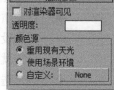

图 7-61

● "维度"组。

◆ 长度、宽度：使用这些微调器设置长度和宽度。

◆ 翻转光流动方向：确定灯光穿过入口方向。箭头必须指向入口内部，这样才能从天空或环境投影光。

"高级参数"卷展栏中各项功能介绍如下（如图 7-61 所示）。

● 对渲染器可见：启用此选项时，mr 天空门户对象将出现在渲染的图像中。启用此选项可防止外部对象出现在窗口中。

● 透明度：过滤窗口外部的视图。更改此颜色时不会更改射入的灯光，但是会对外部对象的暗淡程度有影响；如果外部对象过度曝光，则此设置会很有帮助。

● "颜色源"选项组。

◆ 使用现有天光：使用天光。默认情况下，当使用 mr 物理天空环境贴图的 mr 天光处于默认值时，往往会提供蓝色照明，就像实际天光一样。

◆ 使用场景环境：针对照明颜色使用环境贴图。如果天光和环境贴图的颜色不同，并且用户希望针对内部照明使用后者，则使用此选项。

◆ 自定义：可让用户针对照明颜色使用任何贴图。选择"自定义"，然后单击"None"按钮，以打开"材质/贴图浏览器"，选择一个贴图，然后单击"确定"按钮。

7.1.9 "光能传递"渲染介绍

"光能传递"是用于计算间接光的技术。具体而言，"光能传递"会计算在场景中所有表面间漫反射光的来回反射。要进行该计算，"光能传递"将考虑场景中的照明、材质以及环境设置。与其他渲染技术相比较，"光能传递"具有以下几个特点。

● 可以自定义对象的光能传递解算质量。

● 不需要使用附加灯光来模拟环境光。

● 自发光对象能够作为光源。

● 配合"光度学"灯光，"光能传递"可以为照明分析提供精确结果。

● "光能传递"解算的效果可以直接显示在视图中。

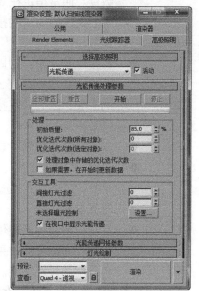

图 7-62

1. "光能传递处理参数"卷展栏

单击 （渲染设置）按钮或按 F10 键打开"渲染设置"窗口，切换到"高级照明"选项卡，在"选择高级照明"卷展栏中将其类型设置为"光能传递"，即出现光能传递参数面板，如图 7-62 所示。

"光能传递处理参数"卷展栏中各项功能介绍如下。

● 全部重置：单击"开始"按钮后，将 3ds Max 场景的副本加载到"光能传递"引擎中。单击"全部重置"按钮，从引擎中清除所有的几何体。

● 重置：用于从"光能传递"引擎中清除灯光级别，但不清除几何体。

- 开始：单击该按钮后，进行光能传递求解。
- 停止：单击该按钮后，停止光能传递求解，也可以单击 Esc 键。
- "处理"选项组。
  - ◆ 初始质量：用于设置停止初始品质过程时的品质百分比，最高为 100%。例如，如果设置为 80%，会得到能量分配 80%精确的光能传递效果。通常 80%~85%的设置就可以得到足够好的效果。
  - ◆ 优化迭代次数（所有对象）：用于设置整个场景执行优化迭代的程度，该选项可以提高场景中所有对象的光能传递品质。它通过从每个表现聚集能量来减少表面间的差异，使用的是与初始品质不同的处理方式。这个过程不能增加场景的亮度，但可以提高光能传递解算的品质并且显著降低表面之间的差异。如果所设置的优化迭代没有达到需要的标准，可以直接提高该数值然后继续进行处理。
  - ◆ 优化迭代次数（选定对象）：用于为选定的对象设置执行"优细化"迭代的次数，所使用的方法和"优化迭代次数（所有对象）"相同。
  - ◆ 处理对象中存储的优化迭代次数：每个对象都有一个叫做"优化迭代次数"的光能传递属性，每当细分选定对象时，与这些对象一起存储的步骤数就会增加。
  - ◆ 如果需要，在开始时更新数据：勾选该复选框后，如果解决方案无效，则必须重置光能传递引擎，然后再重新计算。
- "交互工具"选项组中的选项有助于调整光能传递解决方案在视口和渲染输出中的显示。这些控件在现有光能传递解决方案中立即生效，无需任何额外的处理就能看到它们的效果。
  - ◆ 间接灯光过滤：用周围的元素平均化间接照明级别以减少曲面元素之间的噪波数量。通常指定在 3 或 4 就比较合适，如果设置得过高，可能会造成场景细节的丢失，因为"间接灯光过滤"命令是交互式的，所以可以实时地对结果进行调节。
  - ◆ 直接灯光过滤：用周围的元素平均化直接照明级别以减少曲面元素之间的噪波数量。通常指定在 3 或 4 就比较合适，如果设置得过高，可能会造成场景细节的丢失，因为"直接灯光过滤"命令是交互式的，所以可以实时地对结果进行调节。
  - ◆ 未选择曝光控制：显示当前曝光控制的名称。
  - ◆ 设置：单击该按钮，打开"环境和效果"对话框，在"环境"选项卡中设置曝光类型和曝光参数。
  - ◆ 在视口中显示光能传递：控制视图是否显示光能传递解算的效果。可以禁用光能传递着色以增加显示性能。

2."光能传递网格参数"卷展栏

系统进行光能传递计算的原理是将模型表面重新网格化，这种网格化的依据是光能在表面的分布情况，而不是按三维软件中产生的结构线划分，"光能传递网格参数"如图 7-63 所示。

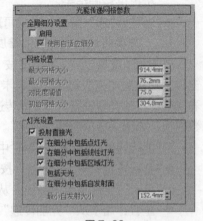

图 7-63

- "全局细分设置"选项组用于控制创建光能传递网格，按世界单位设置网格尺寸。
  - ◆ 启用：用于启用整个场景的光网格。
  - ◆ 使用自适应细分：用于启用和禁用自适应细分。默认设置为启用。
- "网格设置"选项组。
  - ◆ 最大网格大小：自适应细分之后最大面的大小。对于英制单位，默认值为 36 英寸；对于公制单位，默认值为 100cm。
  - ◆ 最小网格大小：不能将面细分使其小于最小网格大小。对于英制单位，默认值为 3 英寸；对于公制单位，默认值为 10cm。
  - ◆ 对比度阈值：细分具有顶点照明的面，顶点照明因多个对比度阈值设置而异。默认设置为 75。
  - ◆ 初始网格大小：改进面图形之后，不对小于初始网格大小的面进行细分。用于设置面是否是不佳图形的阈值，对于英制单位，默认值为 12 英寸（1 英尺）；对于公制单位，默认为 30cm。

3．"灯光绘制"卷展栏

使用此卷展栏中的灯光绘制工具可以手动触摸阴影和照明区域。使用这些工具无需执行附加的重新建模或光能传递处理操作即可触摸阴影和灯光缺少的人工效果。通过使用"拾取照明"、"添加照明"和"删除照明"可以同时添加或移除一个选择集上的照明。"灯光绘制"卷展栏如图 7-64 所示。

图 7-64

- 强度：用于以勒克斯或坎德拉为单位指定照明的强度。具体情况取决于选择的单位。
- 压力：当添加或移除照明时指定要使用的采样能量的百分比。
- ✎（增加照明到曲面）：从选定对象的顶点开始添加照明。3ds Max 基于压力微调器中的数量添加照明。压力数量与采样能量的百分比相对应。例如，如果墙上具有约 2 000lx 的能量，使用"添加照明"将 200lx 添加到选定对象的曲面中。
- ✎（从曲面减少照明）：从选定对象的顶点开始移除照明。3ds Max 基于压力微调器中的数量移除照明。压力数量与采样能量的百分比相对应。例如，如果墙上具有约 2 000lx 的能量，使用"移除照明"从选定对象的曲面中移除 200lx。
- ✎（从曲面拾取照明）：对所选曲面的照明数进行采样。要保存无意标记的照亮或黑点，使用"拾取照明"将照明数用作与用户采样相关的曲面照明。单击按钮，然后将滴管光标移动到曲面上。当单击曲面时，以勒克斯或坎迪拉为单位的照明数在强度微调器中反映。例如，如果使用"拾取照明"在具有能量为 6lx 的墙上执行操作时，则 0.6lx 将显示在强度微调器中。3ds Max 在曲面上添加或移除的照明数是压力值乘以此值的结果。
- 清除：清除所做的所有更改。通过处理附加的光能传递迭代次数或更改过滤数也会丢弃使用灯光绘制工具对解决方案所做的任何更改。

4．"渲染参数"卷展栏

提供用于控制如何渲染光能传递处理的场景的参数，"渲染参数"卷展栏如图 7-65 所示。

- 重用光能传递解决方案中的直接照明：3ds Max

图 7-65

并不渲染直接灯光，但却使用保存在光能传递解决方案中的直接照明。如果启用该选项，则会禁用"重聚集间接照明"选项。场景中阴影的质量取决于网格的分辨率。捕获精细的阴影细节可能需要细的网格，但在某些情况下该选项可以加快总的渲染时间，特别是对于动画，因为光线并不一定需要由扫描线渲染器进行计算。

- 渲染直接照明：3ds Max 在每一个渲染帧上对灯光的阴影进行渲染，然后添加来自光能传递解决方案的阴影，这是默认的渲染模式。

- 重聚集间接照明：除了计算所有的直接照明之外，3ds Max 还可以重聚集取自现有光能传递解决方案的照明数据，来重新计算每个像素上的间接照明。使用该选项能够产生最为精确、极具真实感的图像，但是它会增加相当大的渲染时间量。

  ◆ 每采样光线数：每个采样 3ds Max 所投影的光线数。3ds Max 随机在所有方向投影这些光线以计算（"重聚集"）来自场景的间接照明。每采样光线数越多，采样就会越精确；每采样光线数越少，变化就会越多，就会创建更多颗粒的效果。处理速度和精确度受此值的影响。默认设置为 64。

  ◆ 过滤器半径（像素）：将每个采样与它相邻的采样进行平均，以减少噪波效果。默认设置为 2.5 像素。

> **知识提示** 像素半径会随着输出的分辨率进行变化。例如，2.5 的半径适合于 NTSC 的分辨率，但对于更小的图像来说可能太大，或对于非常大的图像来说太精确。

  ◆ 钳位值（cd/m²）：该控件表示为亮度值。亮度（每平方米国际烛光）表示感知到的材质亮度。"钳位值"用于设置亮度的上限，它会在"重聚集"阶段被考虑。使用该选项以避免亮点的出现。

  ◆ 自适应采样：启用该选项后，光能传递解决方案将使用自适应采样；禁用该选项后，就不用自适应采样。禁用自适应采样可以增加最终渲染的细节，但是以渲染时间为代价。默认设置为禁用状态。

  ◆ 初始采样间距：图像初始采样的网格间距。以像素为单位进行衡量。默认设置为 16×16。

  ◆ 细分对比度：确定区域是否应进一步细分的对比度阈值。增加该值将减少细分。减小该值可能导致不必要的细分。默认值为 5。

  ◆ 向下细分至：细分的最小间距。增加该值可以缩短渲染时间，但是以精确度为代价。默认设置为 2×2。此值取决于场景中的几何体，大于 1×1 的栅格可能仍然会被细分为小于该指定的阈值。

  ◆ 显示采样：启用该选项后，采样位置渲染为红色圆点。该选项显示发生最多采样的位置，这可以帮助用户选择自适应采样的最佳设置。默认设置为禁用状态。

5．"统计数据"卷展栏

"统计数据"卷展栏会显示出有关光能传递处理的信息，如图 7-66 所示。

- "光能传递处理"区域用于显示在光能传递进程中当前的质量级别和优化迭代次数。

  ◆ 解决方案质量：用于显示光能传递进程中当前质量级别。

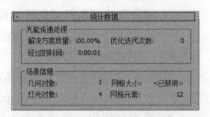

图 7-66

◆ 优化迭代次数：用于显示光能传递进程中的优化迭代次数。

◆ 经过的时间：自上一次重置之后处理解决方案所花费的时间。

● "场景信息"区域显示出有关场景光能传递处理的信息。

◆ 几何对象：用于显示处理的对象数量。

◆ 网格大小：以世界单位列出光能传递网格元素的大小。

◆ 灯光对象：显示处理的灯光对象数。

◆ 网格元素：显示处理的网格中的元素数。

7.2 摄影机的使用及特效

3ds Max 中的摄影机与现实中的摄影机在功能和原理上相同，可是却比现实中的摄影机功能更强大，很多效果是现实中的摄影机所达不到的。例如，可以在瞬间移至任何角度、换上各种镜头、瞬间更改镜头效果等；所特有的"剪切平面（也称摄影机剪切或视图剪切）"功能可以透过房间的外墙看到里面的物体，还可以给效果图加入"雾效"来制作神话中的仙境等。总之，摄影机的功能非常强大，想要表现效果图任何一部分，都必须通过它来完成。

7.2.1 摄影机的作用

摄影机决定了效果图和动画中物体的位置、大小和角度，所以说，摄影机是三维场景中不可缺少的组成单位。

1．灯光的设置要以摄影机为基础

灯光布置的角度和位置是效果图最重要的因素，角度不仅仅单指灯光与场景物体之间，而是代表灯光、场景物体和摄影机三者之间的角度，三者中有一个因素发生变动，则最终结果就会发生相应的改变。这说明在灯光设置前应先定义摄影机与场景物体的相对位置，再根据摄影机视图的内容来进行灯光的设置。

无论是从建模角度还是从灯光设置角度，摄影机都应首先设置，这是规范制图过程的开始。

摄影机是眼睛，是进行一切工作的基础，只有在摄影机确定的前提下才能高效、有序地进行制作。

2．摄像基本常识

在正式学习摄影机的使用之前，先来了解一些摄像的常识，它有助于大家更好地理解和使用摄影机。

● 视点：就是摄影机的观察点，视点决定能看到什么、表现什么。

● 视心：就是视线的中心，视心决定了构图的中心内容。

● 视距：摄影机与物体之间的距离，决定了所表现内容的大小和清晰度。它符合近大远小的物理特性。

● 视高：摄影机与地面的高度，决定了画面的地平线或视平线的位置，从而产生俯视或仰视的效果。

● 观看视角：这里所说的视角是指视线与所观察物体的角度，决定了画面构图是平行透视，还是成角透视。

● 视角：镜头视锥的角度，决定了观察范围。

以上各个要点的最终确定，就产生了最佳构图，视点和视心共同决定所看到的效果图内容。

147

第 7 章 创建灯光和摄影机

7.2.2 摄影机的创建

单击（创建）命令面板上的（摄影机）按钮，面板中将显示 3ds Max 系统提供的"目标"和"自由"两种摄影机类型，如图 7-67 所示。

图 7-67

1．目标摄影机

目标摄影机包括摄影机镜头和目标点，用于查看目标对象周围的区域。与自由摄影机相比，它更容易定位。在效果图制作过程中，主要用来确定最佳构图。

创建目标摄影机的具体操作如下（如图 7-68 所示）。

（1）单击"（创建）>（摄影机）>目标"按钮，在视图中要创建摄影机的位置按住鼠标左键并拖动光标至目标所在的位置，然后释放鼠标左键。

（2）选择"透"视图，在键盘上按 C 键，将"透"视图转换为当前摄影机视图，然后在其他的视图中调整摄影机的位置。

2．自由摄影机

"自由摄影机"用于查看注视摄影机方向的区域。它没有目标点，不能进行单独的调整，它可以用来制作室内外装潢的环游动画，因为它没有目标点，容易沿着路径运动。

"自由摄影机"的创建比"目标摄影机"要简单，只要在摄影机面板中选择"自由"按钮，然后在任意视图单击鼠标左键就可以完成，如图 7-69 所示。

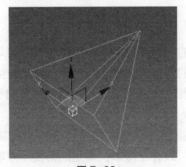

图 7-68

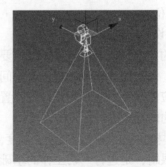

图 7-69

7.2.3 摄影机的参数

"目标摄影机"与"自由摄影机"的参数绝大部分相同，下面统一介绍摄影机的参数。

"参数"卷展栏中各功能介绍如下（如图 7-70 所示）。

- 镜头：以毫米为单位设置摄影机的焦距。使用"镜头"微调器来指定焦距值，而不是指定在"备用镜头"组框中按钮上的预设"备用"值。更改"渲染设置"对话框上的"光圈宽度"值也会更改镜头微调器字段的值。这样并不通过摄影机更改视图，但将更改"镜头"值和 FOV 值之间的关系，也将更改摄影机锥形光线的纵横比。

- 视野：决定摄影机查看区域的宽度（视野）。当"视野方向"为水平（默认设置）时，视

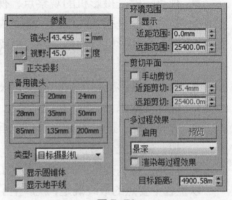

图 7-70

野参数直接设置摄影机的地平线的弧形，以度为单位进行测量，也可以设置"视野方向"来垂直或沿对角线测量 FOV，还可以通过使用 FOV 按钮在摄影机视口中交互地调整视野。

- 正交投影：启用此选项后，摄影机视图看起来就像"用户"视图。禁用此选项后，摄影机视图就像标准的透视视图。当"正交投影"有效时，视口导航按钮的行为如同平常操作一样，"透视"除外。"透视"功能仍然移动摄影机并且更改 FOV，但"正交投影"取消执行这两个操作，以便禁用"正交投影"后可以看到所做的更改。
- "备用镜头"组：用于设置摄影机的焦距（以毫米为单位）。提供了 15mm、20mm、24mm、28mm、35mm、50mm、85mm、135mm、200mm 共 9 种常用镜头供用户快速选择。
- 类型：用于摄影机两者之间的切换。

当从目标摄影机切换为自由摄影机时，将丢失应用于摄影机目标的任何动画，因为目标对象已消失。

- 显示圆锥体：用于显示摄影机视野定义的锥形光线（实际上是一个四棱锥）。锥形光线出现在其他视口但是不出现在摄影机视口中。
- 显示地平线：用于显示地平线。在摄影机视口中的地平线层级显示一条深灰色的线条。
- "环境范围"选项组用于设置环境大气的影响范围，通过下面的"近距范围"和"远距范围"确定。
  - ◆ 显示：显示在摄影机锥形光线内的矩形，用以显示"近距范围"和"远距范围"的设置。
  - ◆ 近距范围、远距范围：确定在"环境"面板上设置大气效果的近距范围和远距范围限制。在两个限制之间的对象消失在远端值和近端值之间。
- "剪切平面"选项组用于设置选项来定义剪切平面。在视口中，剪切平面在摄影机锥形光线内显示为红色的矩形（带有对角线）。
  - ◆ 手动剪切：启用该选项可定义剪切平面。禁用"手动剪切"后，不显示近于摄影机距离小于 3 个单位的几何体。要覆盖该几何体，使用"手动剪切"。
  - ◆ 近距剪切、远距剪切：用于设置近距和远距平面。对于摄影机，比近距剪切平面近或比远距剪切平面远的对象是不可视的。"远距剪切"值的限制为 10~32 的幂之间。

极大的"远距剪切"值可以产生浮点错误，该错误可能引起视口中的 Z 缓冲区问题，如对象显示在其他对象的前面，而这是不应该出现的。

- "多过程效果"选项组中的参数可以指定摄影机的景深或运动模糊效果。当由摄影机生成时，通过使用偏移以多个通道渲染场景，这些效果将生成模糊。它们会增加渲染时间。
  - ◆ 启用：启用该选项后，使用效果预览或渲染；禁用该选项后，不渲染该效果。
  - ◆ 预览：单击该选项可在活动"摄影机"视口中预览效果。如果活动视口不是"摄影机"视图，则该按钮无效。

◆ "效果"下拉列表：使用该选项可以选择生成哪个多重过滤效果，景深或运动模糊，这些效果相互排斥。默认设置为"景深"。使用该列表可以选择景深（mental ray），其中可以使用 mental ray 渲染器的景深效果。

◆ 渲染每过程效果：启用此选项后，如果指定任何一个，则将渲染效果应用于多重过滤效果的每个过程（景深或运动模糊）；禁用此选项后，将在生成多重过滤效果的通道之后只应用渲染效果。默认设置为禁用状态。禁用"渲染每过程效果"可以缩短多重过滤效果的渲染时间。

● 目标距离：使用自由摄影机，将点设置为用作不可见的目标，以便可以围绕该点旋转摄影机。使用目标摄影机，表示摄影机和其目标之间的距离。

7.2.4 景深特效

摄影机可以产生景深多重过滤效果，通过在摄影机与目标点的距离上产生模糊来模拟摄影机景深效果，景深的效果可以显示在视图中。当在"多过程效果"卷展栏中选择景深效果后，会出现相应的景深的参数，如图 7-71 所示。

图 7-71

● "焦点深度"选项组。

◆ 使用目标距离：勾选该复选框，将以摄影机目标距离作为摄影机进行偏移的位置；取消该复选框的勾选，则以"焦点深度"的值进行摄影机偏移。默认为开启状态。

◆ 焦点深度：当"使用目标距离"处于禁用状态时，设置距离偏移摄影机的深度。

● "采样"选项组。

◆ 显示过程：勾选该复选框，渲染帧窗口显示多个渲染通道；取消该复选框的勾选，该帧窗口只显示最终结果。此控件对于在摄影机视图中预览景深无效。默认为启用。

◆ 使用初始位置：勾选该复选框，在摄影机的初始位置渲染第一个过程；取消该复选框的勾选，与所有随后的过程一样偏移和一个渲染过程，默认为启用。

◆ 过程总数：用于设置产生效果的过程总数。增加该值可以增加效果的准确性，但也增加渲染时间，默认的值为 12。

◆ 采样半径：场景为产生模糊而进行图像偏转的半径。提高此值可以增强整体的模糊效果，降低此值可以减少模糊效果。

◆ 采样偏移：设置模糊远离或靠近采样半径的权重值。增加该值可以增加景深模糊的数量级，产生更为一致的效果；降低该值可以减小景深模糊的数量级，产生更为随意的效果。

● "过程混合"选项组。

◆ 规格化权重：周期通过随机的权重值进行混合，以避免出现斑纹等异常现象。勾选该选项时，权重值统一标准，所产生的结果更为平滑；关闭时，结果更为尖锐，但通常更为颗粒化。

◆ 抖动强度：设置作用于周期的抖动强度。增加该值可以增加抖动的程度，产生更为颗粒化的效果，对对象的边缘作用尤为明显。

◆　平铺大小：以百分比计算设置抖动中使用图案的重复尺寸。
● "扫描线渲染器参数"选项组用于在渲染多重过滤场景时取消过滤和抗锯齿效果，提高渲染速度。
◆　禁用过滤：勾选该复选框，禁用过滤过程。默认为禁用状态。
◆　禁用抗锯齿：勾选该复选框，禁用抗锯齿。默认为禁用状态。

7.3　课堂练习——制作标版动画

【案例学习目标】熟悉自由摄影机的创建。

【案例知识要点】创建文本模型，为其设置金属材质，为场景指定一个背景贴图，创建自由摄影机，通过移动摄影机来创建关键点来完成标版动画，如图7-72所示为静帧效果。

【贴图文件位置】CDROM/Map/Ch07/7.3 标版动画。

【场景文件所在位置】CDROM/Scence/Ch07/7.3 标版动画.max。

图 7-72

7.4　课后习题——创建室外灯光

【案例学习目标】熟悉摄影机、目标聚光灯和天光的创建。

【案例知识要点】在原始场景文件的基础上创建摄影机，创建目标聚光灯和天光，结合使用"光跟踪器"进行渲染，完成如图7-73所示的效果。

【贴图文件位置】CDROM/Map/Ch07/7.4 室外灯光。

【原始场景文件所在位置】CDROM/Scence/Ch07/7.4 室外灯光.max。

【参考场景文件所在位置】CDROM/Scence/Ch07/7.4 室外灯光 ok.max。

图 7-73

PART 8

第 8 章
动画制作技术

本章介绍

　　动画在现实生活中深受人们的喜爱，可以说动画已融入人们生活中的每一个角落。对象的移动、旋转、缩放以及对象形状与表面的各种参数改变都可以用来制作动画。通过对本章的学习，我们来了解、认识动画，并且学会动画的制作方法与操作技巧。

学习目标

- 掌握关键帧动画的创建
- 熟悉"轨迹视图"对话框
- 熟悉运动命令面板
- 熟悉动画约束
- 掌握动画修改器的应用

技能目标

- 掌握弹跳的小球动画的制作和技巧
- 掌握地球与行星动画的制作和技巧
- 掌握流动的水动画的制作和技巧
- 掌握自由的鱼儿动画的制作和技巧

8.1 关键帧动画

动画的产生方式基于人类视觉暂留的原理。人们在观看一组连续播放的图片时，每一幅图片都会在人眼中产生短暂的停留，只要图片播放的速度快于图片在人眼中停留的时间，人们就可以感觉到它们好像真的在运动一样。这种组成动画的每张图片称为一个"帧"，"帧"是 3ds Max 动画中最基本的概念。

设置动画最简单的方法就是设置关键帧，只需要单击"自动关键点"按钮后在某一帧的位置处改变对象状态，如移动对象至某一位置，改变对象某一参数，然后将时间滑块调整到另一位置，继续改变对象状态，这时就可以在动画控制区中的时间轴区域看到有两个关键帧出现，这说明关键帧已经创建，在关键帧之间动画出现，如图 8-1 所示。

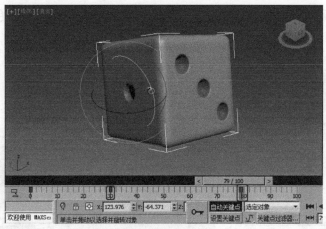

图 8-1

8.1.1 课堂案例——制作弹跳的小球

【案例学习目标】熟悉关键帧动画的创建。

【案例知识要点】创建球体和长方体，为其设置简单的材质和灯光，通过打开"自动关键点"按钮，移动记录球体来完成弹跳的小球的动画，如图 8-2 所示为多个静帧效果组合。

【贴图文件位置】CDROM/Map/Ch08/8.1.1 弹跳的小球。

【场景文件所在位置】CDROM/Scence/Ch08/8.1.1 弹跳的小球.max。

图 8-2

（1）在场景中创建长方体和球体，并为模型设置简单的材质，如图 8-3 所示。

（2）在场景中创建"天光"，并"选择高级照明"为"光跟踪器"，如图 8-4 所示。

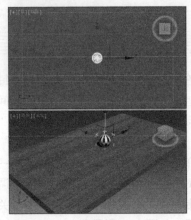 

图 8-3　　　　　　　　　　　　图 8-4

（3）按 8 键打开"环境和效果"面板，从中设置"背景"的"颜色"为白色，如图 8-5 所示。

（4）渲染当前场景如图 8-6 所示。

图 8-5　　　　　　　　　　　　图 8-6

（5）继续为场景添加"泛光灯"，调整至合适的位置，在"常规参数"卷展栏中勾选"阴影"组中的"启用"选项，使用默认的阴影类型。

在"强度/颜色/衰减"卷展栏中设置"倍增"为 0.5，如图 8-7 所示。

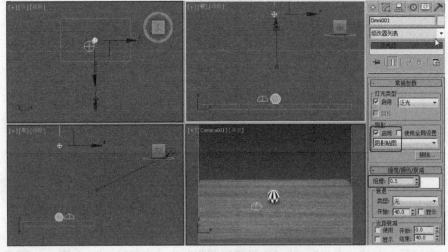

图 8-7

（6）渲染场景得到如图 8-8 所示的效果。

图 8-8

（7）在场景中调整模型，拖动时间滑块到 0 帧的位置，打开"自动关键点"，如图 8-9 所示。

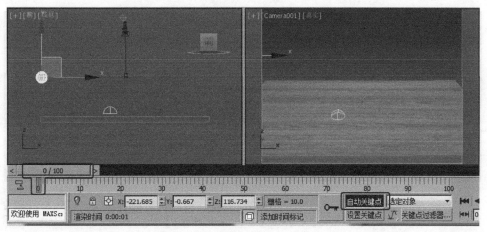

图 8-9

（8）拖动时间滑块到 20 帧，在场景中移动模型，如图 8-10 所示。

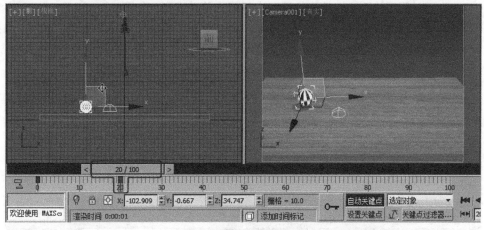

图 8-10

（9）拖动时间滑块到 40 帧，在场景中移动模型，如图 8-11 所示。

（10）拖动时间滑块到 60 帧，在场景中移动模型，如图 8-12 所示。

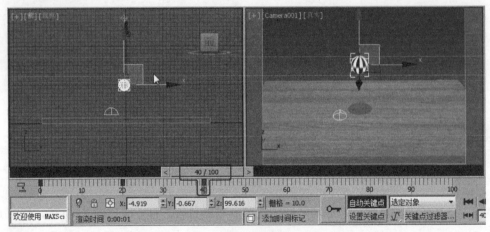

图 8-11

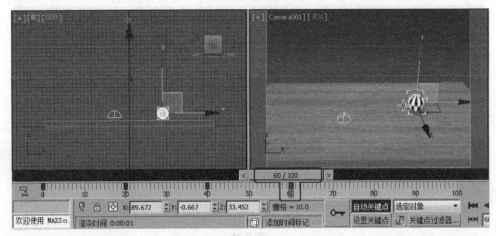

图 8-12

（11）拖动时间滑块到 80 帧的位置，在场景中移动模型，如图 8-13 所示。

（12）拖动时间滑块到 100 帧的位置，在场景中移动模型，如图 8-14 所示。

（13）拖动时间滑块到 0 帧，为球体施加"拉伸"修改器，设置拉伸参数，如图 8-15 所示，使用同样的方法设置第 40 帧、80 帧的参数。

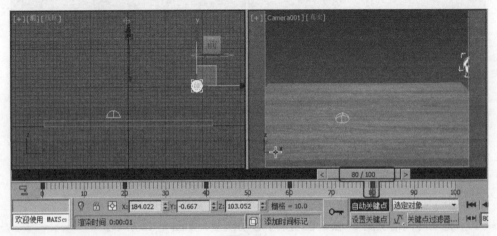

图 8-13

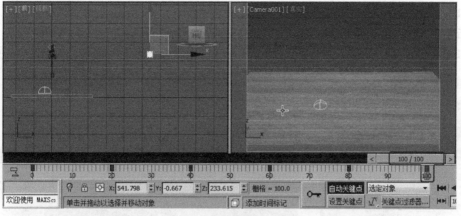

图 8-14

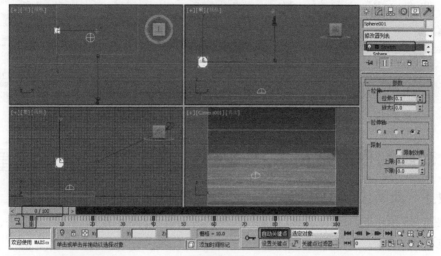

图 8-15

（14）拖动时间滑块到 20 帧，在场景中设置拉伸参数，如图 8-16 所示，使用同样的方法设置第 20 帧、40 帧的拉伸参数。

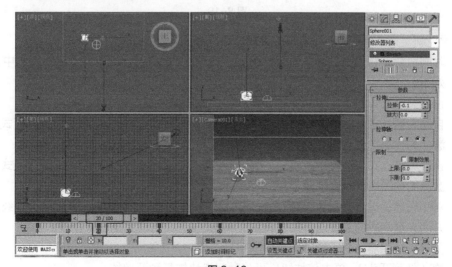

图 8-16

（15）鼠标右击球体模型，在弹出的快捷菜单中选择"对象属性"命令，在弹出的对话框中单击如图 8-17 所示的按钮。

（16）切换到显示面板，在"显示属性"卷展栏中勾选"轨迹"选项，如图 8-18 所示。

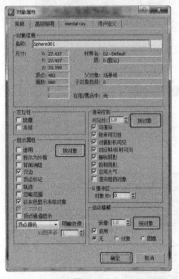

图 8-17

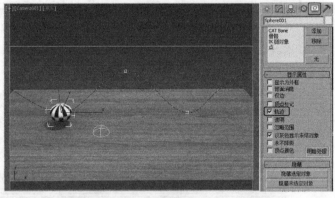

图 8-18

8.2　动画制作的常用工具

8.2.1　动画控制工具

在图 8-19 所示的界面中，可以控制视图中的时间显示。时间控制包括时间滑块、播放按钮和动画关键点等。

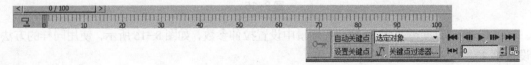

图 8-19

动画控制工具区中的各选项功能介绍如下。

- 时间滑块：移动该滑块，显示当前帧号和总帧号，拖动该滑块可观察视图中的动画效果。
- 设置关键点：在当前时间滑块处于的帧位置创建关键点。
- 自动关键点：自动关键点模式。单击该按钮呈现红色，将进入自动关键点模式，并且激活的视图边框也以红色显示。
- 设置关键点：手动关键点模式。单击该按钮呈现红色，将进入手动关键点模式，并且激活的视图边框也以红色显示。
- ▨（新建关键点的默认入\出切线）：为新的动画关键点提供快速设置默认切线类型的方法，这些新的关键点是用"设置关键点"或"自动关键点"创建的。
- 关键点过滤器：用于设置关键帧的项目。
- ▨（转到开头）：单击该按钮，可将时间滑块恢复到开始帧。

- 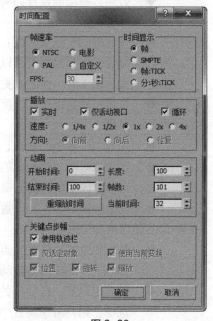 （上一帧）：单击该按钮，可将时间滑块向前移动一帧。
- ▶ （播放动画）：单击该按钮，可在视图中播放动画。
- ▶ （下一帧）：单击该按钮，可将时间滑块向后移动一帧。
- ▶▶ （转到结尾）：单击该按钮，可将时间滑块移动到最后一帧。
- ◀▶ （关键点模式切换）：单击该按钮，可以在前一帧和后一帧之间跳动。
- `0` （显示当前帧号）：当时间滑块移动时，可显示当前所在帧号，可以直接输入数值以快速到达指定的帧号。
- 🔲 （时间配置）：用于设置帧频、播放和动画等参数。

8.2.2 动画时间的设置

3ds Max 2013 默认的时间是 100 帧，通常所制作的动画比 100 帧要长很多，那么如何设置动画的长度呢？动画是通过随时间改变场景而创建的，在 3ds Max 2013 中可以使用大量的时间控制器，这些时间控制器的操作可以在时间配置对话框中完成。单击状态栏上的🔲（时间配置）按钮，弹出"时间配置"对话框，如图 8-20 所示。

"时间配置"对话框中的各选项功能介绍如下。

- "帧速率"选项组。

  ◆ NTSC：北美、大部分中南美国家和日本所使用的电视标准的名称。帧速率为每秒 30 帧（fps）或者每秒 60 场，每个场相当于电视屏幕上的隔行插入扫描线。

  ◆ 电影：电影胶片的计数标准，它的帧速率为每秒 24 帧。

  ◆ PAL：根据相位交替扫描线制定的电视标准，在我国和欧洲大部分国家中使用，它的帧速率为每秒 25 帧（fps）或每秒 50 场。

图 8-20

  ◆ 自定义：选择该单选按钮，可以在其下的 FPS 文本框中输入自定义的帧速率，它的单位为帧/秒。

  ◆ FPS：采用每秒帧数来设置动画的帧速率。视频使用 30 fps 的帧速率，电影使用 24 fps 的帧速率，而 Web 和媒体动画则使用更低的帧速率。

- "时间显示"选项组。

  ◆ 帧：默认的时间显示方式，单个帧代表的时间长度取决于所选择的当前帧速率，如每帧为 1/30 秒。

  ◆ SMPTE：这是广播级编辑机使用的时间计数方式，对电视录像带的编辑都是在该计数下进行的，标准方式为 00：00：00（分：秒：帧）。

  ◆ 帧：TICK：使用帧和 3ds Max 内定的时间单位——十字叉显示时间，十字叉是 3ds Max 查看时间增量的方式。因为每秒有 4 800 个十字叉，所以访问时间实际上可以减少到每秒的 1/4800。

  ◆ 分：秒：TICK：与 SMPTE 格式相似，以分钟、秒钟和十字叉显示时间，其间用冒号分隔。例如，0.2：16：2240 表示 2 分钟 16 秒和 2 240 十字叉。

- "播放"选项组。
    - 实时：选择此复选框，在视图中播放动画时，会保证真实的动画时间；当达不到此要求时，系统会跳格播放，省略一些中间帧来保证时间的正确。可以选择 5 个播放速度，如 1× 是正常速度，1/2× 是半速等。速度设置只影响在视口中的播放。
    - 仅活动视口：可以使播放只在活动视口中进行。禁用该复选框后，所有视口都将显示动画。
    - 循环：控制动画只播放一次，或是反复播放。
    - 速度：设置播放时的速度。
    - 方向：将动画设置为向前播放、反转播放或往复播放。
- "动画"选项组。
    - 开始时间、结束时间：分别设置动画的开始时间和结束时间。默认设置开始时间为 0，根据需要可以设为其他值，包括负值。有时可能习惯于将开始时间设置为第 1 帧，这比 0 更容易计数。
    - 长度：设置动画的长度，它其实是由"开始时间"和"结束时间"设置得出的结果。
    - 帧数：被渲染的帧数，通常是设置数量再加上一帧。
    - 重缩放时间：对目前的动画区段进行时间缩放，以加快或减慢动画的节奏，这会同时改变所有的关键帧设置。
    - 当前时间：显示和设置当前所在的帧号码。
- "关键点步幅"选项组。
    - 使用轨迹栏：使关键点模式能够遵循轨迹栏中的所有关键点。其中包括除变换动画之外的任何参数动画。
    - 仅选定对象：在使用关键点步幅时只考虑选定对象的变换。如果取消选择该复选框，则将考虑场景中所有未隐藏对象的变换。默认设置为启用。
    - 使用当前变换：禁用"位置"、"旋转"和"缩放"，并在关键点模式中使用当前变换。
    - 位置、旋转、缩放：指定关键点模式所使用的变换。取消选择"使用当前变换"复选框，即可使用"位置"、"旋转"和"缩放"复选框。

8.2.3 轨迹视图

轨迹视图的管理场景和动画制作功能非常强大，在主工具栏中单击 ▣（曲线编辑器（打开））按钮可以打开轨迹视图，此外还可以通过选择"图形编辑>轨迹视图–曲线编辑器"命令，打开轨迹视图窗口，如图 8-21 所示。

轨迹视图主要可以分为以下几个功能板块。

- 层级清单：位于视图的左侧，它将场景中的所有项目显示在一个层级中，在层级中对物体名称进行选择即可选择场景中的对象。
- 编辑窗口：位于视图的右侧，显示轨迹和功能曲线，表示时间和参数值的变化。编辑窗口使用浅灰色背景表示激活的时间段。

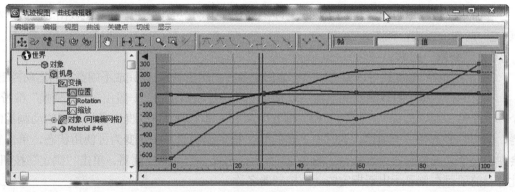

图 8-21

- 菜单栏：整合了轨迹视图的大部分功能。
- 工具栏：包括控制项目、轨迹和功能曲线的工具。
- 状态栏：包含指示、关键时间、数值栏和导航控制的区域。
- 时间标尺：测量在编辑窗口中的时间，在时间标尺上的标志反映时间配置对话框的设置。上下拖动时间标尺，可以使它和任何轨迹对齐。

层级清单中的各项功能介绍如下。

- 世界：将所有场景中的轨迹收为一个轨迹，以便更快速地进行全局操作。
- 声音：可在动画中加入声音。
- 后期合成：用于设置后期合成时的动画轨迹。
- 全局轨迹：分支包含存储控制器的清单，其中还可存储全局变量。
- 环境：包括背景、场景环境效果等控制。包含环境光、背景定义、雾和容积光，以及"视频后期处理"等项目。
- 渲染效果：所包含轨迹的作用是产生"渲染"菜单中的"效果"中的效果。添加渲染效果之后，就可以在这里使用轨迹，来为光晕大小和颜色等效果参数设置动画。
- 渲染元素：显示通过渲染设置对话框、渲染元素卷展栏进行选择，以进行单独渲染的元素。
- 渲染器：可以在渲染器中为参数设置动画。
- 全局阴影参数：使用这些轨迹后，只要光线在阴影参数卷展栏中启用了使用全局设置参数，就可以对它们更改阴影参数或为阴影参数设置动画。
- 场景材质：包含场景中所有材质的定义。在开始指定材质给对象前，它是空的。当在这一分支选择材质时，用的是材质的实例，它们已经指定到了场景中的对象上。这些材质可能不会在所有的材质编辑器示例中。
- 材质编辑器：包含全局材质定义。
- 对象：表示场景中的对象与对象的分支，包括链接的子对象和对象的层级参数。

8.3 运动命令面板

"运动"面板用于控制选中物体的运动轨迹，指定动画控制器，还可以对单个关键点信息进行编辑，如编辑动画的基本参数（位移、旋转和缩放）、创建和添加关键帧及关键帧信息，以及对象运动轨迹的转化和塌陷等。

在命令面板中单击 （运动）按钮，即可打开"运动"面板。"运动"面板由"参数"和"轨迹"两部分组成，如图 8-22 所示。

1．"参数"面板

"指定控制器"卷展栏可以为选择的物体指定各种动画控制器，以完成不同类型的运动控制。

在它的列表框中可以观察到当前可以指定的动画控制器项目，一般由一个"变换"携带 3 个分支项目，即"位置"、"旋转"和"缩放"项目。每个项目可以提供多种不同的动画控制器，使用时要选择一个项目，这时左上角的 （指定控制器）按钮变为可使用状态，单击它会弹出一个动画控制器列表框，如图 8-23 所示；选择一个动画控制器，单击"确定"按钮，此时当前项目右侧显示出新指定的动画控制器名称。

图 8-22

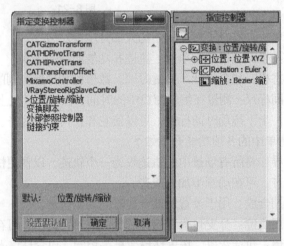

图 8-23

在指定动画控制器后，"变换"项目面板下的"位置"、"旋转"和"缩放" 3 个项目会提供相应的控制面板，有些在其项目上右击，在弹出的快捷菜单中选择"属性"命令，可以打开其控制面板。

（1）"PRS 参数"卷展栏中的选项功能介绍如下（如图 8-24 所示）。

"PRS 参数"卷展栏主要用于创建和删除关键点。

● "创建关键点"、"删除关键点"选项组：在当前帧创建或删除一个移动、旋转或缩放关键点。这些按钮是否处于活动状态取决于当前帧存在的关键点类型。

◆ 位置、旋转、缩放：分别控制打开其对应的控制面板，由于动画控制器的不同，各自打开的控制面板也不同。

（2）"关键点信息（基本）"卷展栏中的选项功能介绍如下（如图 8-25 所示）。

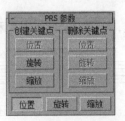

图 8-24

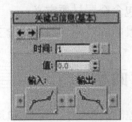

图 8-25

"关键点信息（基本）"卷展栏用于改变动画值、时间和所选关键点的中间插值方式。

- ← →：到前一个或下一个关键点上。
- 1：显示当前关键点数。
- 时间：显示关键点所处的帧号，右侧的锁定按钮可以防止在轨迹视图编辑模式下关键点发生水平方向的移动。
- 值：调整选定对象在当前关键点处的位置。
- 关键点进出切线：通过切线两个按钮进行选择，"输入"确定入点切线形态；"输出"确定出点切线形态。
- ：建立平滑的插补值穿过此关键点。
- ：建立线性的插补值穿过此关键点。
- ：将曲线以水平线控制，在接触关键点处垂直切下。
- ：插补值改变的速度围绕关键点逐渐增加。越接近关键点，插补越快，曲线越陡峭。
- ：插补值改变的速度围绕关键点缓慢下降。越接近关键点，插补越慢，曲线越平缓。
- ：在曲线关键点两侧显示可调整曲线的滑杆，通过它们可以随意调节曲线的形态。
- 左向箭头表示将当前插补形式复制到关键点左侧，右向箭头表示将当前插补形式复制到关键点右侧。

设置关键点切线可以设置运动效果，如缓入缓出、速度均匀等。

（3）"关键点信息（高级）"卷展栏中的选项功能介绍如下（如图 8-26 所示）。

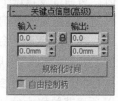

图 8-26

- 输入、输出："输入"是参数接近关键点时的更改速度；"输出"是参数离开关键点时的更改速度。
- ：单击该按钮后，更改一个自定义切线会同时更改另一个，但是量相反。
- 规格化时间：平均时间中的关键点位置，并将它们应用于选定关键点的任何连续块。在需要反复为对象加速和减速，并希望平滑运动时使用。
- 自由控制柄：用于自动更新切线控制柄的长度。禁用时，切线长度是根据相邻点的固定百分比而决定的。在移动关键点时，控制柄会进行调整，以保持与相邻关键点的距离为相同百分比。启用时，控制柄的长度基于时间长度。

2．"轨迹"面板

"轨迹"面板用于控制显示对象随时间变化而移动的路径，如图 8-27 所示。

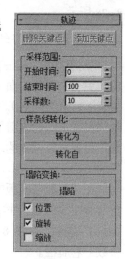

图 8-27

"轨迹"卷展栏中的选项功能介绍如下。

删除关键点：将当前选择的关键点删除。

添加关键点：单击该按钮，可以在视图轨迹上添加关键点，也可以在不同的位置增加多个关键点，再次单击该按钮可以将它关闭。

- "采样范围"选项组。

◆ 开始时间、结束时间：为转换指定间隔。如果要将轨迹转化为一个样条曲线，它可以确定哪一段间隔的轨迹将进行转化；如果要将样条曲线转化为轨迹，它将确定这一段轨迹放置的时间区段。

◆ 采样数：设置采样样本的数目。它们均匀分布，成为转化后曲线上的控制点或转化后轨迹上的关键点。

● "样条线转化"选项组。

◆ 转化为：单击该按钮，将依据上面的区段和间隔进行设置，把当前选择的轨迹转换为样条曲线。

◆ 转化自：单击该按钮，将依据上面的区段和间隔进行设置，允许在视图中选择一条样条曲线，从而将它转换为当前选择物体的运动轨迹。

● "塌陷变换"选项组。

◆ 塌陷：将当前选择物体的变换操作进行塌陷处理。

◆ 位置、旋转、缩放：决定塌陷所要处理的变换项目。

8.4 动画约束

　　动画约束通过将当前对象与其他目标对象进行绑定，从而可以使用目标对象控制当前对象的位置、旋转或缩放。动画约束需要至少一个目标对象，在使用了多个目标对象时，可通过设置每个目标对象的权重来控制其对当前对象的影响程度。

　　在 ◎（运动）命令面板的"参数"面板的"指定控制器"卷展栏中，通过单击 ☑（指定控制器）按钮为参数施加动画约束；也可以选择菜单栏中的"动画>约束"命令，从弹出的子菜单中选择相应的动画约束，如图8-28所示。

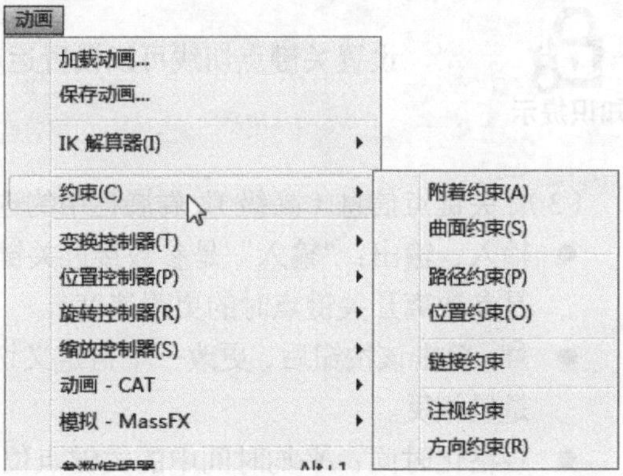

图 8-28

8.4.1 附着约束

　　"附着约束"是一种位置约束，它将一个对象的位置附着到另一个对象的面上（目标对象不用必须是网格，但必须能够转化为网格），可以设置对象位置的动画。通过随着时间设置不同的附着关键点，可以在另一对象的不规则曲面上设置对象位置的动画，即使这一曲面是随着时间而改变的。

　　在"参数"面板的"指定控制器"卷展栏中选择"位置"，单击 ☑（指定控制器）按钮，在弹出的对话框中选择"附加"选项，如图8-29所示。指定约束后，显示"附着参数"卷展栏。

图 8-29

"附着参数"卷展栏中的选项功能介绍如下（如图 8-30 所示）。

- "附加到"选项组用于设置对象附加。
  - ◆ 拾取对象：在视口中为附着选择并拾取目标对象。
  - ◆ 对齐到曲面：将附着对象的方向固定在其所指定的面上。禁用该复选框后，附着对象的方向不受目标对象上的面的方向影响。
- "更新"选项组。
  - ◆ 更新：更新显示。
  - ◆ 手动更新：启用"更新"。
- "关键点信息"选项组。
  - ◆ 时间：显示当前帧，并可以将当前关键点移动到不同的帧中。
- "位置"子选项组。
  - ◆ 面：提供对象所附着到的面的索引。
  - ◆ A、B：含有定义面上附着对象的位置的中心坐标。
  - ◆ 设置位置：在目标对象上调整源对象的放置。在目标对象上拖动以指定面和面上的位置。源对象在目标对象上相应移动。
- "TCB"子选项组：该选项组中的所有选项与 TCB 控制器中的相同。源对象的方向也受这些设置的影响并按照这些设置进行插值。
  - ◆ 张力：控制动画曲线的曲率。
  - ◆ 连续性：控制关键点处曲线的切线属性。
  - ◆ 偏移：控制动画曲线偏离关键点的方向。
  - ◆ 缓入：放慢动画曲线接近关键点时的速度。
  - ◆ 缓出：放慢动画曲线离开关键点时的速度。

图 8-30

8.4.2 曲面约束

曲面约束能在对象的表面上，定位另一对象，如图 8-31 所示。可以作为曲面对象的对象类型是有限制的，限制时它们的表面必须能用参数表示。

选择 ◎（运动）命令面板中的"参数"面板，在"指定控制器"卷展栏中选择"位置"选项，单击 🖳（指定控制器）按钮，在弹出的对话框中选择"曲面"选项，指定约束后，显示"曲面控制器参数"卷展栏，如图 8-32 所示。

"曲面控制器参数"卷展栏中的选项功能介绍如下。

- "当前曲面对象"选项组提供用于选择，然后显示选定的曲面对象的一种方法。
  - ◆ 拾取曲面：选择需要用做曲面的对象。
- "曲面选项"选项组提供了一些控件，用来调整对象在曲面上的位置和方向。
  - ◆ U 向位置：调整控制对象在曲面对象 U 坐标轴上的位置。
  - ◆ V 向位置：调整控制对象在曲面对象 V 坐标轴上的位置。
  - ◆ 不对齐：启用此单选按钮后，不管控制对象在曲面对象上的什么位置，它都不会重定向。
  - ◆ 对齐到 U：将控制对象的局部 Z 轴对齐到曲面对象的曲面法线，将 X 轴对齐到

曲面对象的 U 轴。

◆ 对齐到 V：将控制对象的局部 Z 轴对齐到曲面对象的曲面法线，将 X 轴对齐到曲面对象的 V 轴。

◆ 翻转：翻转控制对象局部 Z 轴的对齐方式。

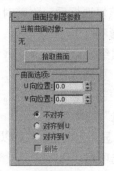

图 8-31　　　　　　　　　　　　　图 8-32

8.4.3　课堂案例——制作地球与行星

【案例学习目标】熟悉路径约束动画。

【案例知识要点】创建两个球体作为地球和行星，创建一个图形圆作为路径，为其设置材质，并创建球体 Gizmo 和灯光来表现地球效果，选择行星，为其设置"路径约束"，指定圆为路径，完成球体与行星的动画，图 8-33 所示为地球与行星动画的静帧图像。

【贴图文件位置】CDROM/Map/Ch08/8.4.3 地球与行星。

【场景文件所在位置】CDROM/Scence/ Ch08/8.4.3 地球与行星.max。

图 8-33

（1）在场景中创建两个球体，作为地球和行星模型，创建一个图形圆，作为运动路径，如图 8-34 所示。

（2）为地球和行星分别指定一个简单的发光材质，如图 8-35 所示。

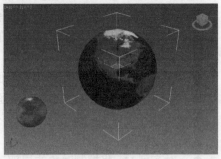

图 8-34　　　　　　　　　　　　　图 8-35

（3）在地球的位置创建球体 Gizmo，其大小可以稍大于地球模型，如图 8-36 所示。

（4）按 8 键，打开"环境和效果"面板，在"大气"卷展栏中单击"添加"按钮，在弹出的对话框中选择"体积雾"，单击"确定"按钮，添加体积雾后，显示"体积雾参数"卷展栏，从中单击"拾取 Gizmo"按钮，在场景中拾取球体 Gizmo，设置"密度"为 20，设置"类型"为"规则"、"大小"为 20，并设置颜色为浅蓝色，如图 8-37 所示。

图 8-36

图 8-37

（5）在"公用参数"卷展栏中为环境指定"环境贴图"为位图，选择一个星空贴图，如图 8-38 所示。

（6）渲染当前场景可以看一下效果，如图 8-39 所示。

图 8-38

图 8-39

（7）在地球模型的位置创建"泛光灯"，设置合适的"远距衰减"参数，如图 8-40 所示。

（8）打开"环境和效果"面板，在"大气"卷展栏中单击"添加"按钮，在弹出的对话框中选择"体积光"，单击"确定"按钮；在"体积光参数"卷展栏中单击"拾取灯光"按钮，在场景中拾取泛光灯，设置"雾颜色"和"衰减颜色"均为蓝色，勾选"指数"选项，设置

"密度"为 0.5，如图 8-41 所示。

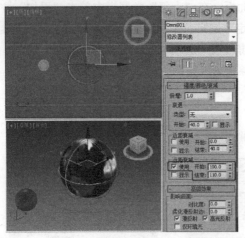
图 8-40

图 8-41

（9）渲染场景得到如图 8-42 所示的效果。

（10）切换到 （运动）命令面板，在"指定控制器"卷展栏中选择"位置"选项，单击 （指定控制器）按钮，在弹出的对话框中选择"路径约束"选项，单击"确定"按钮，如图 8-43 所示。

图 8-42

图 8-43

（11）在"路径参数"卷展栏中单击"添加路径"按钮，在场景中拾取图形圆，如图 8-44 所示，系统自动在 0~100 帧创建运动路径动画。

（12）在场景中选择地球模型，在（运动）命令面板"PRS 参数"卷展栏中单击"创建关键点"组中的"旋转"，将其指定到"删除关键点"组中，如图 8-45 所示。

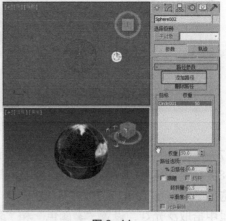
图 8-44

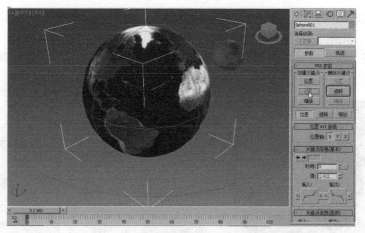

图 8-45

（13）在"PRS 参数"卷展栏中单击如图 8-46 所示的"旋转"按钮，在"关键点信息（基本）"卷展栏中设置"值"为 30，如图 8-46 所示。

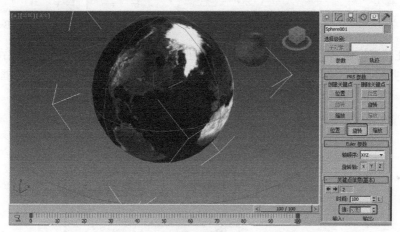

图 8-46

（14）在"Euler 参数"卷展栏中单击"Y"按钮，在"关键点信息（基本）"卷展栏中设置"值"为 30，如图 8-47 所示。

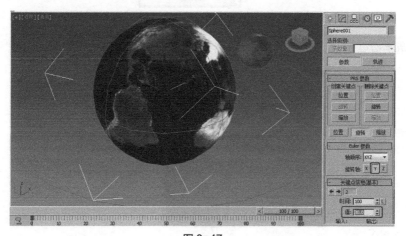

图 8-47

（15）在"Euler 参数"卷展栏中单击"Z"按钮，在"关键点信息（基本）"卷展栏中设置"值"为 30，如图 8-48 所示。

（16）打开"渲染设置"面板，在"公用参数"卷展栏中选择"活动时间段"选项，如图 8-49 所示。

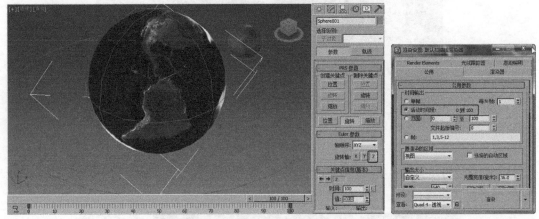

图 8-48   图 8-49

（17）在"渲染输出"组中单击"文件"按钮，在弹出的对话框中选择一个存储路径，为文件命名，并将文件"保存类型"为 AVI，单击"保存"按钮，在弹出的对话框中设置压缩方式，单击"确定"按钮，如图 8-50 所示。

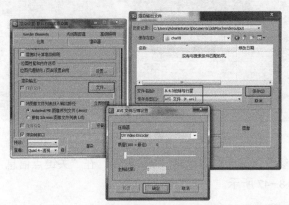

图 8-50

（18）单击渲染按钮，即可对场景动画进行渲染，如图 8-51 所示。

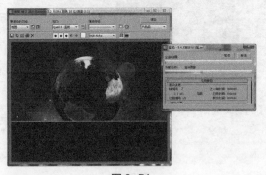

图 8-51

8.4.4 路径约束

路径约束会对一个对象沿着样条线或在多个样条线间的平均距离间的移动进行限制，如图 8-52 所示。

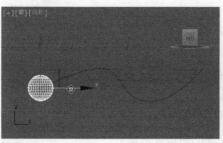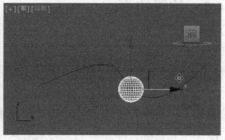

图 8-52

路径目标可以是任意类型的样条线。样条曲线（目标）为约束对象定义了一个运动的路径，目标可以使用任意的标准变换、旋转、缩放工具来设置为动画。以路径的子对象级别设置关键点，如顶点或分段，虽然这影响到受约束对象，但可以制作路径的动画。

几个目标对象可以影响受约束的对象。当使用多个目标时，每个目标都有一个权重值，该值定义它相对于其他目标影响受约束对象的程度。

选择 （运动）命令面板中的"参数"面板，在"指定控制器"卷展栏中选择"位置"选项，单击 （指定控制器）按钮，在弹出的对话框中选择"路径约束"选项，指定约束后，显示"路径参数"卷展栏。

"路径参数"卷展栏中的选项功能介绍如下（如图 8-53 所示）。

● 添加路径：单击该按钮，然后在场景中选择样条线，使之对当前对象产生约束影响。

● 删除路径：用于从列表框中移除当前选择的样条线。

● 列表框：列出了所有被加入的样条线名称。

● 权重：设置当前选择的样条线相对于其他样条线影响受约束对象的程度。

● "路径选项"选项组。

◆ %沿路径：设置对象沿路径的位置百分比，为该值设置动画，可让对象在规定时间内沿路径进行运动。

◆ 跟随：使对象的某个局部坐标轴向运动方向对齐，具体轴向可在下面的"轴"选项组中进行设置。

◆ 倾斜：当对象在样条曲线上移动时允许其进行倾斜。

◆ 倾斜量：调整该值设置倾斜从对象的哪一边开始，这取决于这个量是正数还是负数。

◆ 平滑度：设置对象在经过转弯时翻转速度改变的快慢程度。

◆ 允许翻转：启用此复选框，可避免对象沿着垂直的路径移动时可能出现的翻转情况。

◆ 恒定速度：为对象提供一个恒定的沿路径运动的速度。

◆ 循环：启用此复选框，当对象到达路径末端时会自动循环回到起始点。

图 8-53

◆ 相对：启用此复选框，将保持对象的原始位置。

● "轴"选项组：设置对象的哪个轴向与路径对齐。

　　◆ 翻转：启用此复选框，将翻转当前轴的方向。

8.4.5 位置约束

"位置约束"是将当前对象的位置限制到另一个对象的位置，或多个对象的权重平均位置。

当使用多个目标对象时，每个目标对象都有一个权重值，该值定义它相对于其他目标对象影响受约束对象的程度。

"位置约束"卷展栏中的选项功能介绍如下（如图 8-54 所示）。

图 8-54

● 添加位置目标：添加影响受约束对象位置的新目标对象。

● 删除位置目标：用于移除目标。一旦将目标移除，它将不再影响受约束的对象。

● 权重：为每个目标指定并设置动画。

● 保持初始偏移：使用"保持初始偏移"复选框来保存受约束对象与目标对象的原始距离。这可避免将受约束对象捕捉到目标对象的轴。默认设置为禁用。

8.4.6 链接约束

"链接约束"可使当前对象继承目标对象的位置、旋转和缩放。使用"链接约束"可以制作用手拿起物体等动画。

"Link Params（链接参数）"卷展栏中的选项功能介绍如下（如图 8-55 所示）。

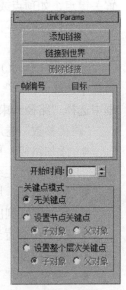

图 8-55

● 添加链接：单击该按钮，在场景中单击要加入（链接约束）的物体，使之成为目标对象，并把其名称添加到下面的目标列表框中。

● 链接到世界：将对象链接到世界。

● 删除链接：用于移除列表框中当前选择的链接目标。

● 开始时间：用于设置当前选择链接目标对施加对象产生影响的开始帧。

● "关键点模式"选项组。

　　◆ 无关键点：启用此单选按钮，（链接约束）在不插入关键点的情况下使用。

　　◆ 设置节点关键点：启用此单选按钮，将关键帧写入指定的选项。"子对象"表示仅在受约束对象上设置关键帧；"父对象"表示为受约束对象和其所有目标对象都设置关键帧。

　　◆ 设置整个层次关键点：启用此复选框，在整个链接层次上设置关键帧。

8.4.7 方向约束

"方向约束"会使某个对象的方向沿着另一个对象的方向或若干对象的平均方向。

受约束的对象可以是任何可旋转对象，受约束的对象将从目标对象继承其旋转。一旦约束后，便不能手动旋转该对象。只要约束对象的方式不影响对象的位置或缩放控制器，便可以移动或缩放该对象。

目标对象可以是任意类型的对象，目标对象的旋转会驱动受约束的对象。可以使用任何标准平移、旋转和缩放工具来设置目标的动画。

选择 （运动）命令面板中的"参数"面板，在"指定控制器"卷展栏中选择"Rotation（旋转）"选项，然后指定"方向约束"，如图 8-56 所示。显示当前约束参数，图 8-57 所示为"方向约束"参数卷展栏。

"方向约束"卷展栏中的选项功能介绍如下。

- 添加方向目标：添加影响受约束对象的新目标对象。
- 将世界作为目标添加：将受约束对象与世界坐标轴对齐。可以设置世界对象相对于任何其他目标对象对受约束对象的影响程度。
- 删除方向目标：用于移除目标。移除目标后，将不再影响受约束对象。
- 权重：为每个目标指定并设置动画。
- 保持初始偏移：保留受约束对象的初始方向。禁用"保持初始偏移"复选框后，目标将调整其自身以匹配其一个或多个目标的方向。默认设置为禁用状态。
- 变换规则：将方向约束应用于层次中的某个对象后，即确定了是将局部节点变换还是将父变换用于方向约束。
    - 局部→局部：选择此单选按钮后，局部节点变换用于方向约束。
    - 世界→世界：选择此单选按钮后，将应用父变换或世界变换，而不是应用局部节点变换。

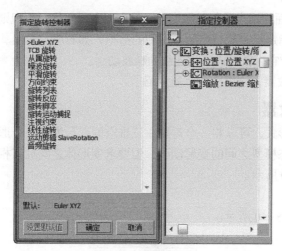

图 8-56　　　　　　　　　　图 8-57

8.5　动画修改器的应用

在"修改器列表"中包括一些制作动画的修改器，如"路径变形"、"噪波"、"波浪"等，下面对常用的修改器进行介绍。

8.5.1　"路径变形"修改器

"路径变形"修改器可以控制对象沿着路径曲线变形。这是一个非常有用的动画工具，对象在指定的路径上不仅沿路径移动，同时还会发生形变，常用这个功能可以表现文字在空间滑行的动画效果。

"路径变形"的"参数"卷展栏中各项功能介绍如下（如图 8-58 所示）：

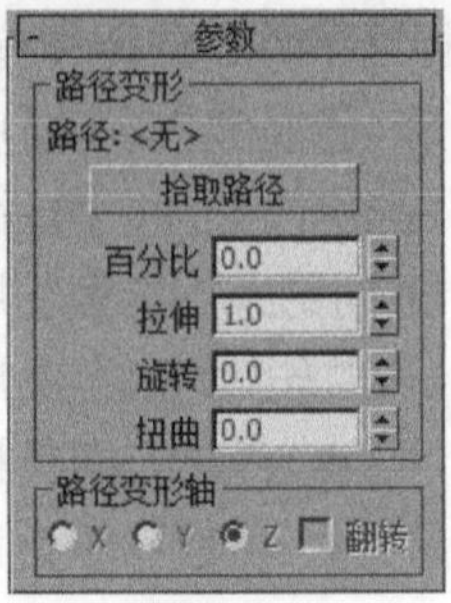

- "路径变形"选项组。
  - ◆ 拾取路径：单击此按钮，在视图中选择作为路径的曲线，它将会复制一条关联曲线作为当前对象路径变形的"Gizmo"对象，对象原始位置保持不变，它与路径的相对位置通过"百分比"值来调节。如果想移动路径，进入其子对象级，调节"Gizmo"对象；如果要改变路径形态，直接对原始曲线编辑即可同时影响路径。

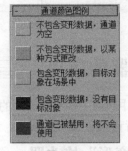

图 8-58

  - ◆ 百分比：用于调节对象在路径上的位置，可以记录为动画。
  - ◆ 拉伸：用于调节对象沿路径自身拉长的比例。
  - ◆ 旋转：用于调节对象沿路径轴旋转的角度。
  - ◆ 扭曲：用于设置对象沿路径轴扭曲的角度。
- "路径变形轴"选项组用于设置对象在路径上的放置轴向。

除了"路径变形"修改器外，还有一个"路径变形 WSM"修改器，它与"路径变形"修改器相同，只是它应用在整个空间范围上，使用更容易，常常使用它表现文字在轨迹上滑动变形或者模拟植物缠绕茎盘向上生长。在参数面板中基本和"路径变形"相同，只是多出一个"转到路径"按钮。

8.5.2 "噪波"修改器

"噪波"修改器可以将对象表面的顶点进行随机变动，使表面变得起伏而不规则，常用于制作复杂的地形、地面，也常常指定给对象，产生不规则的造型，如石块、云团、皱纸等。它自带有动画噪波设置，只要打开它，就可以产生连续的噪波动画。

详细参数见 4.3.1 "噪波"修改器，这里就不重复介绍了。

8.5.3 "变形器"修改器

变形是一种特殊的动画表现形式，可以将一个对象在三维空间变形为另一个形态不同的对象，软件可以自动实现不同形态模型之间的变形动画，但要求变形体之间拥有相同的顶点数目。"变形器"卷展栏如图 8-59 所示。

1．"通道颜色图例"卷展栏

"通道颜色图例"卷展栏如图 8-60 所示。

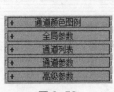

图 8-59

图 8-60

"通道颜色图例"卷展栏没有实际的意义，只是一个通道颜色的说明，对不同的通道颜色代表的含义给以解释。

- 灰色：表示当前通道未被使用，无法进行编辑。
- 橙色：表示通道已经被改变，但没有包含变形数据。
- 绿色：表示通道是激活的，包含变形数据而且目标对象存在于场景中。
- 蓝色：表示通道包含变形数据，但场景中的目标对象已经被删除。
- 深灰色：表示通道失效。

2. "全局参数"卷展栏

"全局参数"卷展栏如图 8-61 所示。

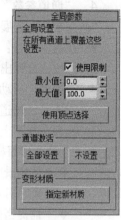

图 8-61

- "全局设置"选项组。
    - ◆ 使用限制：勾选此项时，所有通道使用下面的最小值和最大值限制。默认限制在 0～100。如果取消限制，变形效果可能超出极限。
    - ◆ 最小值：用于设置最小的变形值。
    - ◆ 最大值：用于设置最大的变形值。
    - ◆ 使用顶点选择：开启此项，只对"变形器"修改之下的修改堆栈中选择的顶点进行变形影响。
- "通道激活"选项组。
    - ◆ 全部设置：单击该按钮后，激活全部通道，可以控制对象的变形程度。
    - ◆ 不设置：单击该按钮后，关闭全部通道，不能控制对象的变形。
- 指定新材质：单击该按钮后，为变形基本对象指定特殊的"Morpher"变形材质。这种材质是专门配合变形修改使用的，材质面板上包含同样的 100 个材质通道，分别对应于变形器修改器的 100 个变形通道，每个变形通道的数值变化对应于相应变形材质通道的材质，可以用吸管吸到材质编辑器中进行编辑。

3. "通道列表"卷展栏

"通道列表"卷展栏如图 8-62 所示。

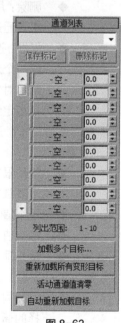

图 8-62

- 标记列表：用于选择存储的标记，或者在文本框中键入新标记名称后单击"保存标记"按钮创建新的标记。
- 保存标记：通过下面的垂直滚动条选择变形通道的范围，在文本框键入名称，单击此项保存标记。
- 删除标记：用于删除文本框中选择的标记。
- 通道列表：用于显示变形的所有通道，共计 100 个可以使用的变形通道，通过左侧的垂直滑块进行选择。
- 每个通道右侧都有一个数值可以调节，数值的范围可以自己设定，默认是 0～100。
- 列出范围：用于显示当前变形通道列表中可视通道的范围。
- 加载多个目标：打开一个对象名称选择框，可以一次选择多个目标对象加入空白的变形通道中，它们会按照顺序依次排列，如果选择的目标对象超过了拥有的空白通道数目，将会给出提示。
- 重新加载所有变形目标：用于重新装载目标对象的信息到通道。
- 活动通道值清零：用于将当前激活的通道值还原为 0。如果打开"自动关键点"按钮，单击此项可以在当前位置记录关键点。首先，单击该按钮将通道值设置为零，然后设置想要的变形值，这样可以有效地防止变形插值对模型的破坏。

- 自动重新加载目标：勾选该复选框，动画的目标对象的信息会自动在变形通道中更新，不过会占用系统的资源。

4.“通道参数”卷展栏

“通道参数”卷展栏，如图 8-63 所示。

图 8-63

- 通道序列号：用于显示当前选择通道的名称和序列号。单击序号按钮会弹出一个菜单，用于组织和定位通道。

- 通道处于活动状态：用于控制选择通道的有效状态，如果取消勾选，该通道会暂时失去作用，对它的数值调节依然有效，但不会在视图上显示和刷新。

- “创建变形目标”选项组。

  ◆ 从场景中拾取对象：单击该按钮，在视图中点击相应的对象，可将这个对象作为当前选择通道的变形目标对象。

  ◆ 捕捉当前状态：选择一个 empty 空通道后，单击该按钮，将使用当前模型的形态作为一个变形目标对象，系统会给出一个命名提示，为这个目标对象设定名称。指定后的通道总是以蓝色显示，因为这种情况是没有真正几何体的一种变形目标，通过下面的“提取”命令可以将这个目标对象提取出来，变成真正的几何模型实体。

  ◆ 删除：用于删除当前选择通道的变形目标指定，变为一个空白通道。

  ◆ 提取：选择一个蓝色通道后点击此项，将依据变形数据创建一个对象。如果使用“捕获当前状态”按钮创建了一个变形目标体，又希望能够对它进行编辑操作，这时可以先将它提取出来，然后再作为标准的变形目标指定给变形通道，这样即可对它进行编辑操作。

- “通道设置”选项组：对当前选择通道进行设置，同样的设置内容在“全局参数”中也有。

  ◆ 使用限制：对当前选择的通道进行数值范围限制。只有在“全局参数”下的“使用限制”项关闭时才起作用。

  ◆ 最小值：用于设置最小的变形值。

  ◆ 最大值：用于设置最大的变形值。

  ◆ 使用顶点选择：在当前通道只对选择的顶点进行变形。

- “渐进变形”选项组。

  ◆ 目标列表：显示当前通道中所有与目标模型关联的中间过渡模型。如果要为选择的通道添加中间过渡模型，可以直接按下“从场景中获取”按钮，然后在视图中点取过渡模型。

  ◆ 上升/下降：用于改变列表中，中间过渡模型控制变形的先后顺序。

  ◆ 目标%：指定当前选择的中间过渡体对整个变形影响的百分比。

  ◆ 张力：控制中间过渡体变形间的插补方式。值为 1 时，创建比较放松的变化，导致整个变形效果松散；值为 0 时，在目标体之间创建线性的插补变化，比较生硬；一般使用默认的 0.5 可以达到比较好的过渡效果。

◆ 删除目标：用于从目标列表中删除当前选择的中间变形体。

5．"高级参数"卷展栏

"高级参数"卷展栏如图 8-64 所示。

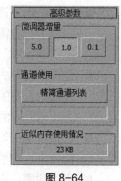

- 微调器增量：通过下面 3 个选项设置用鼠标调节变形通道右侧数值按钮时递增的数值精度。默认情况为1，有 100 个过渡可调，如果设置为 0.1，变形效果将更加细腻，如果设置为 5，变形效果会比较粗糙。

- 精简通道列表：单击该按钮，通道列表会自动重新排列，主要是向后调整空白通道，把全部有效通道按原来的顺序排列在最前面，如果两个有效通道之间有空白通道，会将其挪至所有的有效通道后，这样，在列表的前部都会是有效的变形通道。

- 近似内存使用情况：用于显示当前变形修改使用内存的大小。

图 8-64

8.5.4 "融化"修改器

"融化"修改器常用来模拟软件变形、塌陷的效果，如融化的冰激淋。这个修改器支持任何对象类型，包括面片对象和 NURBS 对象，包括边界的下垂、面积的扩散等控制项目，分别表现塑料、果冻等不同类型物质的融化效果。其参数卷展栏如图 8-65 所示。

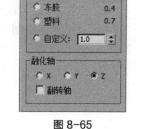

- 数量：指定 Gizmo 影响对象的程度，可以输入 0～1000 的值。

- 融化百分比：指定在"数量"增加时对象融化蔓延的范围。

- 固态：用于设置融化对象中心的相对高度。可以选择预设的数值，也可"自定义"这个高度。

- 融化轴：设置融化作用的轴向。这个轴是作为 Gizmo 线框的轴，而非选择对象的轴。

  ◆ 翻转轴：用于改变作用轴的方向。

8.5.5 "柔体"修改器

图 8-65

"柔体"修改器使用对象顶点之间的虚拟弹力线模拟软体动力学。由于顶点之间建立的是虚拟的弹力线，所以可以通过设置弹力线的柔韧程度来调节顶点彼此之间距离的远近。

"柔体"修改器对不同类型模型的表面影响不同。

- 网格对象："柔体"修改影响对象表面的所有顶点。

- 面片对象："柔体"修改器影响对象表面的所有控制点和控制手柄，切线控制手柄不会被锁定，可以受柔体影响自由移动。

- NURBS 对象："柔体"修改器影响 CV 控制点和 Point 点。

- 二维图形："柔体"修改器影响所有的顶点和切线手柄。

- FFD 空间扭曲："柔体"修改器影响 FFD 晶格的所有控制点。

下面将分别介绍"柔体"修改器的参数面板。

1. "参数"卷展栏中各项功能介绍（如图 8-66 所示）

图 8-66

- 柔软度：用于设置物体被拉伸和弯曲的程度。用于软体动画制作，软变形的程度还会受到运动剧烈程度和顶点权重值的影响。
- 强度：用于设置对象受反向弹力的强度大小。默认值为 3，范围 0~100，当值为 100 时表现为完全刚性。
- 倾斜：用于设置物体摆动回到静止位置的时间。值越低对象返回静止位置需要的时间越长，表现出的效果是摆动比较缓慢。范围 0~100，默认值为 7。
- 使用跟随弹力：开启时反向弹力有效。反向弹力是强制物体返回初始形态的力，当物体受运动和力产生弹性变形时，自身可以产生一种相反的克制力，与外界的力相反，使物体的形态返回初始形态。
- 使用权重：勾选该复选框时，指定给对象顶点不同的权重进行计算，会产生不同的弯曲效果。取消勾选时，物体各部分受到一致的权重影响。
- 下拉列表：从下拉列表中选择一种模拟求解类型，也可以换成另外两种更精确的计算方式，这两种高级求解方式往往还需要设定更高的"强度"、"刚度"，但产生的结果更稳定、精确。
- 采样数：用于控制模拟的精度，采样值越高，模拟越精确和稳定，相应所耗费的计算时间也越多。

2. "简单软体"卷展栏中各项功能介绍（如图 8-67 所示）

- 创建简单软体：根据"拉伸"、"刚度"为物体产生弹力设置。在使用这个命令后，调节"拉伸"、"刚度"的值时可以不必再按下这个按钮。
- 拉伸：用于设置物体的边界可以拉伸的程度。
- 刚度：用于指定当前物体的硬度。

3. "权重和绘制"卷展栏中各项功能介绍（如图 8-68 所示）

图 8-67

图 8-68

- "绘制权重"选项组。
    - 绘制：使用一个球形的画笔在对象顶点上绘制设置点的权重。
    - 强度：用于设置绘制每次点击改变的权重大小。值越大，权重改变的越快，值为 0 时不改变权重，值为负时减小权重，范围在 1~ -1，默认值为 0.1。
    - 半径：用于设置笔刷的大小，即影响范围，在视图上可以看到球形的笔刷标记，范围从 0.001~99999，默认值为 36。
    - 羽化：用于设置笔刷从中心到边界的强度衰减，范围 0.001~1，默认为 0.7。
- "顶点权重"选项组。

◆ 绝对权重：勾选此项时，为绝对权重，直接在下面的文本框中输入数据设置权重值。

◆ 顶点权重：用于设置选择点的权重大小，如果上面没有勾选绝对权重，此处不会保留当前顶点真实的权重数值，每次调节完成后都会自动回零。

4．"力和导向器"卷展栏中各项功能介绍（如图 8-69 所示）

● "力"组：可为当前的"柔体"修改器增加空间扭曲，支持的空间扭曲包括贴图置换、拉力、重力、马达、粒子爆炸、推力、漩涡和风。

◆ 添加：单击该按钮后，在视图中可以单击空间扭曲物体，将它引入当前的"柔体"修改器中。

◆ 移除：用于从列表中删除当前选择的空间扭曲物体，解除它对柔体对象的影响。

● 导向器：用通道导向板阻挡和改变柔体运动的方向，限制对象在一定空间进行运动。

5．"高级参数"卷展栏中各项功能介绍（如图 8-70 所示）

图 8-69   图 8-70

● 参考帧：用于设置柔体开始进行模拟的起始帧。

● 结束帧：勾选该复选框，设置柔体模拟的结束帧，对象会在此帧返回初始形态。

● 影响所有点：强制柔体忽略修改规模中的任何子对象选择，指定给整个物体。

● 设置参考：用于更新视图。

● 重置：用于恢复顶点的权重值为默认值。

6．"高级弹力线"卷展栏中各项功能介绍（如图 8-71 所示）

● 启用高级弹力线：勾选该复选框，下面的数值设置才有效。

● 添加弹力线：在"权重和弹力线"子对象中，将当前选择的顶点上增加更多的弹力线。

● 选项：用于设置将要添加的弹力线类型。单击该按钮后，出现弹力线的选择框，这里提供了 5 种弹力线类型，如图 8-72 所示。

● 移除弹力线：用于在"权重和弹力线"子对象级别中删除选择点的全部弹力线。

● 拉伸强度：用于设置边界弹力线的强度。值越高，产生变化的距离越小。

● 拉伸倾斜：用于设置边界弹力线的摆度。值越高，产生变化的角度越小。

● 图形强度：用于设置形态弹力线的强度。值越高，产生变化的距离越小。

● 图形倾斜：用于设置形态弹力线的摆度。值越高，产生变化的角度越小。

● 保持长度：用于在指定的百分比内保持边界弹力线的长度。

● 显示弹力线：在视图上以蓝色的线显示出边界弹力线，以红色的线显示出弹力线，此选项只有在柔体的子对象级模式下才能在视图上显示效果。

图 8-71   图 8-72

8.6 课堂练习——制作流动的水

【案例学习目标】熟悉路路径变形。

【案例知识要点】创建雪粒子将其转换为水滴网格，创建路径图形，为水滴网格后的粒子指定"路径变形"修改器，拾取路径，通过设置"拉伸"和"百分比"参数可以制作流动的水动画，完成的效果如图 8-73 所示。

【贴图文件位置】CDROM/Map/Ch08/8.6 流动的水。

【场景文件所在位置】CDROM/Scence/ Ch08/8.6 流动的水.max。

图 8-73

8.7 课后习题——制作自由的鱼儿

【案例学习目标】熟悉关键点动画。

【案例知识要点】打开原始场景，从中为鱼儿设置"弯曲"参数动画，移动、旋转动画，完成的单帧效果如图 8-74 所示。

【贴图文件位置】CDROM/Map/Ch08/8.7 自由的鱼儿。

【原始场景文件所在位置】CDROM/Scence/ Ch08/8.7 自由的鱼儿.max。

【场景文件所在位置】CDROM/Scence/ Ch08/8.7 自由的鱼儿 ok.max。

图 8-74

PART 9

第 9 章
粒子系统

本章介绍

在三维动画的制作过程中，要在 3ds Max 中实现下雨、下雪、礼花、爆炸等特殊效果，粒子系统的应用是必不可少的。本章将对各种类型的粒子系统进行详细讲解，读者可以通过实际的操作来加深对 3ds Max 2013 中这些特殊效果的认识和了解。

学习目标

- 创建常用的标准基本体
- 创建常用的扩展基本体

技能目标

- 掌握粒子流源动画的创建和制作技巧
- 掌握下雪动画的制作和技巧
- 掌握下雨动画的制作和技巧
- 掌握水龙头动画的制作和技巧

9.1 粒子系统

粒子系统是一个相对独立的造型系统，用来创建雨、雪、灰尘、泡沫、烟花和气流等，它还可以将任何造型作为粒子，用来表现成群的蚂蚁、热带鱼以及吹散的蒲公英等动画效果。粒子系统主要用于表现动态的效果，与时间和速度的关系非常紧密，一般用于动画制作。

9.1.1 课堂案例——制作粒子流源

【案例学习目标】熟悉粒子流源的创建。

【案例知识要点】创建粒子流源，进入"粒子视图"设置粒子的发射效果，完成粒子流源的动画，单帧镜头效果如图9-1所示。

【贴图文件位置】CDROM/Map/Ch09/9.1.1 粒子流源。

【场景文件所在位置】CDROM/Scence/Ch09/9.1.1 粒子流源.max。

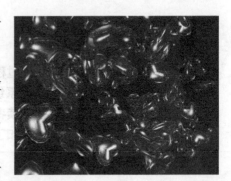

图 9-1

（1）单击" （创建）> （几何体）>粒子系统>粒子流源"按钮，在"前"视图中创建粒子流源的发射图标，如图9-2所示。

（2）在"发射"卷展栏中设置"视口%"参数为100，如图9-3所示。

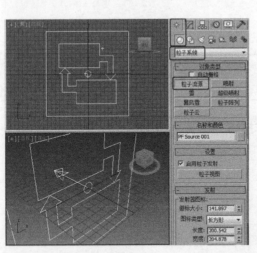

图 9-2

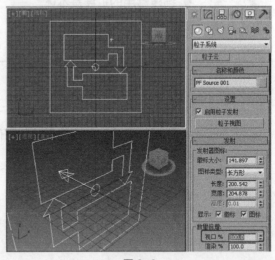

图 9-3

（3）在设置卷展栏中单击"粒子视图"按钮，打开粒子视图，从中选择"出生"事件，在右侧的"出生001"卷展栏中设置"发射开始"为0，"发射停止"为100，设置"数量"为300，如图9-4所示。

（4）选择"形状"事件，在右侧的"形状001"卷展栏中选择"3D"选项，设置"大小"为30，如图9-5所示。

图 9-4	图 9-5

（5）在"显示001"卷展栏中选择"类型"为"几何体"，如图9-6所示。

（6）打开材质编辑器，从中选择一个新的材质样本球，在"Blinn基本参数"卷展栏中设置"环境光"和"漫反射"的颜色为红色，设置"自发光"为30，在"反射高光"组中设置"高光级别"为99和"光泽度"为50，如图9-7所示。

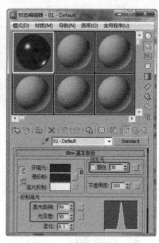

图 9-6	图 9-7

（7）在"贴图"卷展栏中设置"反射"数量为10、"折射"数量为80，并为"反射"和"折射"指定"光线跟踪"贴图，如图9-8所示。

（8）在"粒子视图"中选择"材质静态"事件，并将其拖曳到图9-9所示的粒子视图中的粒子事件列表中。

184

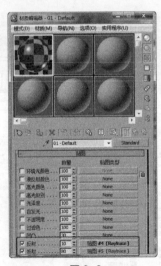
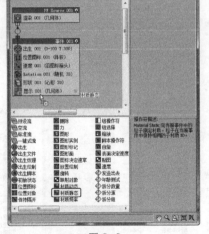

图 9-8　　　　　　　　　　图 9-9

（9）选择"材质静态"事件，在右侧的"材质静态"卷展栏中单击"None"按钮，在弹出的"材质/贴图浏览器"中选择"示例窗"卷展栏，选择设置好的材质，并单击"确定"按钮，如图 9-10 所示。

（10）按 8 键，打开"环境和效果"面板，从中为"环境贴图"指定"位图"，如图 9-11 所示。

（11）设置一个合适的角度，创建摄影机，渲染场景得到如图 9-1 所示的效果。

图 9-10　　　　　　　　　　图 9-11

9.1.2　粒子流源

"粒子流源"系统是一种时间驱动型的粒子系统，它可以自定义粒子的行为，设置寿命、碰撞和速度等测试条件，每一个粒子根据其测试结果会产生相应的转台和形状。

（1）"发射"卷展栏中各选项功能介绍如下（如图 9-12 所示）。

- "发射器图标"选项组：在该选项组中设置发射器图标属性。
  - 徽标大小：通过设置发射器的半径指定粒子的徽标大小。
  - 图标类型：从下拉列表框中选择图标类型，图标类型影响粒子的反射效果。

- ◆ 长度：用于设置图标的长度。
- ◆ 宽度：用于设置图标的宽度。
- ◆ 高度：用于设置图标的高度。
- ◆ 显示：是否在视图中显示"徽标"和"图标"。
- ● "数量倍增"选项组：从中设置数量显示。
  - ◆ 视口%：在场景中显示的粒子百分数。
  - ◆ 渲染%：渲染的粒子百分数。

（2）"系统管理"卷展栏中的各选项功能介绍如下（如图 9-13 所示）。

图 9-12   图 9-13

- ● 粒子数量：使用这些设置可限制系统中的粒子数，以及指定更新系统的频率。
  - ◆ 上限：系统可以包含粒子的最大数目。
- ● 积分步长：对于每个积分步长，粒子流都会更新粒子系统，将每个活动动作应用于其事件中的粒子。较小的积分步长可以提高精度，却需要较多的计算时间。这些设置使用户可以在渲染时对视口中的粒子动画应用不同的积分步长。
  - ◆ 视口：用于设置在视口中播放的动画的积分步长。
  - ◆ 渲染：用于设置渲染时的积分步长。

切换到 （修改）命令面板，修改参数面板中会出现"选择"、"脚本"卷展栏。

（3）"选择"卷展栏中的各选项功能介绍如下（如图 9-14 所示）。

（粒子）：用于通过单击粒子或拖动一个区域来选择粒子。

（事件）：用于按事件选择粒子。

- ● "按粒子 ID 选择"选项组：每个粒子都有唯一的 ID 号，从第一个粒子使用 1 开始，并递增计数。使用这些控件可按粒子 ID 号选择和取消选择粒子。仅适用于"粒子"选择级别。

图 9-14

  - ◆ ID：使用此选项可设置要选择的粒子的 ID 号。每次只能设置一个数字。
  - ◆ 添加：设置完要选择的粒子的 ID 号后，单击"添加"按钮，可将其添加到选择中。
  - ◆ 移除：设置完要取消选择的粒子的 ID 号后，单击"移除"按钮，可将其从选择中移除。
  - ◆ 清除选定内容：启用该复选框后，单击"添加"按钮选择粒子，会取消选择所有其他粒子。

- 从事件级别获取：单击该按钮，可将"事件"级别选择转化为"粒子"级别。仅适用于"粒子"级别。
- 按事件选择：该列表框显示了粒子流中的所有事件，并高亮显示选定的事件。要选择所有事件的粒子，请单击其选项或使用标准视口选择方法。

（4）"脚本"卷展栏中的选项功能介绍如下（如图9-15所示）。

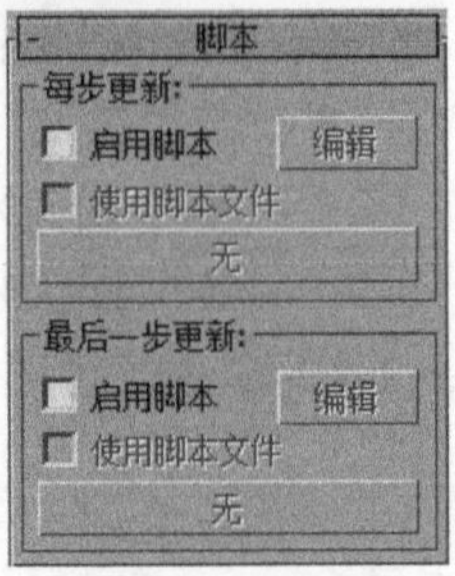

- 每步更新："每步更新"脚本在每个积分步长的末尾、计算完粒子系统中所有动作后和所有粒子最终在各自的事件中时进行计算。
  - ◆ 启用脚本：选择此复选框，可打开具有当前脚本的文本编辑器窗口。
  - ◆ 编辑：单击该按钮将弹出打开对话框。
  - ◆ 使用脚本文件：当此复选框处于启用状态时，可以通过单击下面的None按钮加载脚本文件。

图9-15

  - ◆ 无：单击此按钮可弹出打开对话框，可通过此对话框指定要从磁盘加载的脚本文件。
- "最后一步更新"选项组：当完成所查看（或渲染）的每帧的最后一个积分步长后，执行"最后一步更新"脚本。例如，在关闭实时的情况下，如果在视口中播放动画，则在粒子系统渲染到视口之前，粒子流会立即按每帧运行此脚本。但是，如果只是跳转到不同帧，则脚本只运行一次。因此，如果脚本采用某一历史记录，就可能获得意外结果。

9.1.3 喷射

"喷射"粒子系统发射垂直的粒子流，粒子可以是四面体尖锥，也可以是四方形面片。这种粒子系统参数较少，易于控制，使用起来很方便，所有数值均可制作动画效果。

单击"✳（创建）>◎（几何体）>粒子系统>喷射"按钮，按住鼠标左键并拖动鼠标即可在视图中创建一个"喷射"粒子系统。

"喷射"的"参数"卷展栏中各选项功能介绍如下（如图9-16所示）。

- "粒子"选项组。
  - ◆ 视口计数：用于设置在视图上显示出的粒子数量。

图9-16

将视口显示数量设置少于渲染计数，可以提高视口的性能。

  - ◆ 渲染计数：用于设置最后渲染时可以同时出现在一帧中的粒子的最大数量，它与"计时"选项组中的参数组合使用。
  - ◆ 水滴大小：用于设置渲染时每个粒子的大小。
  - ◆ 速度：用于设置粒子从发射器流出时的初速度，它将保持匀速不变，只有增加了粒子空间扭曲，它才会发生变化。
  - ◆ 变化：可影响粒子的初速度和方向，值越大，粒子喷射得越猛烈，喷洒的范围也越大。

◆ 水滴、圆点、十字叉：用于设置粒子在视图中的显示状态。"水滴"是一些类似雨滴的条纹，"圆点"是一些点，"十字叉"是一些小的加号。

- "渲染"选项组。
  - ◆ 四面体：以四面体（尖三棱锥）作为粒子的外形进行渲染，常用于表现水滴。
  - ◆ 面：以正方形面片作为粒子外形进行渲染，常用于有贴图设置的粒子。
- "计时"选项组。
  - ◆ 开始：用于设置粒子从发射器喷出的帧号。可以是负值，表示在 0 帧以前已开始。
  - ◆ 寿命：用于设置每个粒子从出现到消失所存在的帧数。
  - ◆ 出生速率：用于设置每一帧新粒子产生的数目。
  - ◆ 恒定：勾选该复选框后，"出生速率"选项将不可用，所用的出生速率等于最大可持续速率。取消勾选该复选框后，"出生速率"选项可用。
- "发射器"选项组。
  - ◆ 宽度、长度：分别用于设置发射器的宽度和长度，在粒子数目确定的情况下，面积越大，粒子越稀疏。
  - ◆ 隐藏：勾选该复选框后可以在视口中隐藏发射器。取消勾选该复选框后，可以在视口中显示发射器。发射器不会被渲染。

9.1.4 课堂案例——制作下雪效果

【案例学习目标】熟悉雪粒子的创建。

【案例知识要点】设置环境背景贴图，创建雪粒子，通过设置雪粒子的参数和材质完成雪效果，图 9-17 所示为下雪效果的静帧图像。

【贴图文件位置】CDROM/Map/Ch09/9.1.4 下雪。

【场景文件所在位置】CDROM/Scence/ Ch09/9.1.下雪.max。

（1）按 8 键，在弹出的"环境和效果"中单击"环境贴图"下的 None 按钮，在弹出的对话框中指定"位图"，选择位图图像，如图 9-18 所示。

图 9-17

图 9-18

（2）激活"透视"图，按 Alt+B 组合键，在弹出的"视口配置"对话框中选择"使用环境背景"选项，单击"应用到活动视图"按钮，如图 9-19 所示。

（3）打开"渲染设置"面板，设置渲染的尺寸，如图9-20所示。

图9-19

图9-20

（4）单击" ☀ （创建）> ◯ （几何体）>粒子系统>雪"按钮，在"顶"视图中创建雪粒子，在"参数"卷展栏中设置"视口计数"为800、"渲染计数"为800、"雪花大小"为1.3、"变化"为2，如图9-21所示。

（5）在"渲染"组中选择"面"，在"计时"组中设置"开始"为-100、"寿命"为100，在"发射器"组中设置"宽度"为500、"长度"为500，如图9-22所示。

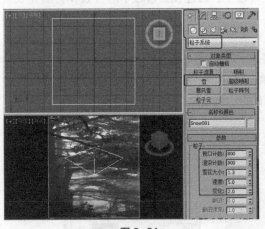

图9-21

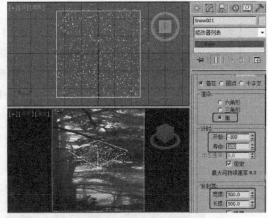

图9-22

（6）在"透视"图中调整合适的角度，按Ctrl+C组合键创建摄影机，如图9-23所示。

（7）打开材质编辑器，选择一个新的材质样本球，在"Blinn基本参数"卷展栏中勾选"自发光"组中的"颜色"，设置颜色的红、绿、蓝均为196，如图9-24所示。

（8）在"贴图"卷展栏中单击"不透明度"后的"None"按钮，在弹出的"材质/贴图浏览器"中选择"渐变坡度"贴图，单击"确定"按钮，如图9-25所示。

（9）进入贴图层级面板，在"渐变坡度参数"卷展栏中设置"渐变类型"为"径向"；在"输出"卷展栏中勾选"反转"选项，如图9-26所示。

（10）可以将该动画渲染输出，这里就不详细介绍了。

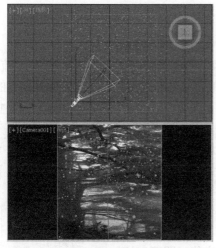

图 9-23

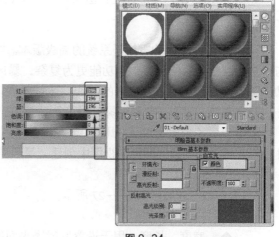

图 9-24

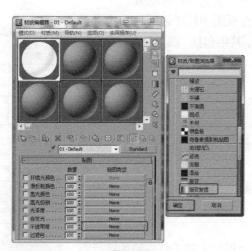

图 9-25

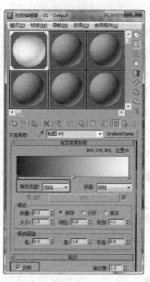

图 9-26

9.1.5 雪

"雪"粒子系统与"喷射"粒子系统几乎没有什么差别,只是粒子的形态可以是六角形面片,用来模拟雪花,而且增加了翻滚参数,控制每一片雪片在落下的同时进行翻滚运动。

单击"☀(创建)>◯(几何体)>粒子系统>雪"按钮,按住鼠标左键并拖动鼠标即可在视图中创建"雪"粒子系统。

"雪"的"参数"卷展栏中各选项功能介绍如下(如图 9-21 所示)。

因为"雪"粒子系统与"喷射"粒子系统的参数基本相同,所以下面仅对不同的参数进行介绍。

- 雪花大小:用于设置渲染时每个粒子的大小。
- 翻滚:用于设置雪花粒子的随机旋转量。此参数可以在 0~1。设置为 0 时,雪花不旋转;设置为 1 时,雪花旋转最多。每个粒子的旋转轴随机生成。
- 翻滚速率:用于设置雪花旋转的速度,值越大,翻滚得越快。

- 六角形：以六角形面进行渲染，常用于表现雪花。

9.1.6 暴风雪

"暴风雪"是原来的雪粒子系统的高级版本。"暴风雪"粒子从一个平面向外发射粒子流，与"雪景"粒子系统相似，但功能更为复杂，暴风雪的名称并非强调它的猛烈，而是指它的功能强大，不仅用于普通雪景的制作，还可以表现火花迸射、气泡上升、开水沸腾、满天飞花和烟雾升腾等特殊效果。

单击"■（创建）>◯（几何体）>粒子系统>暴风雪"按钮，按住鼠标左键并拖动鼠标即可在视图中创建"暴风雪"粒子系统。

1. "基本参数"卷展栏

"基本参数"卷展栏如图 9-27 所示。

- "显示图标"选项组。
  - ◆ 宽度、长度：用于设置发射器平面的长宽值，即确定粒子发射器覆盖的面积。
  - ◆ 发射器隐藏：用于设置是否将发射器图标隐藏。
- "视口显示"选项组：用于设置在视图中粒子以哪种方式进行显示，这和最后的渲染效果无关，其中包括"圆点"、"十字叉"、"网格"和"边界框"。

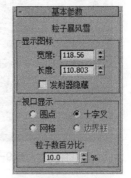

图 9-27

2. "粒子生成"卷展栏

"粒子生成"卷展栏如图 9-28 所示。

- "粒子数量"选项组。
  - ◆ 使用速率：该项下的参数值决定了每一帧粒子产生的数目。
  - ◆ 使用总数：该项下的参数值决定在整个生命系统中产生粒子的总数目。
- "粒子运动"选项组。
  - ◆ 速度：用于设置在粒子生命周期内粒子每一帧的运行距离。
  - ◆ 变化：为每一个粒子发射的速度指定一个百分比变化量。
  - ◆ 翻滚：用于设置粒子随机旋转的数量。
  - ◆ 翻滚速率：用于设置粒子旋转的速度。
- "粒子计时"选项组。
  - ◆ 发射开始：用于设置粒子从哪一帧开始出现在场景中。
  - ◆ 发射停止：用于设置粒子最后被发射出的帧号。
  - ◆ 显示时限：用于设置到多少帧时，粒子将不显示在视图中，这不影响粒子的实际效果。
  - ◆ 寿命：用于设置每个粒子诞生后的生存时间。
  - ◆ 变化：用于设置每个粒子寿命的变化百分比值。
  - ◆ 子帧采样：提供了"创建时间"、"发射器平移"、"发射器旋转" 3 个选项，用于避免粒子在普通帧计数下产生肿块，而不能完全打散，先进的子帧采样功能

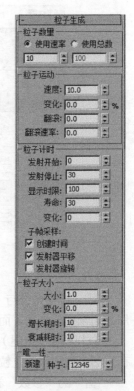

图 9-28

提供更高的分辨率。

◆ 创建时间：在时间上增加偏移处理，以避免时间上的肿块堆集。

◆ 发射器平移：如果发射器本身在空间中有移动变化，可以避免产生移动中的肿块堆集。

◆ 发射器旋转：如果发射器在发射时自身进行旋转，勾选该复选框可以避免肿块，并且产生平稳的螺旋效果。

● "粒子大小"选项组。

◆ 大小：用于设置粒子的尺寸大小。

◆ 变化：用于设置每个可进行尺寸变化的粒子的尺寸变化百分比。

◆ 增长耗时：用于设置粒子从尺寸极小变化到尺寸正常所经历的时间。

◆ 衰减耗时：用于设置粒子从正常尺寸萎缩到消失的时间。

● "唯一性"选项组。

◆ 新建：随机指定一个种子数。

◆ 种子：使用数值框指定种子数。

3."粒子类型"卷展栏

"粒子类型"卷展栏如图9-29所示。

在"粒子类型"区域中提供了3种粒子类型的选择方式。在此项目下是3个粒子类型的各自分项目，只有当前选择类型的分项目才能变为有效控制，其余的以灰色显示。对每一个粒子阵列，只允许设置一种类型的粒子，但允许用户将多个粒子阵列绑定到同一个目标对象上，这样就可以产生不同类型的粒子了。

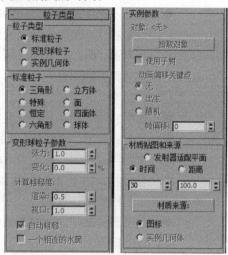

图9-29

● 在"粒子类型"区域中单击"变形球粒子"单选按钮后，即可对"变形球粒子参数"区域中的参数进行设置。

● "标准粒子"选项组中提供了8种特殊基本几何体作为粒子，它们分别为"三角形"、"立方体"、"特殊"、"面"、"恒定"、"四面体"、"六角形"和"球体"。

● "变形球粒子参数"选项组。

◆ 张力：用于控制粒子球的紧密程度，值越高，粒子越小，也就越不易融合；值越低，粒子越大，也就越粘滞，不易分离。

◆ 变化：可影响张力的变化值。

◆ 计算粗糙度：粗糙度可控制每个粒子的细腻程度，系统默认为"自动粗糙"处理，以加快显示速度。

◆ 渲染：用于设定最后渲染时的粗糙度，值越低，粒子球越平滑，否则会变得有棱角。

◆ 视口：用于设置显示时看到的粗糙程度，这里一般设得较高，以保证屏幕的正常显示速度。

◆ 自动粗糙：根据粒子的尺寸，在1/4~1/2尺寸之间自动设置粒子的粗糙程度，视口粗糙度会设置为渲染粗糙度的2倍。

◆ 一个相连的水滴：选择该复选框后，使用一种只对相互融合的粒子进行计算和显示的简便算法。这种方式可以加速粒子的计算，但使用时应注意所有的变形球粒子应融合在一起，如一滩水，否则只能显示和渲染最主要的一部分。

- "实例参数"选项组：在"粒子类型"区域中单击"实例几何体"单选按钮后，即可对"实例参数"区域中的参数进行设置。

  ◆ 拾取对象：单击该按钮，在视图中选择一个对象，可以将它作为一个粒子的源对象。

  ◆ 使用子树：如果选择的对象有连接的子对象，勾选该复选框，可以将子对象一起作为粒子的源对象。

  ◆ 动画偏移关键点：其下几项设置是针对带有动画设置的源对象的。如果源对象指定了动画，将会同时影响所有的粒子。

  ◆ 无：不产生动画偏移。即每一帧，场景中产生的所有粒子在这一帧都相同于源对象在这一帧时的动画效果，如一个球体粒子替身，自身从 0~30 帧产生一个压扁动画，那么在 20 帧，所有这时可看到的粒子都与此时的源对象具有相同的压扁效果，选中每一个新出生的粒子都继承这一帧时源对象的动作，作为初始动作。

  ◆ 出生：每个粒子从自身诞生的帧数开始，发生与源对象相同的动作。

  ◆ 随机：根据"帧偏移"，设置起始动画帧的偏移数，当值为 0 时，与"无"的结果相同；否则，粒子的运动将根据"帧偏移"的参数值产生随机偏移。

  ◆ 帧偏移：用于指定从源对象的当前计时的偏移值。

- "材质贴图和来源"选项组。

  ◆ 发射器适配平面：单击该单选按钮后，将对发射平面进行贴图坐标的指定，贴图方向垂直于发射方向。

  ◆ 时间：通过其下的数值指定从粒子诞生后多少帧将一个完整贴图贴在粒子表面。

  ◆ 距离：通过其下的数值指定粒子诞生后间隔多少帧将完成一次完整的贴图。

  ◆ 材质来源：单击该按钮，更新粒子的材质。

  ◆ 图标：使用当前系统指定给粒子的图标颜色。

  ◆ 实例几何体：使用粒子的源对象材质。

4. "旋转和碰撞"卷展栏

"旋转和碰撞"卷展栏中各项功能介绍如下（如图 9-30 所示）。

- "自旋速度控制"选项组。

  ◆ 自旋时间：用于控制粒子自身旋转的节拍，即一个粒子进行一次自旋需要的时间，值越高，自旋越慢，当值为 0 时，不发生自旋。

  ◆ 变化：用于设置自旋时间变化的百分比值。

  ◆ 相位：用于设置粒子诞生时的旋转角度。它对碎片类型无意义，因为它们总是由 0° 开始分裂。

  ◆ 变化：用于设置相位变化的百分比值。

- "自旋轴控制"选项组。

  ◆ 随机：可随机为每个粒子指定自旋轴向。

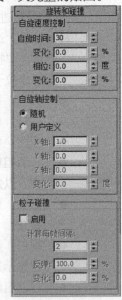

图 9-30

◆ 用户定义：可通过 3 个轴向数值框，自行设置粒子沿各轴向进行自旋的角度。

◆ 变化：用于设置 3 个轴向自旋设定的变化百分比值。

● "粒子碰撞"选项组。

　　◆ 启用：勾选该复选框后，才会进行粒子之间如何碰撞的计算。

　　◆ 计算每帧间隔：用于设置在粒子碰撞过程中每次渲染间隔的数量。数值越高，模仿越准确，速度越慢。

　　◆ 反弹：用于设置碰撞后恢复速率的程度。

　　◆ 变化：用于设置粒子碰撞变化的百分比值。

5．"对象运动继承"卷展栏

"对象运动继承"卷展栏中各项功能介绍如下（如图 9-31 所示）。

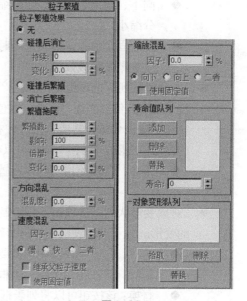

图 9-31

● 影响：当发射器有移动动画时，此影响值决定粒子的运动情况，值为 100 时，粒子会在发射后，仍保持与发射器相同的速度，在自身发散的同时，跟随发射器进行运动，形成动态发散效果；当值为 0 时，粒子发散后会马上与目标对象脱离关系，自身进行发散，直到消失，产生边移动边脱落粒子的效果。

● 倍增：用来加大移动目标对象对粒子造成的影响。

● 变化：设置倍增参数的变化百分比值。

6．"粒子繁殖"卷展栏

"粒子繁殖"卷展栏中各项功能介绍如下（如图 9-32 所示）。

● "粒子繁殖效果"选项组。

　　◆ 无：该选项用于控制整个繁殖系统的开关。

　　◆ 碰撞后消亡：粒子在碰撞到绑定的空间扭曲对象后消亡。

　　◆ 持续：用于设置粒子在碰撞后持续的时间。默认为 0，即碰撞后立即消失。

　　◆ 变化：用于设置每个粒子持续变化的百分比值。

　　◆ 碰撞后繁殖：粒子在碰撞到绑定的空间扭曲对象后，按"繁殖数"进行繁殖。

　　◆ 消亡后繁殖：粒子在生命结束后按"繁殖数"进行繁殖。

图 9-32

　　◆ 繁殖拖尾：粒子在经过每一帧后，都会产生一个新个体，沿其运动轨迹继续运动。

　　◆ 繁殖数：用于设置一次繁殖产生的新个体数目。

　　◆ 影响：用于设置在所有粒子中，有多少百分比的粒子发生繁殖作用，此值为 100 时，表示所有的粒子都会进行繁殖作用。

　　◆ 倍增：按数目设置进行繁殖数的成倍增长，要注意当此值增大时，成倍增长的新个体会相互重叠，只有进行了方向与速率等参数的设置，才能将它们分离。

◆ 变化：用于指定倍增器值在每一帧发生变化的百分值。

● "方向混乱"选项组。

◆ 混乱度：用于设置新个体在其父粒子方向上的变化值，当值为 0 时，不发生方向变化；值为 100 时，它们会以任意随机方向运动；值为 50 时，它们的运动方向与父粒子的路径最多呈 90° 的角度。

● "速度混乱"选项组。

◆ 因子：用于设置新个体相对于父粒子的百分比变化范围，值为 0 时，不发生速度改变，否则会依据其下的 3 种方式之一进行速度的改变。

◆ 慢、快、二者：随机减慢或加快新个体的速度，或是一部分减慢，一部分加快速度。

◆ 继承父粒子速度：新个体在继承父粒子速度的基础上进行速率变化，形成拖尾效果。

◆ 使用固定值：勾选该复选框后，"因子"设置的范围将变为一个恒定值影响新个体，产生规则的效果。

● "缩放混乱"选项组。

◆ 因子：设置新个体相对于父粒子尺寸的百分比缩放范围，依据其下的 3 种方向进行改变。

◆ 向下、向上、二者：随机缩小或放大新个体的尺寸，或者是一部分放大，一部分缩小。

◆ 使用固定值：选择该选项时，设置的范围将变为一个恒定值来影响新个体，产生规则的缩放效果。

● "寿命值队列"选项组：用来为产生的新个体指定一个新的寿命值，而不是继承其父粒子的寿命值。先在"寿命"数值框中输入新的寿命值，单击"添加"按钮，即可将它指定给新个体，其值也出现在右侧列表框中；"删除"按钮可以将在列表框中选择的寿命值删除；"替换"按钮可以将列表框中选择的寿命值替换为寿命数值框中的值。

◆ 寿命：使用此选项可以设置一个值，然后单击"添加"按钮将该值加入列表窗口。

● "对象变形队列"选项组：用于制作粒子父粒子造型与新指定的繁殖新个体造型之间的变形。其下的列表框中陈列着新个体替身对象名称。

◆ 拾取：用于在视图中选择要作为新个体替身对象的几何体。

◆ 删除：该按钮用于将列表框中选择的替身对象删除。

◆ 替换：该按钮可以将列表框中的替身对象与在视图中点取的对象进行替换。

7．"加载/保存预设"卷展栏

"加载/保存预设"卷展栏中各项功能介绍如下（如图 9-33 所示）。

● 预设名：用于输入名称。

● "保存预设"选项组：这里提供了几种预置参数，其中包括"blizzard"（暴风雪）、"rain"（雨）、"mist"（薄雾）和"snowfall"（降雪）。

● 加载：单击该按钮，可以将列表框中选择的设置调出。

图 9-33

- 保存：可以将当前设置保存，其名称会出现在设置列表中。
- 删除：可以将当前列表中选中的设置删除。

9.1.7 超级喷射

"超级喷射"粒子系统是从一个点向外发射粒子流，它的功能比较复杂，它只能由一个出发点发射，产生线性或锥形的粒子群形态。在其他的参数控制上，与"粒子阵列"几乎相同，既可以发射标准基本体，还可以发射其他替代对象。通过参数控制，可以实现喷射、拖尾、拉长、气泡晃动、自旋等多种特殊效果，常用来制作飞机喷火、潜艇喷水、机枪扫射、水管喷水、喷泉、瀑布等特效。

"超级喷射"粒子系统的"基本参数"卷展栏中各项功能介绍如下（如图 9-34 所示）。

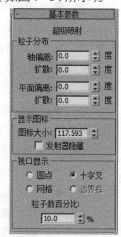

- "粒子分布"选项组。
  - 轴偏离：用于设置粒子与发射器中心 Z 轴的偏离角度，产生斜向的喷射效果。
  - 扩散：用于设置在 Z 轴方向上，粒子发射后散开的角度。
  - 平面偏离：用于设置粒子在发射器平面上的偏离角度。
  - 扩散：用于设置在发射器平面上，粒子发射后散开的角度，产生空间的喷射。
- "显示图标"选项组。
  - 图标大小：用于设置发射器图标的大小尺寸，它对发射效果没有影响。
  - 发射器隐藏：用于设置是否将发射器图标隐藏，发射器图标即使在屏幕上，它也不会被渲染出来。
- "视口显示"选项组：用于设置在视图中粒子以何种方式进行显示，这和最后的渲染效果无关。
  - 粒子数百分比：用于设置粒子在视图中显示数量的百分比，如果全部显示，可能会降低显示速度，因此将此值设低，近似看到大致效果即可。

图 9-34

在"加载/保存预设"卷展栏中提供了以下几种预置参数："Bubbles"（泡沫）、"Fireworks"（礼花）、"Hose"（水龙）、"Shockwave"（冲击波）、"Trail"（拖尾）、"Welding Sparks"（电焊火花）和"Default"（默认），如图 9-35 所示。

在本粒子系统中没有介绍到的参数设置，可以参见其他粒子系统的参数设置，其功能大都相似。

图 9-35

9.1.8 粒子阵列

以一个三维对象作为分布对象，从它的表面向外发散出粒子阵列。分布对象对整个粒子宏观的形态起决定作用，粒子可以是标准基本体，也可以是其他替代对象，还可以是分布对象的外表面。

（1）"粒子阵列"粒子系统的"基本参数"卷展栏中各项功能介绍如下（如图 9-36 所示）。

- "基于对象的发射器"选项组。
  - 拾取对象：单击该按钮，可以在视图中选择要作为分布对象的对象。
  - 对象：当在视图中选择了对象后，在这里会显示出对象的名称。

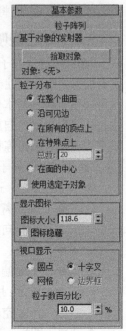

- "粒子分布"选项组。
  - ◆ 在整个曲面：用于在整个发射器对象表面随机地发射粒子。
  - ◆ 沿可见边：用于在发射器对象可见的边界上随机地发射粒子。
  - ◆ 在所有的顶点上：用于从发射器对象每个顶点上发射粒子。
  - ◆ 在特殊点上：用于指定从发射器对象所有顶点中随机选择的若干个顶点上发射粒子，顶点的数目由"总数"框决定。
  - ◆ 总数：在单击"在特殊点上"单选按钮后，用于指定使用的发射器点数。
  - ◆ 在面的中心：用于从发射器对象每一个面的中心发射粒子。
  - ◆ 使用选定子对象：使用网格对象和一定范围的面片对象作为发射器，可以通过"编辑网格"等修改器的帮助，选择自身的子对象来发射粒子。
- "显示图标"选项组。
  - ◆ 图标大小：用于设置系统图标在视图中显示的尺寸大小。
  - ◆ 图标隐藏：用于设置是否将系统图标隐藏。
- "视口显示"选项组：在该选项组中设置粒子在视图中的显示方式，包括"圆点"、"十字叉"、"网格"和"边界框"，与最终渲染的效果无关。

图 9-36

- ◆ 粒子数百分比：用于设置粒子在视图中显示数量的百分比，如果全部显示，可能会降低显示速度，因此将此值设低，近似看到大致效果即可。

（2）"粒子生成"卷展栏中的"散度"选项用于设置每一个粒子的发射方向相对于发射器表面法线的夹角，可以在一定范围内波动，该值越大，发射的粒子束越集中，反之则越分散。

（3）"粒子类型"卷展栏中各项功能介绍如下（如图 9-37 所示）。

- "粒子类型"选项组中提供了 4 种粒子类型选择方式，在此项目下是 4 种粒子类型的各自分项目，只有当前选择类型的分项目才能变为有效控制，其余的分项目以灰色显示。对每一种粒子阵列，只允许设置一种类型的粒子，但允许将多个粒子阵列绑定到同一个分布对象上，这样就可以产生不同类型的粒子了。
- "对象碎片控制"选项组。
  - ◆ 厚度：用于设置碎片的厚度。
  - ◆ 所有面：用于将分布在对象上的所有三角面分离，炸成碎片。

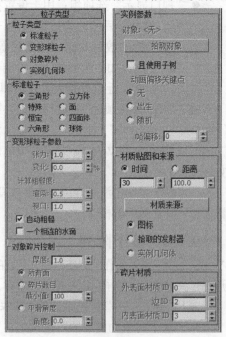

图 9-37

  - ◆ 碎片数目：通过其下的数值框设置碎片的块数，值越小，碎块越少，每个碎块也越大。当要表现坚固、大的对象碎裂时如飞机、山崩等，值应偏低；当要表现粉碎性很高的炸裂时，值应偏高。

◆ 平滑角度：根据对象表面平滑度进行面的分裂，其下的 "角度" 值用来设定角度值，值越低，对象表面分裂越碎。

- "材质贴图和来源" 选项组。
  ◆ 时间：通过数值指定自从粒子诞生后间隔多少帧将一个完整贴图贴在粒子表面。
  ◆ 距离：通过数值指定粒子诞生后间隔多少帧将完成一次完整的贴图。
  ◆ 材质来源：单击该按钮，可以更新粒子的材质。
  ◆ 图标：使用当前系统指定给粒子的图标颜色。
  ◆ 拾取的发射器：粒子系统使用分布对象的材质。
  ◆ 实例几何体：使用粒子的替身几何体材质。
- "碎片材质" 选项组。
  ◆ 外表面材质 ID：外表面材质 ID 号。
  ◆ 边 ID：边材质 ID 号。
  ◆ 内表面材质 ID：内表面材质 ID 号。

（4）"旋转和碰撞" 卷展栏中各项功能介绍如下（如图 9-38 所示）。

- "自旋轴控制" 选项组。
  ◆ 运动方向/运动模糊：以粒子发射的方向作为其自身的旋转轴向，这种方式会产生放射状粒子流。
  ◆ 拉伸：沿粒子发射方向拉伸粒子的外形，此拉伸强度会依据粒子速度的不同而变化。

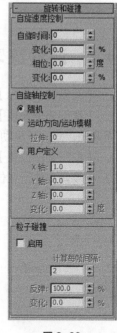

图 9-38

（5）"气泡运动" 卷展栏中各项功能介绍如下（如图 9-39 所示）。

- 幅度：用于设置粒子因晃动而偏出其速度轨迹线的距离。
- 变化：用于设置每个粒子幅度变化的百分比值。

图 9-39

知识提示

当粒子碰撞、导向板绑定和气泡运动同时使用时，可能会产生粒子浸过导向板的计算错误。为了解决这种问题，可以用动画贴图模仿气泡运动。方法是先制作一个气泡在图中晃动的运动贴图，然后将粒子类型设置为正方形面，最后将运动材质指定给粒子系统。

- 周期：用于设置一个粒子沿着波浪曲线完成一次晃动所需的时间。
- 变化：用于设置每个粒子周期变化的百分比值。
- 相位：用于设置粒子在波浪曲线上最初的位置。
- 变化：用于设置每个粒子相位变化的百分比值。

（6）"加载/保存预设" 卷展栏中各项功能介绍如下（如图 9-40 所示）。下面是系统提供的几种预置参数：

"Bubbles"（泡沫）、"Comet"（彗星）、"Fill"（填充）、"Geyser"（间歇喷泉）、"Shell Trail"（热水锅炉）、"Shimmer Trail"（弹片拖尾）、"Blast"

图 9-40

（爆炸）、"Disintigrate"（裂解）、"Pottery"（陶器）、"Stable"（稳定的）、"Default"（默认）。

　　在本粒子系统中没有介绍到的参数设置，可以参见其他粒子系统的参数设置，其功能大都相似。

9.2　课堂练习——制作下雨效果

　　【案例学习目标】熟悉喷射粒子。

　　【案例知识要点】为环境指定位图贴图，创建喷射粒子，设置粒子的材质，并设置它的模糊效果，完成下雨动画，图9-41所示为静帧图像。

　　【贴图文件位置】CDROM/Map/Ch09/9.2 下雨。

　　【场景文件所在位置】CDROM/Scence/Ch09/9.2 下雨.max。

图 9-41

9.3　课后习题——制作水龙头

　　【案例学习目标】熟悉超级喷射粒子。

　　【案例知识要点】为环境背景指定一个位图，并在场景中创建超级喷射，设置合适的参数，并通过材质来完成水龙头水的效果，如图9-42所示。

　　【贴图文件位置】CDROM/Map/Ch09/9.3 水龙头。

　　【场景文件所在位置】CDROM/Scence/Ch09/9.3 水龙头.max。

图 9-42

PART 10

第 10 章
常用的空间扭曲

本章介绍

　　空间扭曲对象是一类在场景中影响其他对象的不可渲染对象，它能够创建力场，使其他对象发生变形，空间扭曲的功能与修改器有些类似，不过空间扭曲改变的是场景空间，而修改器改变的是对象空间。本章将介绍几种常用的空间扭曲。

学习目标

- 了解力空间扭曲
- 了解几何/可变形空间扭曲
- 了解导向器空间扭曲

技能目标

- 熟练掌握散落的玻璃球的制作和技巧
- 掌握波浪文字的制作和技巧
- 掌握没有熄灭的烟动画的制作和技巧
- 掌握扭曲的粒子动画的制作和技巧

10.1　力空间扭曲

空间扭曲是使其他对象变形的力场，可以模拟自然界的各种动力效果，使物体的运动规律与现实更加贴近，产生诸如重力、风力、爆发力、干扰力等作用效果。空间扭曲对象是一类在场景中影响其他物体的不可渲染的对象，它们能够创建力场使其他对象发生变形，可以创建涟漪、波浪、强风等效果。它是 3ds Max 2012 为物体制作特殊效果动画的一种方式，可以将其想象为一个作用区域，它对区域内的对象产生影响，对象移动所产生的作用也发生变化，区域外的其他物体则不受影响。图 10-1 所示为被空间扭曲变形的表面。

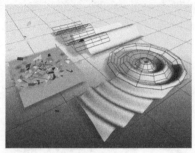

图 10-1

10.1.1　课堂案例——制作散落的玻璃球

【案例学习目标】熟悉重力空间扭曲。

【案例知识要点】创建平面和粒子系统结合使用重力和导向板空间扭曲对象，来制作散落的玻璃球，效果如图 10-2 所示。

【素材文件位置】：CDROM/Map/Cha10/10.1.1 散落的玻璃球。

【场景文件所在位置】CDROM/Scene/Cha10/10.1.1 散落的玻璃球.max。

图 10-2

（1）首先，在"顶"视图中创建平面，如图 10-3 所示，设置合适的参数。

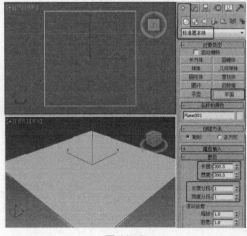

图 10-3

（2）在"顶"视图中创建超级喷射，设置超级喷射的参数，如图 10-4 所示。

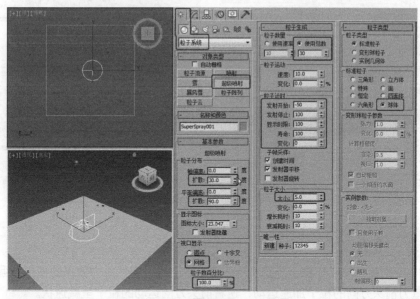

图 10-4

（3）单击"■（创建）>▓（空间扭曲）>导向器>导向板"按钮，在"顶"视图中创建与平面相同大小的导向板，如图 10-5 所示。

（4）在工具栏中单击▓（绑定到空间扭曲）按钮，在场景中将粒子绑定到导向板上，如图 10-6 所示。

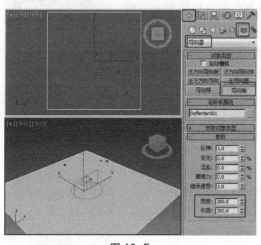

图 10-5

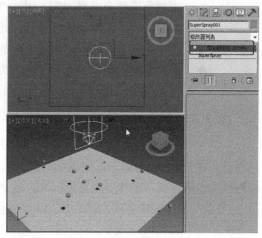

图 10-6

（5）在场景中设置导向板的参数，如图 10-7 所示。

（6）单击"■（创建）>▓（空间扭曲）>重力"按钮，在"顶"视图中创建重力，设置重力的参数，如图 10-8 所示将粒子系统绑定到重力系统上。

（7）在场景中为平面设置棋盘格效果，为粒子指定玻璃材质，并为场景创建简单的灯光和摄影机，这里我们就不详细介绍了，渲染场景得到如图 10-2 所示效果。

（8）完成场景后，渲染场景动画。

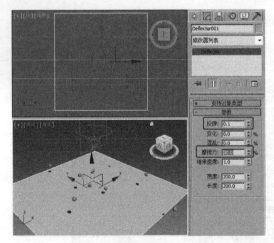

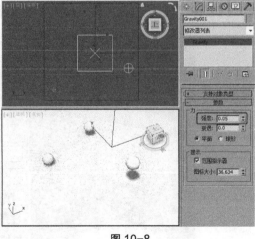

图 10-7　　　　　　　　　　　　　　　　　图 10-8

10.1.2　重力

"重力"空间扭曲可以在粒子系统所产生的粒子上进行自然重力效果的模拟。重力具有方向性，沿重力箭头方向的粒子加速运动，逆着箭头方向运动的粒子呈减速状。

"参数"卷展栏中各项功能介绍如下（如图 10-9 所示）。

- "力"选项组。
  - ◆ 强度：增加"强度"会增加重力的效果，即对象的移动与重力图标的方向箭头的相关程度。
  - ◆ 衰退：设置"衰退"为 0.0 时，重力空间扭曲用相同的强度贯穿于整个世界空间。增加"衰退"值会导致重力强度从重力扭曲对象的所在位置开始随距离的增加而减弱。

图 10-9

  - ◆ 平面：重力效果垂直于贯穿场景的重力扭曲对象所在的平面。
  - ◆ 球形：重力效果为球形，以重力扭曲对象为中心。该选项能够有效创建喷泉或行星效果。

10.1.3　风

"风"空间扭曲可以模拟风吹动粒子系统所产生的粒子效果。风力具有方向性，顺着风力箭头方向运动的粒子呈加速状，逆着箭头方向运动的粒子呈减速状。在球形风力情况下，运动朝向或背离图标。

"参数"卷展栏中各项功能介绍如下（如图 10-10 所示）。

- "力"选项组。
  - ◆ 强度：增加"强度"会增加风力效果。小于 0.0 的强度会产生吸力，它会排斥以相同方向运动的粒子，而吸引以相反方向运动的粒子。

图 10-10

  - ◆ 衰退：设置"衰退"为 0.0 时，风力扭曲在整个世界空间内有相同的强度。增加"衰退"值导致风力强度从风力扭曲对象的所在位置开始，随距离的增加而减弱。
  - ◆ 平面：风力效果垂直于贯穿场景的风力扭曲对象所在的平面。
  - ◆ 球形：风力效果为球形，以风力扭曲对象为中心。

- "风"选项组。
  - ◆ 湍流：使粒子在被风吹动时随机改变路线。该值越大，湍流效果越明显。
  - ◆ 频率：当其设置大于 0.0 时，会使湍流效果随时间呈周期性变化。这种微妙的效果可能无法看见，除非绑定的粒子系统生成大量粒子。
  - ◆ 比例：缩放湍流效果。当"比例"值较小时，湍流效果会更平滑，更规则。当"比例"值增加时，紊乱效果会变得更不规则。

10.1.4　旋涡

　　"旋涡"空间扭曲将力应用于粒子系统，使它们在急转的旋涡中旋转，然后让它们向下移动成一个长而窄的喷流或者旋涡井。旋涡在创建黑洞、涡流、龙卷风和其他漏斗状对象时非常有用。图 10-11 所示为使用旋涡制作的扭曲粒子。

　　"参数"卷展栏中各项功能介绍如下（如图 10-12 所示）。

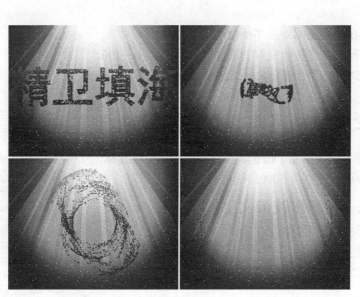

图 10-11

图 10-12

- "计时"选项组。
  - ◆ 开始时间、结束时间：空间扭曲变为活动及非活动状态时所处的帧编号。
- "旋涡外形"选项组。
  - ◆ 锥化长度：用于控制旋涡的长度及其外形。
  - ◆ 锥化曲线：用于控制旋涡的外形。低数值创建的旋涡口宽而大，而高数值创建的旋涡的边几乎呈垂直状。
- "捕获和运动"选项组。
  - ◆ 无限范围：启用该复选框时，旋涡会在无限范围内施加全部阻尼强度。禁用该复选框后，"范围"和"衰减"设置生效。
  - ◆ 轴向下拉：用于指定粒子沿下拉轴方向移动的速度。

◆ 范围：以系统单位数表示的距旋涡图标中心的距离，该距离内的轴向阻尼为全效阻尼。仅在禁用"无限范围"复选框时生效。

◆ 衰减：指定在轴向范围外应用轴向阻尼的距离。轴向阻尼在距离为"范围"值所在处的强度最大，在轴向衰减界限处线性地降至最低，在超出的部分没有任何效果。

◆ 阻尼：控制平行于下落轴的粒子运动每帧受抑制的程度。默认设置为 5.0。范围为 0～100。

◆ 轨道速度：指定粒子旋转的速度。

◆ 范围：以系统单位数表示的距旋涡图标中心的距离，该距离内的轴向阻尼为全效阻尼。

◆ 衰减：指定在轨道范围外应用轨道阻尼的距离。

◆ 阻尼：控制轨道粒子运动每帧受抑制的程度。较小的数值产生的螺旋较宽，而较大的数值产生的螺旋较窄。

◆ 径向拉力：指定粒子旋转距下落轴的距离。

◆ 范围：以系统单位数表示的距漩涡图标中心的距离，该距离内的轴向阻尼为全效阻尼。

◆ 衰减：指定在径向范围外应用径向阻尼的距离。

◆ 阻尼：控制径向拉力每帧受抑制的程度。范围为 0～100。

◆ 顺时针、逆时针：用于决定粒子顺时针旋转还是逆时针旋转。

10.2　几何/可变形空间扭曲

单击" （创建）> （空间扭曲）按钮，在空间扭曲类型中选择"几何/可变形"类型，这样即可列出所有的几何/可变形空间扭曲，如图 10-13 所示。

10.2.1　课堂案例——制作波浪文字

【案例学习目标】熟悉波浪空间扭曲。

【案例知识要点】创建文本图形，为其施加"倒角"修改器，创建波浪空间扭曲，将文本模型绑定到波浪空间扭曲上，效果如图 10-14 所示。

【素材文件位置】CDROM/Map/Cha10/10.1.5 波浪文字。

【场景文件所在位置】CDROM/Scene/Cha10/10.1.5 波浪文字.max。

图 10-13

图 10-14

（1）单击"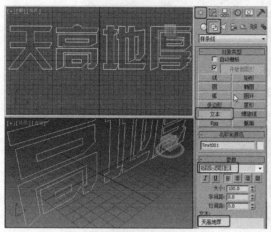（创建）>（图形）>文本"按钮，在"参数"卷展栏中选择合适的字体，并在"文本"处输入"天高地厚"，如图10-15所示。

（2）切换到（修改）命令面板，为文本施加"倒角"修改器，在"倒角值"卷展栏中设置"级别1"中的"高度"为20；勾选"级别2"选项，设置"高度"为5、"轮廓"为-3，如图10-16所示。

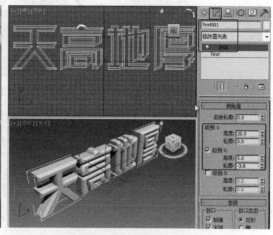

图10-15　　　　　　　　　　　　　图10-16

（3）单击"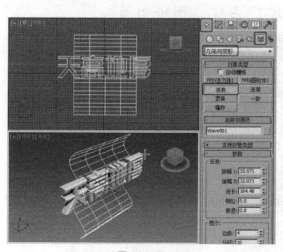（创建）>（空间扭曲）>几何/可变形>波浪"按钮，在"前"视图中创建波浪辅助对象，如图10-17所示。

（4）在"前"视图中旋转波浪空间扭曲，如图10-18所示。

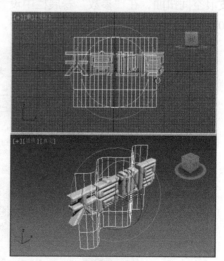

图10-17　　　　　　　　　　　　　图10-18

（5）在场景中选择文本模型，在工具栏中单击（绑定到空间扭曲）按钮，将文本绑定到波浪空间扭曲上，如图10-19所示。

（6）在修改器堆栈中选择Text，并为其施加"编辑样条线"修改器，将选择集定义为"分段"，选择分段，并为其进行"拆分"，设置合适的拆分参数即可，如图10-20所示。

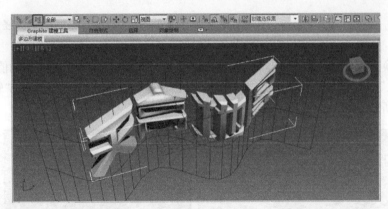

图 10-19

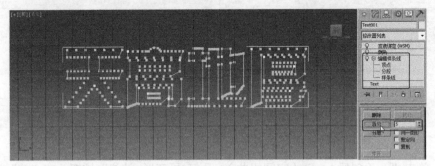

图 10-20

（7）设置分段后关闭选择集，在文字修改器堆栈中选择最上方的修改器。在场景中选择波浪空间扭曲，在"参数"卷展栏中设置"振幅 1"和"振幅 2"均为 20，设置"波长"为 100、设置"边数"为 5、"分段"为 49、"尺寸"为 11，如图 10-21 所示。

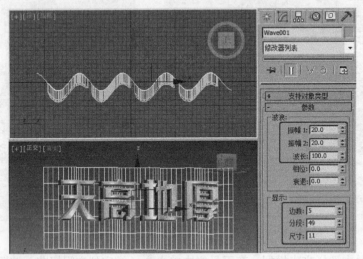

图 10-21

10.2.2 波浪

"波浪"空间扭曲可以在整个世界空间中创建线性波浪。它影响几何体和产生作用的方式与"波浪"修改器相同。

选择一个需要设置波浪效果的模型，使用 （绑定到空间扭曲）工具，将模型绑定到波浪空间扭曲上。波浪的"参数"卷展栏如图 10-22 所示。

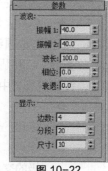

图 10-22

- "波浪"选项组。
  - ◆ 振幅 1：用于设置沿波浪扭曲对象的局部 X 轴的波浪振幅。
  - ◆ 振幅 2：用于设置沿波浪扭曲对象的局部 X 轴的波浪振幅。振幅用单位数表示。该波浪是一个沿其 Y 轴为正弦，沿其 X 轴为抛物线的波浪。认识振幅之间区别的另一种方法是，振幅 1 位于波浪 Gizmo 的中心，而振幅 2 位于 Gizmo 的边缘。
  - ◆ 波长：以活动单位数设置每个波浪沿其局部 Y 轴的长度。
  - ◆ 相位：从其在波浪对象中央的原点开始偏移波浪的相位。整数值无效，仅小数值有效。设置该参数的动画会使波浪看起来像是在空间中传播。
  - ◆ 衰退：当其设置为 0.0 时，波浪在整个世界空间中有相同的一个或多个振幅。增加"衰退"值会导致振幅从波浪扭曲对象的所在位置开始随距离的增加而减弱。默认设置是 0。
- "显示"选项组。
  - ◆ 边数：设置沿波浪对象的局部 X 维度的边分段数。
  - ◆ 分段：设置沿波浪对象的局部 Y 维度的分段数目。
  - ◆ 尺寸：用于在不改变波浪效果（缩放则会）的情况下调整波浪图标的大小。

10.2.3　置换

"置换"空间扭曲以力场的形式推动和重塑对象的几何外形。"置换"对几何体（可变形对象）和粒子系统都会产生影响，如图 10-23 所示。

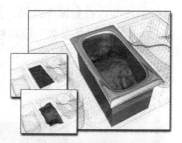

图 10-23

"参数"卷展栏中各项功能介绍如下（如图 10-24 所示）。

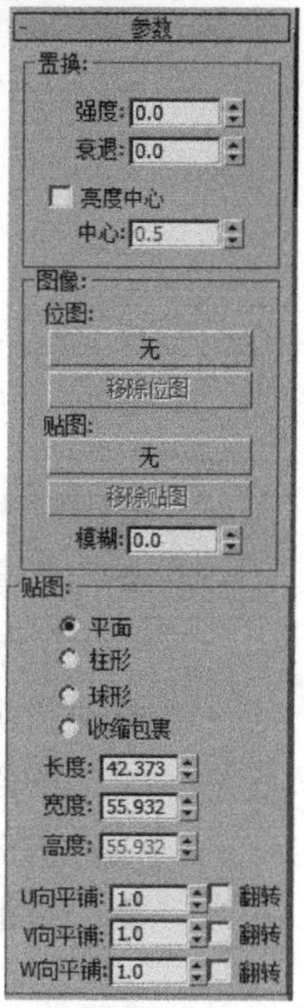

- "置换"选项组。
  - ◆ 强度：设置为 0 时，置换扭曲没有任何效果。大于 0 的值会使对象几何体或粒子按偏离置换空间扭曲对象所在位置的方向发生置换；小于 0 的值会使几何体向扭曲置换。
  - ◆ 衰退：默认情况下，置换扭曲在整个世界空间内有相同的强度。增加"衰退"值会导致置换强度从置换扭曲对象的所在位置开始，随距离的增加而减弱。
  - ◆ 亮度中心：默认情况下，置换空间扭曲通过使用中等（50%）灰色作为零置换值来定义亮度中心。大于 128 的灰色值以向外的方向（背离置换扭曲对象）进行置换，而小于 128 的灰色值以向内的方向（朝向置换扭曲对象）进行置换。
  - ◆ 中心：可以调整默认值。
- "图像"选项组中的选项可以选择用于置换的位图和贴图。
  - ◆ 位图：单击"无"按钮，从选择对话框中指定位图或贴图。

图 10-24

选择完位图或贴图后，该按钮会显示出位图的名称。

◆ 模糊：增加该值可以模糊或柔化位图置换的效果。

● "贴图"选项组包含位图置换扭曲的贴图参数。贴图选项与那些用于贴图材质的选项类似。4 种贴图模式控制着置换扭曲对象对其置换进行投影的方式。扭曲对象的方向控制着场景中在绑定对象上出现置换效果的位置。

◆ 平面：从单独的平面对贴图进行投影。

◆ 柱形：像将其环绕在圆柱体上那样对贴图进行投影。

◆ 球形：从球体出发对贴图进行投影，球体的顶部和底部，即位图边缘在球体两极的交汇处均为极点。

◆ 收缩包裹：截去贴图的各个角，然后在一个单独的极点将它们全部结合在一起，创建一个极点。

◆ 长度、宽度、高度：指定空间扭曲 Gizmo 的边界框尺寸。高度对平面贴图没有任何影响。

◆ U 向平铺、V 向平铺、W 向平铺：位图沿指定尺寸重复的次数。

10.2.4 爆炸

"爆炸"空间扭曲能把对象炸成许多单独的面。

例如，在场景中创建球体，并创建爆炸空间扭曲，将球体绑定到爆炸空间扭曲上，拖动时间滑块即可看到爆炸效果，如图 10-25 所示。通过设置爆炸的参数来改变爆炸效果，如图 10-26 所示"爆炸参数"卷展栏。

图 10-25　　　　　　　　　　　　图 10-26

● "爆炸"选项组。

◆ 强度：设置爆炸力。较大的数值能使粒子飞得更远。对象离爆炸点越近，爆炸的效果越强烈。

◆ 自旋：碎片旋转的速率，以每秒转数表示。这也会受"混乱度"参数（使不同的碎片以不同的速度旋转）和"衰减"参数（使碎片离爆炸点越远时爆炸力越弱）的影响。

◆ 衰退：爆炸效果距爆炸点的距离，以世界单位数表示。超过该距离的碎片不受"强度"和"自旋"设置影响，但会受"重力"设置影响。

- "分形大小"选项组。
  - ◆ 最小值：指定由"爆炸"随机生成的每个碎片的最小面数。
  - ◆ 最大值：指定由"爆炸"随机生成的每个碎片的最大面数。
- "常规"选项组。
  - ◆ 重力：指定由重力产生的加速度。注意重力的方向总是世界坐标系 Z 轴方向。重力可以为负。
  - ◆ 混乱：增加爆炸的随机变化，使其不太均匀。设置 0 为完全均匀；1 的设置具有真实感。大于 1 的数值会使爆炸效果特别混乱。范围为 0 ~ 10。
  - ◆ 起爆时间：指定爆炸开始的帧。在该时间之前绑定对象不受影响。
  - ◆ 种子：更改该设置可以改变爆炸中随机生成的数目。在保持其他设置的同时更改"种子"可以实现不同的爆炸效果。

10.3 导向器

导向器用于为粒子导向或影响动力学系统。单击"（创建）>（空间扭曲）>导向器"，从中选择导向器类型，如图 10-27 所示。

10.3.1 导向球

"导向球"空间扭曲起着球形粒子导向器的作用，如图 10-28 所示。

"基本参数"卷展栏中各项功能介绍如下（如图 10-29 所示）。

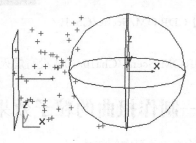

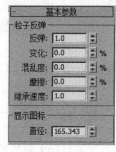

图 10-27   图 10-28   图 10-29

- "粒子反弹"选项组的选项决定导向器影响绑定粒子的方式。
  - ◆ 反弹：决定粒子从导向器反弹的速度。该值为 1 时，粒子以与接近时相同的速度反弹；该值为 0 时，它们根本不会偏转。
  - ◆ 变化：每个粒子所能偏离"反弹"设置的量。
  - ◆ 混乱度：偏离完全反射角度（当将"混乱度"设置为 0 时的角度）的变化量。设置为 100%时，会导致反射角度的最大变化为 90°。
  - ◆ 摩擦：粒子沿导向器表面移动时减慢的量。数值为 0%时表示粒子根本不会减慢。
  - ◆ 继承速度：当该值大于 0 时，导向器的运动会和其他设置一样对粒子产生影响。例如，要设置导向球穿过被动的粒子阵列的动画，请加大该值以影响粒子。
- "显示图标"选项组影响图标的显示。

◆ 直径：指定导向球图标的直径。该设置也会改变导向效果，因为粒子会从图标的周界上反弹。图标的缩放也会影响粒子。

图 10-30

10.3.2　全导向器

"全导向器"空间扭曲是一种能让用户使用任意对象作为粒子导向器的全导向器。

"基本参数"卷展栏中各项功能介绍如下（如图 10-30 所示）。

● 基于对象的导向器：指定要用作导向器的对象。

● 拾取对象：单击该按钮，然后单击要用作导向器的任何可渲染网格对象。

10.4　课堂练习——制作没有熄灭的烟

【案例学习目标】熟悉超级喷射粒子和风空间扭曲。

【案例知识要点】打开原始场景文件，并创建超级喷射和风空间扭曲，设置参数后将超级喷射绑定到风空间扭曲上，即可完成没有熄灭的烟的效果，如图 10-31 所示。

【素材文件位置】CDROM/Map/Cha10/10.4 没有熄灭的烟。

【原始场景文件所在位置】CDROM/Scene/Cha10/10.4 没有熄灭的烟.max。

【场景文件所在位置】CDROM/Scene/Cha10/10.4 没有熄灭的烟 ok.max。

图 10-31

10.5　课后习题——制作扭曲的粒子效果

【案例学习目标】熟悉粒子流和漩涡空间扭曲。

【案例知识要点】创建文本和粒子流，将文本作为粒子的发射器，创建涡轮空间扭曲，将粒子绑定到空间扭曲上，为环境指定一张贴图，完成后的效果如图 10-32 所示。

【素材文件位置】CDROM/Map/Cha10/10.5 扭曲的粒子。

【场景文件所在位置】CDROM/Scene/Cha10/10.5 扭曲的粒子.max。

图 10-32

PART 11

第 11 章
环境特效动画

本章介绍

在使用 3ds Max 2013 的三维空间模拟自然界的物体时，除了模型、材质、灯光及摄影机以外，环境效果和视频合成器也是不可忽视的一部分。使用环境效果和视频合成器制作的特效不仅可以丰富画面内容，还可以增加画面的艺术效果。通过本章的学习，可以使用户更加了解 3ds Max 2013 的环境特效。

学习目标

- 了解"环境"选项卡，掌握"公共参数"和"爆光控制"卷展栏
- 了解大气效果的分类并掌握各类效果参数设置的方法
- 掌握效果选项卡的运用技巧
- 掌握使用 Video Post 视频合成器进行后期合成的方法

技能目标

- 熟练掌握战火效果的制作和技巧
- 熟练掌握体积雾的制作和技巧
- 熟练掌握炙热字的制作和技巧
- 熟练掌握浓雾中的森林的制作和技巧

11.1 "环境"选项卡简介

"环境"选项卡主要用于制作背景和大气特效，用户可以通过在菜单栏中单击"渲染"按钮，在弹出的下拉菜单中选择"环境"命令，如图 11-1 所示，执行操作后，即可弹出一个独立的对话框，如图 11-2 所示，用户可以根据"环境"选项卡完成如下操作。

图 11-1   图 11-2

- 用户可以在该对话框中制作静态或变化的单色背景。
- 将图像或贴图作为背景，所有的贴图类型都可以使用，因此所制作出的效果千变万化。
- 设置环境光以及环境光动画。
- 通过各种大气外挂模块，用户可以制作特殊的大气效果，包括燃烧、雾、体积雾、体积光等。同时也可以引入第三方开发的其他大气模块。
- 将曝光控制应用于渲染。

知识提示　　按键盘上字母区域中的数字键 8 同样也可以打开"环境和效果"对话框。

11.1.1 公用参数

在公用参数卷展栏中可以设置背景贴图，在"全局光照明"选项组中可以对场景中的环境光进行调节，如图 11-3 所示。

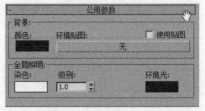

图 11-3

"公用参数"卷展栏中各项功能介绍如下。

- "背景"选项组：从该选项组中设置背景的效果。
  - ◆ 颜色：通过颜色选择器指定颜色作为单色背景。

◆ 环境贴图：通过其下的贴图按钮，可以在弹出的"材质/贴图浏览器"对话框中选择相应的贴图。

◆ 使用贴图：当指定贴图作为背景后，该复选框自动启用，只有将它开启，贴图才有效。

● "全局照明"选项组：该选项组中的参数主要用于对整个场景的环境光进行调节。

◆ 染色：对场景中的所有灯光进行染色处理，默认为白色，不产生染色处理。

◆ 级别：增强场景中全部照明的强度，值为1时不对场景中的灯光强度产生影响，大于1时整个场景的灯光强度都增强，小于1时整个场景的灯光都减弱。

◆ 环境光：设置环境光的颜色，它与任何灯光无关，不属于定向光源，类似现实生活中空气的漫射光。默认为黑色，即没有环境光照明，这样材质完全受到可视灯光的照明，同时在材质编辑器中，材质的 Ambient 属性也没有任何作用，当指定了环境光后，材质的 Ambient 属性就会根据当前的环境光设置产生影响，最明显的效果是材质的暗部不是黑色，而是染上了这里设置的环境光色。环境光尽量不要设置太亮，因为这样会降低图像的饱和度，使效果变得平淡而发灰。

11.1.2 曝光控制

渲染图像精度的一个受限因素是计算机监视器的动态范围，动态范围是监视器可以产生的最高度和最低度之间的比率。在一个光线较弱的房间里，这种比率近似100∶1；在一个明亮的房间里，比率接近于30∶1；真实环境动态范围可以达到10000∶1或者更大。曝光控制会对监视器受限的动态范围进行补偿，对灯光亮度值进行转换，会影响渲染图像和视图显示的亮度和对比度，但它不会对场景中实际的灯光参数产生影响，只是将这些灯光的亮度值转换到一个正确的显示范围之内。

"曝光控制"是用于调整渲染的输出级别和颜色范围的插件组件，如同调整胶片曝光一样，此过程就是所谓的色调贴图。如果渲染使用光能传递并且处理高动态范围（HDR）图像，这些控制尤其有用。

曝光控制可补偿计算机显示的限定动态范围，该范围的数量级通常约为2，即所显示的最明亮的颜色比最暗的颜色要亮100倍。相比较而言，眼睛可以感知大约16个数量级的动态范围。换句话说，可以感知的最亮颜色比最暗颜色亮大约为 10^{16} 倍。曝光控制调整颜色，使颜色可以更好地模拟眼睛的大动态范围，同时仍适合可以渲染的颜色范围。

3ds Max 包含的曝光控制有"自动曝光控制"、"线性曝光控制"、"对数曝光控制"、"mr 摄影曝光控制"和"伪彩色曝光控制"。

"曝光控制"卷展栏中的选项功能介绍如下（如图11-4所示）。

● 下拉列表框：选择要使用的曝光控制。

● 活动：启用该复选框时，在渲染中使用该曝光控制；禁用该复选框时，不应用该曝光控制。

● 处理背景与环境贴图：启用该复选框时，场景背景贴图和场景环境贴图受曝光控制的影响；禁用该复选框时，则不受曝光控制的影响。

图11-4

● 预览窗口：缩略图显示应用了活动曝光控制的渲染场景的预览。渲染了预览后，在更改曝光控制设置时将交互式更新。

● 渲染预览：单击该按钮可以渲染预览缩略图。

1．mr 摄影曝光控制

"mr 摄影曝光控制"可使用户通过像控制摄影机一样来修改渲染的输出：设置一般曝光值或特定快门速度、光圈和胶片速度。它还提供可调节高光、中间调和阴影的值的图像控制设置。它适用于使用"mental ray"渲染器渲染的高动态范围场景，图 11-5 所示为"mr 摄影曝光控制"卷展栏，下面介绍其常用的参数。

图 11-5

● "曝光"选项组。
　　◆ 预设值：可根据照明情况在该下拉菜单中进行相应的选择。所选的命令会影响此组中所有其余的设置。
　　◆ 曝光值：单击该单选按钮可以指定与其下方摄影曝光相对应的单个曝光值设置，该值越高，生成的图像越暗，值越低，生成的图像越亮。
　　◆ 摄影曝光：用于设置摄影机曝光参数。其中包括快门速度、光圈、胶片速度。快门速度对运动模糊没有影响；光圈不影响景深；胶片速度对粒度没有影响。
● "图像控制"选项组。
　　◆ 高光（燃烧）：该选项用于控制效果最亮的区域。其数值越高，生成的效果高光越亮；数值越低，生成的效果高光越暗。
　　◆ 中间调：该选项用于控制效果的中间调区域，其亮度介于高光和阴影之间。数值越高，生成的中间调越亮；数值越低，生成的中间调越暗。
　　◆ 阴影：该选项用于控制效果的最暗区域，其数值越高，生成的阴影越亮，而数值越低，生成的阴影越暗。
　　◆ 颜色饱和度：该选项用于控制渲染效果的颜色饱和度。数值越低，颜色的强度越小。
　　◆ 白点：用于指定光源的主要色温。这与数码相机上的白平衡控制很相似。对于日光，建议使用的值为 6 500，对于白炽灯照明，建议使用的值为 3 700。
　　◆ 渐晕：从效果的中心向四周逐渐降低图像的亮度。
● "物理比例"选项组。
　　◆ 物理单位（cd/m2）：用于输出物理校正 HDR 像素值。
　　◆ 无单位：用于定义渲染器解释标准灯光的照明方式。

2．对数曝光控制

"对数曝光控制"使用亮度、对比度以及场景是否位于日光中的室外，将物理值映射为 RGB 值，该选项的参数卷展栏如图 11-6 所示。

图 11-6

- 亮度：用于调整转换颜色的亮度值，当该数值为 38 时的效果如图 11-7 所示。
- 对比度：用于调整转换颜色的对比度值，将该参数调整为 0 时的效果如图 11-8 所示。
- 中间色调：用于调整中间色的色值范围，将该参数设置为 1.5 时的效果如图 11-9 所示（亮度为 50、对比度为 100）。
- 物理比例：用于设置曝光控制的物理比例，用于非物理灯光。结果是调整渲染，使其与眼睛对场景的反应相同。

图 11-7   图 11-8   图 11-9

- 颜色修正：修正由于灯光颜色影响产生的视角色彩偏移。
- 降低暗区饱和度级别：一般情况下，如果环境的光线过暗，眼睛对颜色的感觉会非常迟钝，几乎分辨不出颜色的色相，通过这个选项，可以模拟出这种视觉效果。选择该选项时，渲染图像看起来灰暗，当值低于 5.62 尺烛光时调节效果就不明显了，如果亮度值小于 0.00562 尺烛光时，场景完全为灰色。
- 仅影响间接照明：勾选该复选框，曝光控制仅影响间接照明区域。如果使用标准类型的灯光并勾选此选项时，光线跟踪和曝光控制将会模拟默认的扫描线渲染，产生的效果与取消此项勾选时的效果截然不同。
- 室外日光：专门用于处理 IES Sun 灯光产生的场景照明，这种灯光会产生曝光过度的效果，必须勾选该复选框才能校正。

3．自动曝光控制

"自动曝光控制"是指在渲染的效果中进行采样，然后生成一个柱状图，在渲染的整个动态范围提供良好的颜色分离。自动曝光控制可以增强某些照明效果，预防这些照明效果会过于暗淡而看不清的现象。其参数卷展栏如图 11-10 所示。

知识提示
　　　　动画场景不适合使用"自动曝光控制"，因为自动曝光控制会在每帧产生不同的柱状图，会造成渲染的动态图像出现抖动。

- 亮度：用于调整渲染效果的颜色亮度值。
- 对比度：用于调整渲染效果的颜色对比度。
- 曝光值：用于调整渲染的总体亮度，它的调整范围只能控制在 -5~5，曝光值相当于具有自动曝光功能摄影机中的曝光补偿。
- 物理比例：用于设置曝光控制的物理比例，用于非物理灯光。结果是调整渲染，使其与眼睛对场景的反应相同。
- 颜色修正：如果勾选该复选框，会改变渲染效果的所有颜色，用户可以在其右侧单击颜色框，在弹出的对话框中选择相应的颜色，从而改变渲染效果的颜色，如图 11-11 所示（默认参数）。

- 降低暗区饱和度级别：在正常情况下，如果环境的光线过暗，眼睛对颜色的感觉会非常迟钝，几乎分辨不出颜色的色相，通过这个选项，可以模拟出这种视觉效果。

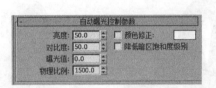

图 11-10　　　　　　　　　　　　　　　图 11-11

4．线性曝光控制

"线性曝光控制"用于对渲染图像进行采样，计算出场景的平均亮度值并将其转换成 RGB 值，适合于低动态范围的场景。它的参数类型似于"曝光控制"，其参数选项参见"自动曝光控制"。

5．伪彩色曝光控制

"伪彩色曝光控制"实际上是一个照明分析工具，可以使用户直观地观察和计算场景中的照明效果。"伪彩色曝光控制"是将亮度或照度值映射为显示转换值亮度的伪彩色，其参数卷展栏如图 11-12 所示，使用默认参数得到如图 11-13 所示的效果。

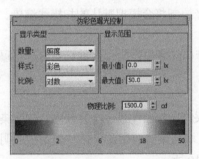

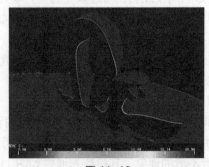

图 11-12　　　　　　　　　　　　　　　图 11-13

- 数量：该下拉列表用于选择所测量的值，其中包括"照度"、"亮度"，"照度"用于设置物体单位表面所接收光线的数量；"亮度"用于显示光线离开反射表面时的光能。
- 样式：选择显示值的方式。它包括"彩色"和"灰度"，其中，"彩色"表示显示光谱；"灰度"显示从白色到黑色范围的灰色色调。
- 比例：选择用于映射值的方法。它包括"对数"和"线性"，其中，"对数"是指使用对数比例；"线性"是指使用线性比例。
- 最小值：用于设置在渲染中要测量和表示的最低值。此数量或低于此数量的值将全部映射为最左端的显示颜色（或灰度级别）。
- 最大值：用于设置在渲染中要测量和表示的最高值。此数量或高于此数量的值将全部映射为最右端的显示颜色（或灰度级别）。

- 物理比例：用于设置曝光控制的物理比例。结果是调整渲染，使其与眼睛对场景的反应相同。

11.2　大气效果

在 3ds Max 2013 中，提供了"火效果"、"雾"、"体积雾"和"体积光"4 种大气效果，每种大气效果都有它们自身独特的光照特性、云层形态、气象特点等。下面就来学习丰富多彩的大气效果，其参数卷展栏如图 11-14 所示。

添加：用户可以单击该按钮，在弹出的对话框中选择相应的大气效果，其中列出了 7 种大气效果，如图 11-15 所示，用户可以在该对话框中选择任意一种大气效果，选择完成后单击"确定"按钮，在"大气"卷展栏中的"效果"列表中会出现添加的大气效果，在该卷展栏的下方也会出现相应的设置，如图 11-16 所示。

图 11-14　　　　　　　　　图 11-15　　　　　　　　　图 11-16

- 删除：用户可以使用该按钮删除所设置的大气效果。
- 活动：勾选该复选框时，"效果"列表中的大气效果有效；取消勾选时，则大气效果无效，但是参数仍然保留。
- 上移/下移：用户可以通过单击上移/下移按钮来调整左侧大气效果顺序，以此来决定渲染计算的先后顺序，最下部的先进行计算。
- 合并：用户可以通过单击该按钮，在弹出的对话框中选择要合并大气效果的场景，但这样会将所有属性 Gizmo（线框）物体和灯光一同进行合并。
- 名称：用于显示当前选中大气效果的名称。

下面将对"添加大气效果"对话框中的大气效果进行介绍。

知识提示
　　　　在所有的大气效果中，除"雾"是由摄影机直接控制以外，其他 3 种大气效果都需要为其指定一个"载体"用来作为大气效果的依附对象。

11.2.1　课堂案例——制作战火效果

【案例学习目标】熟悉火效果。

【案例知识要点】创建半球 Gizme，调整其大小，并为其设置"火效果"完成战火效果，如图 11-17 所示。

【素材文件位置】CDROM/Map/Cha11/11.2.1 战火。

【原始场景所在位置】CDROM/Scene/Cha11/11.2.1 战火 o.max。

【参考场景文件所在位置】CDROM/Scene/Cha11/11.2.1 战火 ok.max。

（1）打开随书附带光盘中的原始模型文件，如图 11-18 所示。

图 11-17　　　　　　　　　　　　　　　　图 11-18

（2）单击" （创建）> （辅助对象）>大气装置>球体 Gizmo"按钮，在"顶"视图中创建球体 Gizmo，在"球体 Gizmo 参数"卷展栏中设置"半径"为 45，勾选"半球"选项，如图 11-19 所示。

（3）在"前"视图中沿 *Y* 轴方法创建球体 Gizmo，如图 11-20 所示。

图 11-19　　　　　　　　　　　　　　　　图 11-20

（4）复制球体 Gizmo，调整复制出的球体 Gizmo 的位置，如图 11-21 所示。

（5）打开"环境和效果"面板，在"大气"卷展栏中单击"添加"按钮，在弹出的快捷菜单中选择"火效果"，单击"确定"按钮，如图 11-22 所示。

（6）在"火效果参数"卷展栏中单击"拾取 Gizmo"按钮，在场景中拾取创建并复制的两个球体 Gizmo，如图 11-23 所示。

（7）使用默认的参数渲染场景看一下效果，如图 11-24 所示。

图 11-21

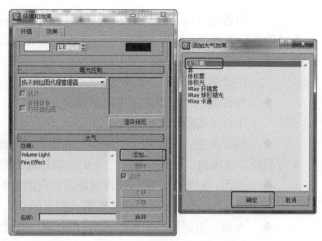

图 11-22

图 11-23

图 11-24

11.2.2 火效果参数

"火效果"是通过 Gizmo 物体确定火焰的形状，如上一案例中的火焰就是由一组不同的
Gizmo 组成的，用户可以通过"大气"卷展栏中的"合并"
按钮将其利用到其他场景中。

每个火焰效果都具备自己的参数，当在"效果"列表中
选择火效果时，其参数设置将会在"环境和效果"对话框中
显示。

"火效果参数"卷展栏中各项功能介绍如下（如图 11-25
所示）。

- "Gizmo"选项组。
  - 拾取 Gizmo：通过单击该按钮，进入拾取模式，
    然后单击场景中的某个大气装置。在渲染时，
    装置会显示火焰效果，装置的名称将添加到装
    置下拉列表框中。
  - 移除 Gizmo：用于移除 Gizmo 下拉列表框中

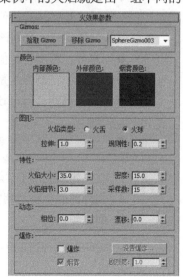

图 11-25

所选的 Gizmo。Gizmo 仍在场景中，但是不再显示火焰效果。

- "颜色"选项组：可以使用颜色下的色样为火焰效果设置 3 个颜色属性。
    - ◆ 内部颜色：设置效果中最密集部分的颜色。对于典型的火焰，此颜色代表火焰中最热的部分。
    - ◆ 外部颜色：设置效果中最稀薄部分的颜色。对于典型的火焰，此颜色代表火焰中较冷的散热边缘。
    - ◆ 烟雾颜色：设置用于"爆炸"选项的烟雾颜色。
- "图形"选项组：使用"图形"下的选项控制火焰效果中火焰的形状、缩放和图案。
    - ◆ 火舌：沿着中心使用纹理创建带方向的火焰。火焰方向沿着火焰装置的局部 Z 轴。"火舌"可以创建类似篝火的火焰。
    - ◆ 火球：创建圆形的爆炸火焰。"火球"很适合爆炸效果。
    - ◆ 拉伸：将火焰沿着装置的 Z 轴缩放。
    - ◆ 规则性：修改火焰填充装置的方式。如果值为 1，则填满装置，效果在装置边缘附近衰减，但是总体形状仍然非常明显；如果值为 0，则生成很不规则的效果，有时可能会到达装置的边界，但是通常会被修剪，会小一些。
- "特性"选项组：使用"特性"下的参数设置火焰的大小和外观。
    - ◆ 火焰大小：设置装置中各个火焰的大小。装置大小会影响火焰大小。装置越大，需要的火焰也越大。
    - ◆ 密度：设置火焰效果的不透明度和亮度。
    - ◆ 火焰细节：控制每个火焰中显示的颜色更改量和边缘尖锐度。较低的值可以生成平滑、模糊的火焰，渲染速度较快；较高的值可以生成带图案的清晰火焰，渲染速度较慢。
    - ◆ 采样数：设置效果的采样率。该值越高，生成的效果越准确，渲染所需的时间也越长。
- "动态"选项组：使用"动态"选项组中的参数可以设置火焰的涡流和上升的动画。
    - ◆ 相位：控制更改火焰效果的速率。
    - ◆ 漂移：设置火焰沿着火焰装置的 Z 轴的渲染方式。较低的值提供燃烧较慢的冷火焰，较高的值提供燃烧较快的热火焰。
- "爆炸"选项组：使用该选项组中的参数可以自动设置爆炸动画。
    - ◆ 爆炸：根据相位值动画自动设置大小、密度和颜色的动画。
    - ◆ 烟雾：控制爆炸是否产生烟雾。
    - ◆ 设置爆炸：单击该按钮，弹出设置爆炸相位曲线对话框。输入开始时间和结束时间。
    - ◆ 剧烈度：用于改变相位参数的涡流效果。

知识提示　　　　如果启用了"爆炸"选项组中的"爆炸"和"烟雾"复选框，则内部颜色和外部颜色将对烟雾颜色设置动画。如果禁用了"爆炸"和"烟雾"，将忽略烟雾颜色。

11.2.3 课堂案例——制作体积雾

【案例学习目标】熟悉体积雾效果。

【案例知识要点】创建球体 Gizme，调整其大小，并为其设置"体积雾"，通过设置参数完成体积雾效果，图 11-26 所示为体积雾的前后对比效果。

【素材文件位置】：CDROM/Map/Cha11/11.2.3 体积雾。

【场景文件所在位置】CDROM/Scene/Cha11/11.2.3 体积雾.max。

图 11-26

（1）按 8 键，打开"环境和效果"对话框，单击"公用参数"卷展栏中"环境贴图"的"无"按钮，在弹出的"材质/贴图浏览器"中选择"位图"贴图，单击"确定"按钮，如图 11-27所示。

（2）在弹出的"选择位图图像文件"对话框中选择一个体积雾的背景图像，单击"打开"按钮，如图 11-28 所示。

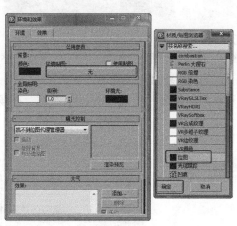

图 11-27

图 11-28

（3）激活"透视"图，按下快捷键 Alt+B 组合键，在弹出的对话框中选择"背景"选项卡，从中选择"使用环境背景"选项，单击"应用到活动视图"按钮，如图 11-29 所示。

（4）可以看到现实背景图像的"透视"图，如图 11-30 所示。

（5）单击" ☀ （创建）> ▣ （辅助对象）>大气装置>球体 Gizmo"按钮，在场景中创建球体 Gizmo，在"球体 Gizmo 参数"卷展栏中设置"半径"为 100，如图 11-31 所示。

（6）在"前"视图中缩放球体 Gizmo，如图 11-32 所示。

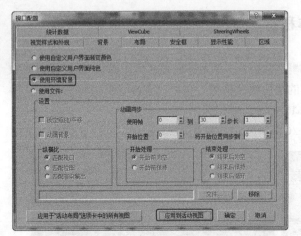

图 11-29

图 11-30

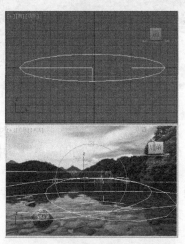

图 11-31

图 11-32

（7）在"环境和效果"面板中单击"大气"卷展栏中的"添加"按钮，在弹出的"添加大气效果"中选择"体积雾"，单击"确定"按钮，如图 11-33 所示。

（8）添加效果后，显示"体积雾参数"卷展栏，单击"拾取 Gizmo"按钮，在场景中拾取创建的球体 Gizmo，如图 11-34 所示。

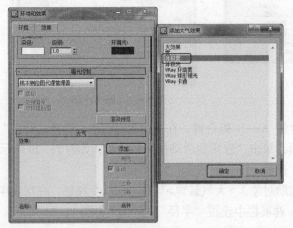

图 11-33

图 11-34

（9）使用默认参数渲染场景看一下效果，如图 11-35 所示。

（10）继续调整球体 Gizmo，并调整一下"透视"图的角度，如图 11-36 所示。

图 11-35

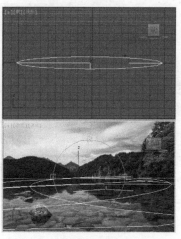

图 11-36

（11）接着在"体积雾参数"卷展栏中设置"体积"组中的"密度"为10，设置"噪波"组中的"大小"为30，如图 11-37 所示。

（12）测试渲染场景可以看到完成后的效果，如图 11-38 所示。

图 11-37

图 11-38

11.2.4 体积雾参数

"体积雾"可以产生三维空间的云团，这是比较真实的云雾效果，在三维空间中可以真实的体积存在，"体积雾"有两种使用方法，一种是直接作用于整个场景，但要求场景内必须有对象存在；另一种是作用于大气装置 Gizmo 物体，在 Gizmo 物体限制的区域内产生云团。

用户可以通过在"环境和效果"对话框中单击"大气"卷展栏中的"添加"按钮，然后在弹出的对话框中选择"体积雾"，如图 11-39 所示。当选择完成后，在"环境和效果"对话框中将会显示与体积雾相关的设置，如图 11-40 所示。

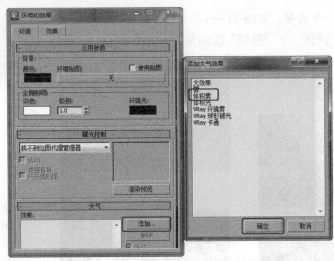

图 11-39   图 11-40

默认情况下，体积雾填满整个场景。不过，可以选择 Gizmo（大气装置）包含雾。Gizmo 可以是球体、长方体、圆柱体或是一些几何体的特定组合。

"体积雾参数"卷展栏中各项功能介绍如下。

● "Gizmos"选项组。

◆ 拾取 Gizmo：用户可以通过该按钮在场景选择要创建体积雾的 Gizmo，当选择 Gizmo 后，其名称将会在右侧的菜单中显示。

◆ 移除 Gizmo：单击该按钮后，会将所设置体积雾的 Gizmo 进行删除。

◆ 柔化 Gizmo 边缘：该参数选项可以对体积雾的边缘进行羽化处理，该值越大，边缘越柔化，其参数范围为 0 ~1，图 11-41 所示为当该参数设置为 0 和 0.4 时的效果。当将"柔化 Gizmo 边缘"设置为 0 时，可能会使边缘出现锯齿。

图 11-41

● "体积"选项组。

◆ 颜色：用户可以通过其下方的颜色框来改变云的颜色，如果在更改的过程中启用了"自动关键点"按钮，那么可以将变换颜色的过程设置为动画。

◆ 指数：可以随距离按指数增大密度。当取消勾选该复选框时，密度随距离线性增大。当勾选该复选框后，可以只渲染体积雾中的透明对象。勾选该复选框和取消勾选该复选框时的效果如图 11-42 所示。

图 11-42

◆ 密度：该参数选项用于控制雾的密度。其值越大，体积雾的透明度越低，当将该参数设置为 20 以上时，可能会看不见场景。

◆ 步长大小：用于确定雾采样的粒度，值越低，颗粒越细，雾效越优质；值越高，颗粒越粗，雾效越差。

◆ 最大步数：用于限制采样量，以便雾的计算不会无限进行下去。此选项比较适用于雾密度较小的场景。

◆ 雾化背景：当勾选该复选框时，同样也会对背景图像进行雾化，渲染后的效果会比较真实。

● "噪波"选项组。

◆ 类型：用户可以在其中选择需要的噪波类型，其中包括"规则"、"分形"、"湍流"等 3 种类型。

◆ 规则：标准的噪波图案。

◆ 分形：迭代分形噪波图案。

◆ 湍流：迭代湍流图案。

◆ 反转：可以将选择的噪波效果反向，厚的地方变薄，薄的地方变厚。

◆ 噪波阈值：可限制噪波效果。范围为 0~1。如果噪波值高于"低"阈值而低于"高"阈值，动态范围会拉伸到填满 0~1。这样，在阈值转换时会补偿较小的不连续（第一级而不是 0 级），因此，会减少可能产生的锯齿。

◆ 均匀性：范围为 -1 ~ 1，作用与高通过滤器类似。值越小，体积越透明，包含分散的烟雾泡。如果在 -0.3 左右，图像开始看起来像灰斑。因为此参数越小，雾越薄，所以，需要增大密度，否则，体积雾将开始消失。

◆ 级别：用于设置分形计算的迭代次数，值越大，雾越精细，运算也越慢。

◆ 大小：用于确定雾块的大小。

◆ 相位：用于控制风的速度。如果进行了"风力强度"的设置，雾将按指定风向进行运动，如果没有风力设置，它将在原地翻滚。对于"相位"值进行动画设置，可以产生风中云雾飘动的效果，如果为"相位"指定特殊的动画控制器，还可以产生阵风等特殊效果。

◆ 风力强度：用于控制雾沿风向移动的速度。如果相位值变化很快，而风力强度值变化较慢，雾将快速翻滚而缓慢漂移；如果相位值变化很慢，而风力强度值变化较快，雾将快速漂移而缓慢翻滚；如果只需要雾在原地翻滚，对相位值进行变化，将风力强度设为 0 即可。

◆ 风力来源：用于确定风吹来的方向，有 6 个正方向可选。

11.2.5　体积光参数

"体积光"用于制作带有体积的光线，可以指定给任何类型的灯光（环境光除外），这种体积光可以被物体阻挡，从而形成光芒透过缝隙的效果。带有体积光属性的灯光仍可以进行照明、投影以及投影图像，从而产生真实的光线效果，例如，对"泛光灯"加以体积光设定，可以制作出光晕效果，模拟发光的灯泡或太阳，如图 11-43 所示；对"定向光"加以体积光设定，可以制作出光束效果，模拟透过彩色窗玻璃、投影彩色的图像光线，还可以制作激光光束效果。注意，体积光在渲染时速度会很慢，所以尽量少使用它。

图 11-43

在"环境和效果"对话框中的"大气"卷展栏中单击"添加"按钮，在弹出的"添加大气效果"对话框中选择"体积光"，如图 11-44 所示，然后单击"确定"按钮。

当添加完体积光效果后，在"大气"卷展栏中选择新添加的"体积光"，在其下方会出现相应的参数设置，如图 11-45 所示。

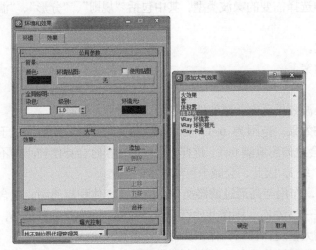

图 11-44

图 11-45

● "灯光"选项组。

◆ 拾取灯光：可在任意视口中单击要为体积光启用的灯光。可以拾取多个灯光。当单击"拾取灯光"按钮，然后再按 H 键。此时将显示"拾取对象"对话框，用户可以在该对话框中的列表中按住 Shift 键或 Ctrl 键选择多个灯光，如图 11-46 所示。

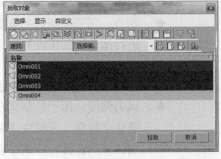

图 11-46

◆ 移除灯光：单击该按钮可以移除添加体积光效果的灯光。
● "体积"选项组。
　　◆ 雾颜色：用于设置形成灯光体积雾的颜色。对于体积光，它的最终颜色由灯光颜色与雾颜色共同决定，因此为了更好地进行调节，应将雾颜色设为白色，而仅通过对灯光颜色的调节来制作不同色彩的体积光效。打开"自动关键帧"按钮，对雾颜色的变化可以记录动画。
　　◆ 衰减颜色：灯光随距离的变化会产生衰减，这个距离值在灯光命令面板中设置，由"近距衰减"和"远距衰减"下的参数值确定。
　　衰减颜色就是指衰减区内雾的颜色，它和"雾颜色"相互作用，决定最后的光芒颜色，如雾颜色为红色，衰减颜色为绿色，最后的光芒则显示暗紫色。通常将它设置为较深的黑色，使之不影响光芒的色彩。
　　◆ 使用衰减颜色：勾选该复选框，衰减颜色将发挥作用，默认为关闭状态。
　　◆ 指数：用于跟踪距离以指数计算光线密度的增量，否则将以线性进行计算。如果需要在体积雾中渲染透明对象时将它打开。
　　◆ 密度：用于设置雾的浓度，值越大，体积感越强，内部不透明度越高，光线也越亮。通常设置为2%~6%才可以制作出最真实的体积雾效。
　　◆ 最大亮度%：表示可以达到的最大光晕效果（默认设置为90%）。如果减小此值，可以限制光晕的亮度，以便使光晕不会随距离灯光越来越远而越来越浓，最终出现一片全白。
　　◆ 最小亮度%：与"环境光"设置类似。如果"最小亮度%"大于0，体积光外面的区域也会发光。如果雾后面没有对象，且"最小亮度%"大于0（无论实际值是多少），场景将总是像雾颜色一样明亮，这是因为雾进入无穷远，利用无穷远进行计算。如果要使用的"最小亮度%"的值大于0，则应确保通过几何体封闭场景。
　　◆ 衰减倍增：该参数选项用于设置"衰减颜色"的影响程度。
　　◆ 过滤阴影：允许通过增加采样级别来获得更优秀的体积光渲染效果，同时也会增加渲染时间。
　　◆ 低：如果单击该单选按钮，那么图像缓冲区将不进行过滤，而直接以采样代替，适合于8位图像格式，如GIF和AVI动画格式的渲染。
　　◆ 中：如果单击该单选按钮，那么邻近像素进行采样均衡，如果发现有带状渲染效果，使用它可以非常有效地进行改进，但它比"低"渲染更慢。
　　◆ 高：如果单击该单选按钮，那么邻近和对角像素都进行采样均衡，每个都给以不同的影响，这种渲染效果相对来说比较慢。
　　◆ 使用灯光采样范围：基于灯光本身"采样范围"值的设定对体积光中的投影进行模糊处理，灯光本身"采样范围"值是针对"使用阴影贴图"方式作用的，它的增大可以模糊阴影边缘的区域，这里在体积光中使用它，可以与投影更好地进行匹配，以快捷的渲染速度获得优质的渲染结果。
　　◆ 采样体积%：用于控制体积被采样的等级，值由1~1000可调，1为最低品质，1 000为最高品质。
　　◆ 自动：用于自动进行采样体积的设置。一般无需将此值设置高于100，除非有极高品质的要求。

- "衰减"选项组。
  - ◆ 开始%：用于设置灯光效果开始进行衰减，与灯光自身参数中的衰减设置相对。默认值为100%，意味着将由灯光"开始范围"处开始衰减，如果减小它的值。它将在灯光"开始范围"内相应百分比处提前开始衰减。
  - ◆ 结束%：用于设置灯光效果结束衰减的位置，与灯光自身参数中的衰减设置相对。如果将它设置小于100%，光晕将减小，但亮度增大，得到更亮的发光效果，其默认参数为100。
- "噪波"选项组。
  - ◆ 启用噪波：该复选框用于控制噪波影响的开关。
  - ◆ 数量：用于设置指定给雾效的噪波强度。值为0时，无噪波效果；值为1时，表现为完全的噪波效果，如图11-47所示。

图 11-47

  - ◆ 链接到灯光：用于将噪波设置与灯光的自身坐标相链接，这样灯光在进行移动时，噪波也会随灯光一同移动。通常在制作云雾或大气中的尘埃等效果时，不将噪波与灯光链接，这样噪波将永远被固定在世界坐标上，灯光在移动时就好像在云雾（或灰尘）间穿行。

11.3 效果

"效果"选项卡用于制作背景和大气效果，可以通过在菜单栏中单击"渲染"按钮，在弹出的下拉菜单中选择"效果"命令，如图11-48所示，执行操作后，即可打开"环境和效果"对话框，如图11-49所示。

- 添加：用于添加新的效果，单击该按钮后，可以在弹出的对话框中选择需要的效果，如图11-50所示。
- 删除：用于删除列表中当前选中的效果。
- 活动：选中该复选框的情况下，当前特效才会发生作用。
- 上移：用于将当前选中的特效向上移动，新建的特效总是放在最下方，渲染时是按照从上至下的顺序进行计算处理的。

图 11-48

图 11-49

图 11-50

● 下移：用于将当前选中的特效向下移动。
● 合并：单击该按钮后，可在弹出的对话框中向其他场景文件中合并大气效果设置，这同时会将所属 Gizmo（线框）物体和灯光一同进行合并。
● 名称：用于显示当前列表中选中的效果名称，用户可以自定义其名称。
下面对"效果"选项卡中比较常用的几个效果进行简单的介绍。

1. Hair 和 Fur

在完成毛发的创建和调整之后，为了渲染输出时得到更好的效果，可以通过"Hair 和 Fur"卷展栏对毛发的渲染输出参数进行设置，其参数卷展栏如图 11-51 所示，该面板提供了毛发渲染选项、运动模糊、缓冲渲染选项、合成方法等参数的设置项，为最终的渲染结果提供了许多的修饰效果，如图 11-52 所示。

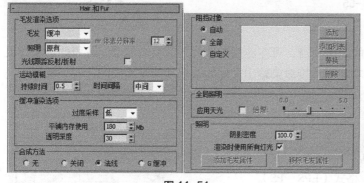

图 11-51

图 11-52

2. 模糊

在"模糊"效果中提供 3 种不同对图像进行模糊处理的方法，可以针对整个场景、去除背景的场景或场景元素进行模糊，效果如图 11-53 所示，常用于创建梦幻或摄影机移动拍摄的效果。
"模糊参数"卷展栏如图 11-54 所示，包括"模糊类型"、"像素选择"两个选项卡，其中"模糊类型"选项卡主要包括"均匀性"、"方向型"、"径向型"3 种模糊方式，它们分别都有相应的参数设置；"像素选择"选项卡主要用于设置需要进行模糊的像素位置。

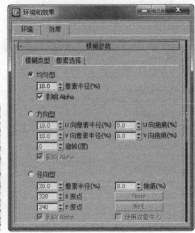

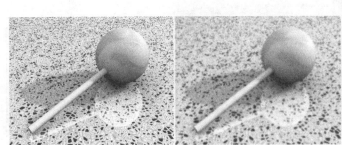

图 11-53　　　　　　　　　　　　　　　　　图 11-54

3．色彩平衡

通过在相邻像素之间填补过滤色，消除色彩之间强烈的反差，可以使对象更好地匹配到背景图像或背景动画上，如图 11-55 所示。

"色彩平衡参数"卷展栏如图 11-56 所示，可以通过"青/红"、"洋红/绿"、"黄/蓝"3个色值通道进行调整，如果不想影响颜色的亮度值，可以勾选"保持发光度"复选框。

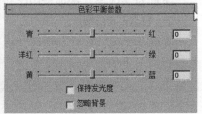

图 11-55　　　　　　　　　　　　　　　　　图 11-56

4．文件输出

通过它可以输出各种格式的图像项目，可在应用其他效果前将当前中间时段的渲染效果以指定的文件进行输出，这个功能和直接渲染输出文件的输出功能是相同的，它们支持相同类型的格式，如图 11-57 所示。

可以输出为以下格式。

- AVI 文件（AVI）。
- 位图图像文件（BMP）。
- Encapsulated PostScript 格式（EPS、PS）。
- JPEG 文件（JPG）。
- Kodak Cineon（CIN）。
- MOV QuickTime 文件（MOV）。
- PNG 图像文件（PNG）。
- RLA 图像文件（RLA）。

图 11-57

- RPF 图像文件（RPF）。
- SGI 图像文件格式（RGB）。
- Targa 图像文件（TGA、VDA、ICB、UST）。
- TIF 图像文件（TIF）。

5. 胶片颗粒

"胶片颗粒参数"卷展栏可以"颗粒"设置图像添加颗粒的数量，如果在添加颗粒时不想影响其背景图像，可以勾选"忽略背景"复选框，其参数卷展栏如图 11-58 所示。

"胶片颗粒"可以为渲染图像加入很多杂色的噪波点，模拟胶片颗粒的效果，如图 11-59 所示，也可以防止色彩输出监视器上产生的带状条纹。

图 11-58

图 11-59

6. 运动模糊

运动模糊特效是为了模拟在现实拍摄当中，摄影机的快门因为跟不上高速度的运动而产生的模糊效果，会增加动画的真实感，如图 11-60 所示。在制作高速度的动画效果时，如果不使用运动模糊特效，最终生成的动画可能会产生闪烁现象。

"运动模糊参数"卷展栏如图 11-61 所示，通过"持续时间"控制快门速度延长的时间，值为 1 时，快门在一帧和下一帧之间的时间内完全打开，值越大，运动模糊程度也越大。其中"处理透明"勾选时，对象被透明对象遮挡仍进行运动模糊处理；取消勾选时，被透明对象遮挡的对象不应用模糊处理，取消勾选可以提高模糊渲染速度。

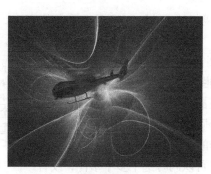

图 11-60

图 11-61

11.4 视频后期处理

视频后期制作是指场景在渲染后要进行的工作。利用"视频后期处理"可以进行各种图像和动画的合成工作，以及对场景应用各种特殊的效果，如发光和高光效果、过渡效果等。本章主要介绍"视频后期处理"的主要使用方法。

"视频后期处理"是 3ds Max 中的一个重要组成部分，它相当于一个视频后期处理软件，类似享有盛誉的 Adobe 公司的 Premiere 视频合成软件。

"视频后期处理"可以将不同的图像、效果以及图像过滤器和当前的动画场景结合起来，它的主要功能包括以下两个方面。

- 将动画、文字图像和场景等合成在一起，对动态影像进行非线性编辑，分段组合以达到剪辑影片的作用。
- 对场景添加效果处理功能，如对画面进行发光处理，在两个场景衔接时做淡入淡出处理。

所谓动画合成，就是指把几幅不同的动画场景合成为一幅场景的处理过程。每一个合成元素都包括在一个单独的事件中，而这些事件排列在一个队列中，并且按照排列的先后顺序被处理。这些队列中可以包括一些循环事件。

在菜单栏中选择"渲染>视频后期处理"命令，打开"视频后期处理"窗口，如图 11-62 所示。

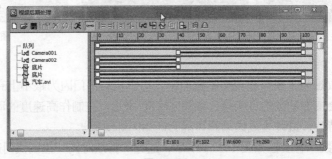

图 11-62

在许多方面，"视频后期处理"窗口和"轨迹视图"窗口相类似，左侧序列中的每一个事件都对应着一条深色的范围线，这些范围线可以通过拖动两端的小方块来编辑。"视频后期处理"界面包括：序列窗口、编辑窗口、信息栏和显示控制工具。

11.4.1 序列窗口和编辑窗口

在工具栏下方是"视频后期处理"的主要工作区域：序列窗口和编辑窗口。

1．序列窗口

"视频后期处理"窗口的左侧区域为序列窗口，窗口中以分支树的形式列出了后期处理序列中包括的所有事件，如图 11-63 所示。这些事件按照被处理的先后序列排列，背景图像应该放在最上层。如需调整某一事件的先后顺序，只需要将该事件拖放到新的位置即可。也可以在事件之间分层，这与"轨迹"窗口中项目分层的概念是一样的。

在按住 Ctrl 键的同时单击事件的名称，可以同时选中多个事件，或者

图 11-63

先选中某个事件，然后按 Shift 键，再单击另一个事件，则两个事件之间的所有事件被选中。双击某个事件可以打开它的参数控制面板进行参数设置。

2. 编辑窗口

"视频后期处理"窗口的右侧区域为编辑窗口，以深蓝色的范围线表示事件作用的时间段。选中某个事件以后，编辑窗口中对应的范围线会变成红色，如图 11-64 所示。选中多条范围线可以进行各种对齐操作，双击某个事件对应的范围线可以直接打开参数控制面板进行参数设置，如图 11-65 所示。

范围线两端的方块标志了该事件的最初一帧和最后一帧，拖动两端的方块可以放大或缩小事件作用的时间范围，拖动两方块之间的部分则可以整体移动范围线。如果范围线超出了给定的动画帧数，系统会自动添加一些附加帧。

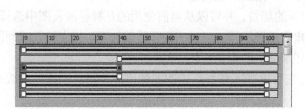

图 11-64   图 11-65

11.4.2 工具栏和信息栏

1. 工具栏

工具栏位于"视频后期处理"窗口的上部。工具栏由不同的功能按钮组成，主要用于编辑图像和动画场景事件，如图 11-66 所示。

图 11-66

"视频后期处理"的工具栏中的各工具功能介绍如下。

● （新建序列）：创建一个新的序列，同时将当前的所有序列设置删除，实际上相当于一个删除全部序列的命令。

● （打开序列）：打开一个"视频后期处理"的 Vpx 标准格式文件，当保存的序列被打开后，当前的所有事件被删除。

● （保存序列）：将当前的"视频后期处理"中的序列保存设置为 Vpx 标准格式文件，以便于将来用于其他场景。

● （编辑当前事件）：如果在序列窗口中有可编辑事件，该按钮变成可选择状态，单击它可以打开对话框编辑事件参数。

- ▣（删除当前事件）：将当前选择的事件删除。

- ↻（交换事件）：当两个相邻的事件同时被选择时，它成为活动状态，可以将两个事件的前后顺序交换。

- ✕（执行序列）：对当前"视频后期处理"的序列进行输出渲染前最后的设置。将弹出一个参数设置面板，与"轨迹视图"的设置参数几乎完全相同，但它们是各自独立的，相互不会产生影响。

- ⊢⊣（编辑范围条）："视频后期处理"中的基本编辑工具，对序列窗口和编辑窗口都有效。

- ⊨（当前选择左对齐）：将多个选择的事件范围线左侧对齐。在对齐时间的选择顺序上有严格要求，要对齐的目标范围线（即本身不变动的范围线）最后一个必须被选择，它的两个棒端以红色方块显示，而其他以白色方块显示，这就表明白色方块要向红方块对齐。可以同时选择多个事件，同时对齐到一个事件上。

- ⊨（当前选择右对齐）：将多个选择的事件方位线右对齐，与左对齐按钮的使用方法相同。

- ⊠（当前选择长度对齐）：将多个选择的事件范围线长度与最后一个选择的范围线长度进行对齐，使用方法与左对齐按钮相同。

- ⊢（当前选择对接）：根据按钮图像显示效果，进行范围线的对接操作。该操作不考虑选择的先后顺序，可以快速地将几段影片连接起来。

- ⊠（添加场景事件）：用于添加新的场景，并可以从当前使用的几种标准视图中选择，可以使用多台摄影机在不同的角度拍摄场景，通过"视频后期处理"将它们以时间段组合在一起，编辑成一段连续切换镜头的影片。

- ⊞（添加图像输出事件）：通过它可以加入各种格式的图像事件，将它们通过合成控制叠加连接在一起。

- ⊠（添加图像过滤事件）：使用 3ds Max 提供的多种过滤器对已有的图像添加图像效果并进行特殊处理。

- ⊡（添加图像层次事件）：专门的视频编辑工具，用于两个子级事件以某种特殊方式与父级事件合成在一起，能合成输入图像和输入场景事件，也可以合成图层事件，产生嵌套的层级。将两个图像或场景合成在一起，利用 Alpha 通道控制透明度，产生一个新的合成图像，或将两段影片连接在一起，做淡入淡出等效果。

- ⊞（添加图像输出事件）：与图像输入事件用法相同，但是支持的图像格式较少，可以将最后的合成结果保存为图像文件。

- ▦（添加外部图像处理事件）：为当前事件加入一个外部处理软件，如 Photoshop，打开外部程序，将保存在系统剪贴板中的图像粘贴为新文件，在 Photoshop 中对它进行编辑，最后再复制到剪贴板中。关闭该程序后，剪贴板上加工过的图像会自动回到 3ds Max 中。

- ▣（添加循环事件）：对指定事件进行循环处理，可对所有类型的事件进行操作，包括其自身。加入循环事件后会产生一个层级，子事件为原事件，父事件为循环事件。

2．状态栏

"视频后期处理"的底部是状态栏，如图 11-67 所示，它包括提示行、事件值域和一些视图工具按钮。

| S:0 | E:40 | F:41 | W:600 | H:260 |

图 11-67

状态栏中的各工具命令功能介绍如下。

- S：显示当前选择项目的起始帧。
- E：显示当前选择项目的结束帧。
- F：显示当前选择项目的总帧数。
- W\H：显示当前序列最后输出图像的尺寸，单位为"像素"。
- （平移）：用于上下左右移动编辑窗口。
- （最大化显示）：以左右宽度为准将编辑窗口中全部内容最大化显示，使它们都出现在屏幕上。
- （放大时间）：用于缩放时间。
- （区域放大）：用于放大编辑窗口中的某个区域到充满窗口显示。

11.4.3 镜头效果光斑

"镜头效果光斑"对话框用于将镜头光斑效果作为后期处理添加到渲染中。通常对场景中的灯光应用光斑效果，随后对象周围会产生镜头光斑，图 11-68 所示为镜头效果光斑的前后对比效果。可以在"镜头效果光斑"对话框中控制镜头光斑的各个方面。

图 11-68

"镜头效果光斑"窗口中的各选项命令功能介绍如下（如图 11-69 所示）。

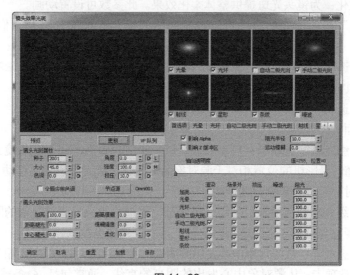

图 11-69

- 预览：单击"预览"按钮时，如果光斑拥有自动或手动二级光斑元素，则在窗口左上角显示光斑。如果光斑不包含这些元素，光斑会在预览窗口的中央显示。
- 更新：每次单击此按钮时，重画整个主预览窗口和小窗口。
- VP 队列：在主预览窗口中显示 Video Post 队列的内容。
- "镜头光斑属性"选项组：指定光斑的全局设置，如光斑源、大小、种子数和旋转等。
  - ◆ 种子：为镜头效果中的随机数生成器提供不同的起点，创建略有不同的镜头效果，而不更改任何设置。使用"种子"可以确保产生不同的镜头光斑，尽管这种差异非常小。
  - ◆ 大小：影响整个镜头光斑的大小。
  - ◆ 色调：如果选择了"全局应用色调"复选框，它将控制镜头光斑效果中应用的"色调"的量。此参数可设置动画。
  - ◆ 角度：影响光斑从默认位置开始旋转的量，例如光斑位置相对于摄影机改变的量。
  - ◆ 强度：控制光斑的总体亮度和不透明度。
  - ◆ 挤压：在水平方向或垂直方向挤压镜头光斑的大小，用于补偿不同的帧纵横比。
  - ◆ 全局应用色调：将"节点源"的"色调"全局应用于其他光斑效果。
  - ◆ 节点源：可以为镜头光斑效果选择源对象。
- "镜头光斑效果"选项组：控制特定的光斑效果，如淡入淡出、亮度和柔化等。
  - ◆ 加亮：设置影响整个图像的总体亮度。
  - ◆ 距离褪光：随着与摄影机之间的距离变化，镜头光斑的效果会淡入淡出。
  - ◆ 中心褪光：在光斑行的中心附近，沿光斑主轴淡入淡出二级光斑。这是通过真实摄影机镜头可以在许多镜头光斑中观察到的效果。此值使用 3ds Max 世界单位。只有按下"中心褪光"按钮时，此设置才能启用。
  - ◆ 距离模糊：根据到摄影机之间的距离模糊光斑。
  - ◆ 模糊强度：将模糊应用到镜头光斑上时控制其强度。
  - ◆ 柔化：为镜头光斑提供整体柔化效果。此参数可设置动画。
- "首选项"选项卡：此页面可以控制激活的镜头光斑部分以及它们影响整个图像的方式。
- "光晕"选项卡：以光斑的源对象为中心的常规光晕。可以控制光晕的颜色、大小、形状和其他方面。
- "光环"选项卡：围绕源对象中心的彩色圆圈。可以控制光环的颜色、大小、形状和其他方面。
- "自动二级光斑"选项卡：自动二级光斑。通常看到的小圆圈会从镜头光斑的源显现出来。随着摄影机的位置相对于源对象的更改，二级光斑也随之移动。此选项处于活动状态时，二级光斑会自动产生。
- "手动二级光斑"选项卡：手动二级光斑。添加到镜头光斑效果中的附加二级光斑。它们出现在与自动二级光斑相同的轴上，而且外观也类似。
- "射线"选项卡：从源对象中心发出的明亮的直线，为对象提供很高的亮度。
- "星形"选项卡：从源对象中心发出的明亮的直线，通常包括 6 条或多于 6 条辐射线（而不是像射线一样有数百条）。"星形"通常比较粗并且要比射线从源对象的中心向外延伸得更远。

- "条纹"选项卡：穿越源对象中心的水平条带。
- "噪波"选项卡：在光斑效果中添加特殊效果，如爆炸。

1. "首选项"选项卡

"首选项"选项卡中的各选项命令功能介绍如下（如图 11-70 所示）。

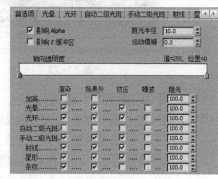

图 11-70

- 影响 Alpha：指定以 32 位文件格式渲染图像时，镜头光斑是否影响图像的 Alpha 通道。Alpha 通道是颜色的额外 8 位（256 色），用于指示图像中的透明度。Alpha 通道用于无缝地在一个图像的上面合成另外一个图像。
- 影响 Z 缓冲区：Z 缓冲区会存储对象与摄影机之间的距离。Z 缓冲区用于光学效果，如雾。
- 阻光半径：光斑中心周围半径，它确定在镜头光斑跟随在另一个对象后时，光斑效果何时开始衰减。此半径以像素为单位。
- 运动模糊：确定是否使用"运动模糊"渲染设置动画的镜头光斑。"运动模糊"以较小的增量渲染同一帧的多个副本，从而显示出运动对象的模糊。对象快速穿过屏幕时，如果打开了运动模糊，动画效果会更加流畅。使用运动模糊会明显增加渲染时间。
- 轴向透明度：标准的圆形透明度渐变，会沿其轴并相对于其源影响镜头光斑二级元素的透明度。这使得二级元素的一侧要比另外一侧亮，同时使光斑效果更加具有真实感。
- 渲染：指定是否在最终图像中渲染镜头光斑的每个部分。使用这一组复选框可以启用或禁用镜头光斑的各部分。
- 场景外：指定其源在场景外的镜头光斑是否影响图像。
- 挤压：指定挤压设置是否影响镜头光斑的特定部分。
- 噪波：定义是否为镜头光斑的此部分启用噪波设置。
- 阻光：定义光斑部分被其他对象阻挡时其出现的百分比。

2. "光晕"选项卡

"光晕"选项卡中的各选项命令功能介绍如下（如图 11-71 所示）。

- 大小：指定镜头光斑的光晕直径，以占帧总体大小的百分比表示。
- 色调：指定光晕颜色的等级。单击绿色箭头按钮可对此控件设置动画。
- 隐藏在几何体后：将光晕放置在几何体的后面。
- 渐变色条：使用径向、环绕、透明度和大小渐变。光晕渐变要比光斑渐变精细，因为其光晕的区域要比像素大。

3. "光环"选项卡

"光环"选项卡中的各选项命令功能介绍如下（如图 11-72 所示）。

- 厚度：指定光环的总体厚度，以占帧总体大小的百分比表示。光环很厚时，光环的大小由内径计算。厚度控制光环由此点向外的厚度。

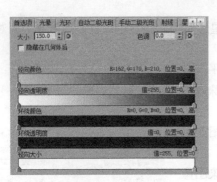
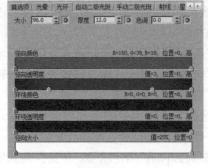

图 11-71　　　　　　　　　　　　图 11-72

4."手动二级光斑"选项

"手动二级光斑"选项卡中的各选项命令功能介绍如下（如图 11-73 所示）。

- 平面：控制光斑源与手动二级光斑之间的距离（度）。默认情况下，光斑平面位于所选节点源的中心。正值将光斑置于光斑源的前面，而负值将光斑置于光斑源的后面。
- 启用：打开或者关闭手动二级光斑。
- 衰减：指定当前二级光斑集是否有轴向褪光。
- 比例：指定如何缩放二级光斑。此参数可设置动画。
- 下拉列表框：控制二级光斑的总体形状。

5."射线"选项卡

"射线"选项卡中的各选项命令功能介绍如下（如图 11-74 所示）。

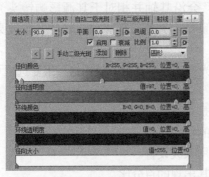
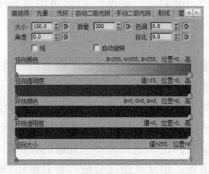

图 11-73　　　　　　　　　　　　图 11-74

- 数量：指定镜头光斑中出现的总射线数。射线在半径附近随机分布。此参数可设置动画。
- 锐化：指定射线的总体锐度。数值越大，生成的射线越鲜明、清洁和清晰；数值越小，产生的二级光晕越多。
- 组：强制将射线分成相同大小的 8 个等距离组。
- 自动旋转：将"射线"面板上的"角度"微调器中指定的角度加到镜头光斑属性下面的角度微调器设置的角度中。

6."星形"选项卡

"星形"选项卡中的各选项命令功能介绍如下（如图 11-75 所示）。

- 随机：启用星形辐射线围绕光斑中心向外辐射的

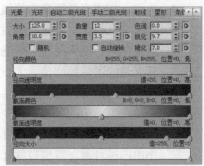

图 11-75

随机间距。

- 数量：指定星形效果中的辐射线数。
- 宽度：指定单个辐射线的宽度，以占整个帧的百分比表示。此选项可设置动画。
- 锥化：控制星形的各辐射线的锥化。锥化使各星形点的末端变宽或变窄。数值较小，末端较尖；数值较大，则末端较平。
- 自动旋转：将"射线"面板上的"角度"微调器中指定的角度加到镜头光斑属性下面的角度微调器设置的角度中。"自动旋转"也确保了在设置光斑动画时，能够保持星形相对于光斑的位置。

11.4.4　镜头效果光晕

如果要添加"镜头效果光晕"效果，可在"Video Post"对话框中单击 （添加图像过滤事件），打开"添加图像过滤事件"对话框，在"过滤器插件"列表中选择"镜头效果光晕"过滤器，然后单击"设置"按钮，即可打开"镜头效果光晕"对话框，如图 11-76 所示。该对话框中的"预览"、"更新"、"VP 队列"与"镜头效果光斑"中的含义相同，这里不做重复介绍。

"镜头效果光晕"对话框可以用于在任何指定的对象周围添加有光晕的光环。例如，对于爆炸粒子系统，可给粒子添加光晕使它们看起来更加明亮，如图 11-77 所示烟花效果。

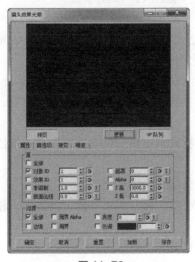

图 11-76

图 11-77

1."属性"选项卡

"属性"选项卡中的各选项命令功能介绍如下（如图 11-76 所示）。

- "源"选项组：指定场景中要应用光晕的对象，可以同时选择多个源选项。
    - ◆　全部：将光晕应用于整个场景，而不仅仅应用于几何体的特定部分。
    - ◆　对象 ID：如果具有特定对象 ID（在 G 缓冲区中）的对象与过滤器设置匹配，可将光晕应用于该对象或其中的一部分。
    - ◆　效果 ID：如果具有特定 ID 通道的对象或该对象的一部分与过滤器设置相匹配，将光晕应用于该对象或其中的一部分。
    - ◆　非钳制：超亮度颜色比纯白色（255，255，255）要亮。
    - ◆　曲面法线：根据曲面法线到摄影机的角度，使对象的一部分产生光晕。

◆ 遮罩：使图像的遮罩通道产生光晕。

◆ Alpha：使图像的 Alpha 通道产生光晕。

◆ Z 高、Z 低：根据对象到摄影机的距离使对象产生光晕。高值为最大距离，低值为最小距离。这两个 Z 缓冲区距离之间的任何对象均会产生光晕。

● "过滤"选项组：过滤源选择以控制光晕应用的方式。

◆ 全部：选择场景中的所有源对象，并将光晕应用于这些对象上。

◆ 边缘：选择所有沿边界的源对象，并将光晕应用于这些对象上。沿对象边应用光晕会在对象的内外边上生成柔和的光晕。

◆ 周界 Alpha：根据对象的 Alpha 通道，将光晕仅应用于此对象的周界。

◆ 周界：根据边推论，将光晕效果仅应用于此对象的周界。

◆ 亮度：根据源对象的亮度值过滤源对象。只选定亮度值高于微调器设置的对象，并使其产生光晕。此复选框可反转。此参数可设置动画。

◆ 色调：按色调过滤源对象。单击微调器旁边的色样可以选择色调。"色调"色样右侧的微调器可用于输入变化级别，从而使光晕能够在与选定颜色相同的范围内找到几种不同的色调。

2. "首选项"选项卡

"首选项"选项卡中的各选项命令功能介绍如下（如图 11-78 所示）。

● "场景"选项组。

◆ 影响 Alpha：指定渲染为 32 位文件格式时，光晕是否影响图像的 Alpha 通道。

◆ 影响 Z 缓冲区：指定光晕是否影响图像的 Z 缓冲区。

● "效果"选项组中各个选项的介绍如下。

◆ 大小：设置总体光晕效果的大小。此参数可设置动画。

◆ 柔化：柔化和模糊光晕效果。

● "距离褪光"选项组：该选项组中的选项根据光晕到摄影机的距离衰减光晕效果。这与镜头光斑的距离褪光相同。

◆ 亮度：可用于根据到摄影机的距离来衰减光晕效果的亮度。

◆ 锁定：选择该复选框时，同时锁定"亮度"和"大小"值，因此大小和亮度同步衰减。

◆ 大小：可用于根据到摄影机的距离来衰减光晕效果的大小。

● "颜色"选项组。

◆ 渐变：根据"渐变"选项卡中的设置创建光晕。

◆ 像素：根据对象的像素颜色创建光晕。这是默认方法，其速度很快。

◆ 用户：让用户来选择光晕效果的颜色。

◆ 强度：控制光晕效果的强度或亮度。

3. "渐变"选项卡

用户可以在该选项卡中设置镜头效果光晕的渐变颜色，渐变是从一种颜色或亮度转变为另外一种颜色或亮度的平滑线性变换，"渐变"选项卡如图 11-79 所示。

● 径向颜色：从左至右，对应从中心至四周颜色的变化。

● 径向透明度：从左至右，对应从中心至四周透明度的变化。

● 环绕颜色：从左至右，对应从 12 点位置开始以顺时针方向旋转所扫过区域的颜色变化。

- 环绕透明度：从左至右，对应从 12 点位置开始以顺时钟方向旋转所扫过区域的透明度变化。
- 径向大小：从左至右，对应从 12 点位置开始以顺时钟方向旋转所扫过的区域的半径变化，纯白色为原长，纯黑色为 0，即无放射现象。

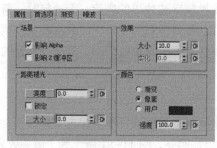

图 11-78

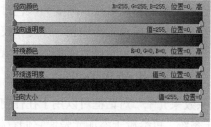

图 11-79

4. "噪波"选项卡

"噪波"选项卡中的各选项命令功能介绍如下（如图 11-80 所示）。

- "设置"选项组。
  - ◆ 气态：一种松散和柔和的图案，通常用于云和烟雾。
  - ◆ 炽热：带有亮度、定义明确的区域的分形图案，通常用于火焰。
  - ◆ 电弧：较长的、定义明确的卷状图案。设置动画时，可用于生成电弧。通过将图案质量调整为 0，可以创建水波反射效果。
  - ◆ 重生成种子：分形例程用作起始点的数。将此微调器设置为任一数值来创建不同的分形效果。

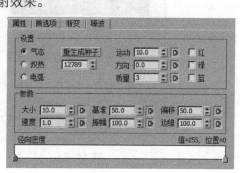

  - ◆ 运动：对噪波设置动画时，运动指定噪波图案在由"方向"微调器设置的方向上的运动速度。
  - ◆ 方向：指定噪波效果运动的方向（以度为单位）。

图 11-80

  - ◆ 质量：指定噪波效果中分形噪波图案的总体质量。该值越大，会导致分形迭代次数越多，效果越细化，渲染时间也会有所延长。
  - ◆ 红、绿、蓝：选择用于"噪波"效果的颜色通道。
- "参数"选项组。
  - ◆ 大小：用于指定分形图案的总体大小。较低的数值会生成较小的粒状分形；较高的数值会生成较大的图案。
  - ◆ 速度：在分形图案中设置在设置动画时湍流的总体速度。较高的数值会在图案中生成更快的湍流。
  - ◆ 基准：用于指定噪波效果中的颜色亮度。
  - ◆ 振幅：使用"基准"微调器控制分形噪波图案每个部分的最大亮度。较高的数值会产生带有较亮颜色的分形图案；较低的数值会产生带有较柔和颜色的相同图案。

- ◆ 偏移：将效果颜色移向颜色范围的一端或另一端。
- ◆ 边缘：控制分形图案的亮区域和暗区域之间的对比度。较高的数值会产生较高的对比度和更多定义明确的分形图案；较低的数值会产生较少定义和微小的效果。
- ● 径向密度：从效果中心到边缘以径向方式控制噪波效果的密度。无论何时，渐变为白色时，只能看到噪波；渐变为黑色时，可以看到基本的光晕。如果将渐变右侧设置为黑色，将左侧设置为白色，并将噪波应用到光斑的光晕效果中，那么当光晕的中心仍可见时，噪波效果朝光晕的外边呈现。

11.4.5 镜头效果高光

"镜头效果光晕"对话框可以用于在任何指定的对象周围添加有光晕的光环。例如，对于爆炸粒子系统，可给粒子添加光晕使它们看起来更加明亮，图 11-81 所示为"镜头效果高光"对话框。

"几何体"选项卡中的各选项命令功能介绍如下（如图 11-82 所示）。

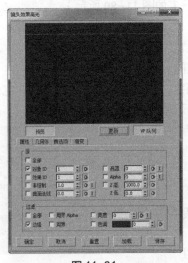

图 11-81

图 11-82

- ● "效果"选项组。
  - ◆ 角度：控制动画过程中高光点的角度。
  - ◆ 钳位：确定高光必须读取的像素数，以此数量来放置一个单一高光效果。多数情况下，会希望将高光效果脱离，可产生许多像素以从中发光的对象亮度。其中每个像素都将高光交叉绘制在其顶部，这样会模糊了总体效果。只需要一个或两个高光时，请使用此微调器来调整高光处理选定像素的方式。
    - ◆ 交替射线：替换高光周围的点长度。
- ● "变化"选项组将给高光效果增加随机性。
  - ◆ 大小：变化单个高光的总体大小。
  - ◆ 角度：变化单个高光的初始方向。
  - ◆ 重生成种子：强制高光使用不同随机数来生成其效果的各部分。
- ● "旋转"选项组：这两个按钮可用于使高光基于场景中它们的相对位置自动旋转。
  - ◆ 距离：单个高光元素逐渐随距离模糊时自动旋转。元素模糊得越快，其旋转的速度就越快。

◆ 平移：单个高光元素横向穿过屏幕时自动旋转。如果场景中的对象经过摄影机，这些对象会根据其位置自动旋转。元素穿过屏幕的移动速度越快，其旋转的速度就越快。

11.5 课堂练习——制作炙热的文字

【案例学习目标】熟悉镜头效果光晕。

【案例知识要点】创建可渲染的文本，并为其设置合适的材质，设置简单的动画，最后为其设置镜头效果光晕，完成炙热的文字动画如图 11-83 所示。

【素材文件位置】：CDROM/Map/Cha11/11.5 炙热的文字。

【场景文件所在位置】CDROM/Scene/Cha11/11.5 炙热的文字.max。

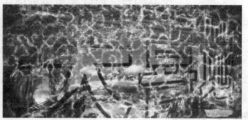

图 11-83

11.6 课后习题——制作浓雾中的森林

【案例学习目标】熟悉体积雾。

【案例知识要点】首先为环境指定一个图像背景，然后创建球体 Gizmo，为球体 Gizmo 指定体积雾效果，完成浓雾中的森林如图 11-84 所示。

【素材文件位置】CDROM/Map/Cha11/11.6 浓雾中的森林。

【场景文件所在位置】CDROM/Scene/Cha11/11.6 浓雾中的森林.max。

图 11-84

PART 12

第 12 章
高级动画设置

本章介绍

　　通过高级动画设置可以制作更加复杂的运动，这些复杂的运动都有一个共同点，那就是复杂形体中的各个组成部分之间具有特殊的链接关系，通过这些链接关系将各个组成部分形成一个有机整体。在 3ds Max 中是以层级关系来定义物体间的关联和运动方式的。本章将介绍链接、正向运动及反向运动。

学习目标

● 掌握正向运动学创建动画的方法和编辑技巧
● 掌握反向运动学制作动画的方法及参数的设置技巧

技能目标

● 熟练掌握蝴蝶的链接和技巧
● 熟练掌握挥舞的链子球的动力学和技巧
● 熟练掌握手骨骼的层级的创建和技巧

12.1　正向运动

正向运动学是指子物体集成父物体的运动规律，即父物体运动时，子物体将跟随父物体运动，而当子物体按自己的方式运动时，父物体不受影响。下面将对正向运动进行介绍。

图解视图按钮，用于查看、创建并编辑对象之间的关系。层次命令面板，用来管理层级，其中包括"轴"、"IK"、"链接信息"3个选项卡。"轴"选项卡用来调整物体的轴心点位置；"IK"选项卡用来管理方向运动学系统；"链接信息"选项卡用来在层级中设置运动的限制。

12.1.1　课堂案例——制作蝴蝶的链接

下面通过对蝴蝶的链接步骤使大家对对象的链接有个初步的了解。

【案例学习目标】熟悉如何创建层级关系。

【案例知识要点】使用（选择并链接）工具创建蝴蝶的层级链接。

【素材文件位置】CDROM/Map/Cha12/12.1.1 蝴蝶的链接。

【原始场景文件所在位置】CDROM/Scene/Cha12/ 12.1.1 蝴蝶的链接.max

【效果场景文件所在位置】CDROM/Scene/Cha12/ 12.1.1 蝴蝶的链接 ok.max。

（1）打开随书附带光盘中的原始文件，该场景在第1章中介绍过翅膀的镜像。

（2）将场景中的翅膀隐藏。在工具栏中单击（选择并链接）按钮，在场景中选择"左腿下脚01"对象，拖曳鼠标拖出虚线，在"左腿下01"上松开鼠标创建链接，如图12-1所示。

（3）在场景中将"左腿下01"链接到"左腿中01"上，如图12-2所示。

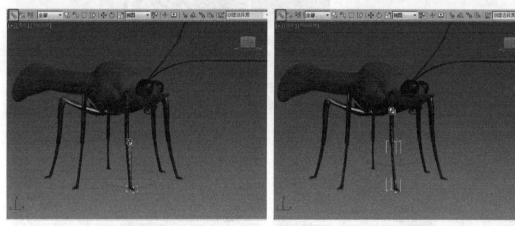

图 12-1　　　　　　　　　　　　　　　　　　图 12-2

（4）将"左腿中01"链接到"左腿上01"，如图12-3所示。

（5）在工具栏中单击（图解视图（打开））按钮，打开图解视图，从中可以观察到链接的层次效果，如图12-4所示。

（6）使用同样的方法创建其他腿的链接，如图12-5所示。

（7）在场景中选择"触角"、"眼睛"和"嘴部模型"，并将其链接到"头部"上，如图12-6所示。

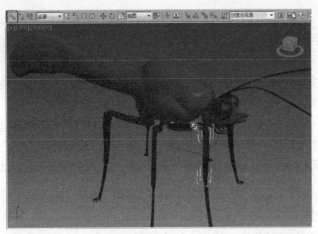

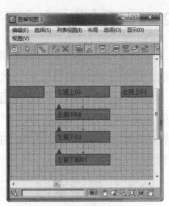

图 12-3 图 12-4

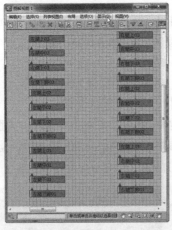

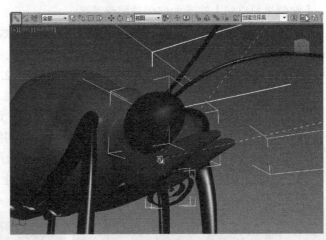

图 12-5 图 12-6

（8）在场景中选择腹部的 2 个"腿上"，并将其链接到"腹部模型"上，如图 12-7 所示。

（9）在场景中选择胸部的 4 个"腿上"，并将其链接到"胸前模型"上，如图 12-8 所示。

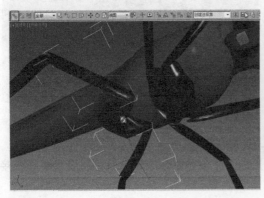

图 12-7 图 12-8

（10）将"腹部模型"和"胸前模型"链接到"身体模型"上，如图 12-9 所示。

（11）将"身体模型"链接到"头部模型"上，如图 12-10 所示。

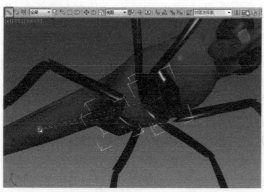
图 12-9

图 12-10

（12）在图解视图中可以看到链接，如图 12-11 所示。

（13）将翅膀取消隐藏，并将翅膀绑定到"身体"模型上，如图 12-12 所示。

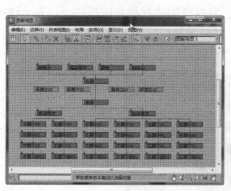
图 12-11

图 12-12

（14）查看图解视图，如图 12-13 所示。

图 12-13

12.1.2　对象的链接

使用按钮可以通过将两个对象链接作为子和父，定义它们之间的层次关系。

用户可以从当前选定对象（子）链接到其他任何对象（父）。

创建对象的链接前首先要确定谁是谁的父级，谁是谁的子级，如车轮就是车体的子级，四肢是身体的子级。正向运动学中父级影响子级的运动、旋转及缩放，但子级只能影响它的下一级而不能影响父级。

通过对多个对象进行父子关系的链接，从而形成层级关系，可以创建复杂运动或模拟关节结构，例如，将手链接到手臂上，再将手臂链接到躯干上，这样它们之间就产生了层级关系，使用正向运动或反向运动操作时，层级关系就会带动所有链接的对象，并且可以逐层发生关系。

子级对象会继承施加在父级对象上的变化（如运动、缩放、旋转），但它自身的变化不会影响到父级对象。

1．链接两个对象

（1）选择工具栏中的 工具。

（2）在场景中选择子对象，然后按住鼠标左键不放并拖曳鼠标，此时会引出虚线。

（3）将链接标志拖至父对象上，释放鼠标左键，父对象的边框将会闪烁一下，表示链接成功，在工具栏中单击 按钮，打开图解视图即可看见对象的层次结构，如图 12-14 所示。

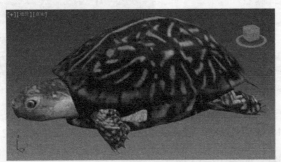

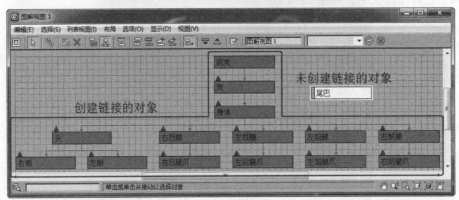

图 12-14

另一种方法就是在图解视图窗口中选择 工具，在图解视图窗口中选择子级对象并将其拖至父级对象上，与 工具的作用是一样的。

2．断开当前链接

要取消两个对象之间的层级链接关系，也就是拆散父子链接关系，使子对象恢复独立，不再受父对象的约束，可以通过 工具实现。这个工具是针对子对象执行的。

（1）在场景中选择链接对象的子对象。

（2）选择工具栏中的 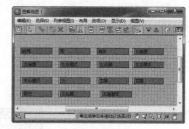（断开当前选择链接）工具，当前选择的子对象与父对象的层级关系将被取消。

与创建链接对象一样，也可以在"图解视图"窗口中进行断开链接操作，操作方法与在场景中断开链接一样，效果如图 12-15 所示。

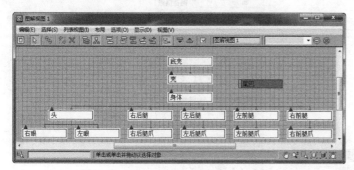

图 12-15

12.1.3 轴和链接信息

"轴"和"链接信息"都位于 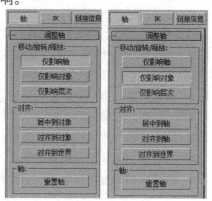（层次）命令面板中。其中，"轴"选项卡用来调整物体的轴心点；"链接信息"选项卡用来在层级中设置运动的限制。

物体的轴心点不是物体的几何体中心或质心，而是可以处于空间任何位置的人为定义的轴心，作为自身坐标系统，它不仅仅是一个点，实际上它是一个可以自由变换的坐标系。

轴心点的作用主要有以下几点：

- 轴心可以作为转换中心，因此可以方便地控制旋转、缩放的中心点；
- 设置修改器的中心位置；
- 为物体链接定义转换关系；
- 为 IK 定义结合位置。

利用"轴"选项卡中的"调整轴"卷展栏可以调整轴心的位置、角度和比例。

- "移动/旋转/缩放"选项组中提供了 3 个调整选项。
    - 仅影响轴：仅对轴心进行调整操作，操作不会对对象产生影响。
    - 仅影响对象：仅对对象进行调整操作，不会对该对象的轴心产生影响。
    - 仅影响层次：仅对对象的子层级产生影响。
- "对齐"选项组用来设置物体轴心的对齐方式。当单击"仅影响轴"按钮时，该选项组的选项如图 12-16 左图所示。当单击"仅影响对象"按钮时，该选项组的选项如图 12-16 右图所示。
- "轴"选项组中只有一个"重置轴"按钮，单击该按钮可以将轴心恢复到物体创建时的状态。

"调整变换"卷展栏用来在不影响子对象的情

图 12-16

况下进行物体的调整操作，在"移动/旋转/缩放"选项组下只有一个"不影响子对象"按钮，单击该按钮后执行的任何调整操作都不会影响子物体，如图 12-17 所示。

"链接信息"选项卡中包含两个卷展栏，即"锁定"和"继承"，如图 12-18 所示。其中，"锁定"卷展栏具有可以限制对象在特定轴中移动的控件。"继承"卷展栏具有可以限制子对象继承其父对象变换的控件。

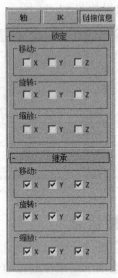

图 12-17　　　　　　　　图 12-18

- 锁定：用于控制对象的轴向，当对象进行移动、旋转或缩放时，它可以在各个轴向上变换，但如果在这里勾选了某个轴向的锁定开关，它将不能在此轴向上变换。
- 继承：用于设置当前选择对象对其父对象各项变换的继承情况，默认情况为开启，即父对象的任何变换都会影响其子对象，如果关闭了某项，则相应的变换不会向下传递给其子对象。

12.1.4　图解视图

在工具栏中单击▣（图解视图（打开））按钮，可以打开图解视图。下面将创建简单的木偶人来为大家介绍图解视图的应用。

在工具栏中单击▣（图解视图（打开））按钮可以打开"图解视图"窗口。"图解视图"是基于节点的场景图，通过它可以访问对象属性、材质、控制器、修改器、层次和不可见场景关系，如关联参数和实例。

在此处可以查看、创建并编辑对象间的关系，也可以创建层次、指定控制器、材质、修改器或约束。图 12-19 所示为"图解视图"。

通过图解视图可以完成以下操作：

- 快速选取场景对象以及对对象进行重命名；
- 可以在"图解视图"窗口中使用背景图像或栅格；
- 快速选取修改堆栈中的修改器；
- 在对象之间复制粘贴修改器；
- 重新排列修改堆栈中修改器的顺序；

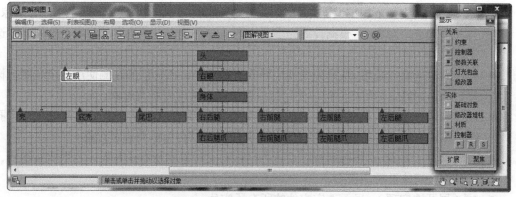

图 12-19

- 检视和选取场景中所有共享修改器、材质或控制器的对象；
- 将一个对象的材质复制粘贴给另外的物体，但不支持拖动指定；
- 对复杂的合成对象进行层次导航，如多次布尔运算后的对象；
- 链接对象，定义层次关系；
- 提供大量的 MAX Script 曝光。

对象在"图解视图"窗口中以长方形的节点方式表示，在"图解视图"窗口中可以随意安排节点的位置，移动时用鼠标左键单击并拖曳节点即可。

▣（图解视图）的名称框中各组的功能介绍如下。

- [Box001]：表明实体已安置好。
- [Box001]L：表明实体处于自由状态。
- [Box001]：表明已对实体设置动画。
- [Box002]：表明实体已被选中。
- ▲：将弹出的实体塌陷回原来的地方，并将所有子实体塌陷到父实体中。
- ▼：从箭头弹出的实体向下扩展下一个子实体。

1．工具栏

▣（图解视图）的工具栏中的各工具功能介绍如下。

- ▣（显示浮动框）：显示或隐藏 ▣（显示浮动框），激活该按钮意味着开启浮动框，禁用该按钮意味着隐藏浮动框。
- ▸（选择）：使用此按钮可以在图解视图窗口和视口中选择对象。
- ✎（连接）：允许创建层次。
- ▨（断开选定对象链接）：断开图解视图窗口中选定对象的链接。
- ✕（删除对象）：删除在图解视图中选定的对象。删除的对象将从视口和图解视图窗口中消失。
- ▤（层次模式）：用级联方式显示父对象及子对象的关系。父对象位于左上方，而子对象朝右下方缩进显示。
- ▥（参考模式）：基于实例和参考（而不是层次）来显示关系。使用此模式查看材质和修改器。
- ▤（始终排列）：根据排列首选项（对齐选项）将图解视图设置为始终排列所有实体。执行此操作之前将弹出一个警告信息。启用此按钮将激活工具栏按钮。

- 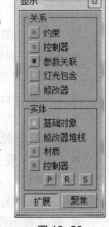（排列子对象）：根据设置的排列规则（对齐选项）在选定父对象下排列显示子对象。
- （排列选定对象）：根据设置的排列规则（对齐选项）在选定父对象下排列显示选定对象。
- （释放所有对象）：从排列规则中释放所有实体，在它们的左侧使用一个孔图标标记它们，并将它们留在原位。使用此按钮可以自由排列所有对象。
- （释放选定对象）：从排列规则中释放所有选择的实体，在它们的左端使用一个孔图标标记它们并将它们留在原位。使用此按钮可以自由排列选定对象。
- （移动子对象）：将图解视图设置为已移动父对象的所有子对象。启用此按钮后，工具栏按钮处于活动状态。
- （展开选定项）：显示选定实体的所有子实体。
- （折叠选定项）：隐藏选定实体的所有子实体，选定的实体仍保持可见。
- （首选项）：显示图解视图首选项对话框。使用该对话框可以按类别控制图解视图中显示和隐藏的内容。这里有多种选项可以过滤和控制图解视图窗口中的显示。
- （转至书签）：缩放并平移图解视图窗口以便显示书签选择。
- （删除书签）：移除显示在书签名称字段中的书签名。
- （缩放选定视口对象）：放大在视口中选定的对象，可以在此按钮旁边的文本字段中输入对象的名称。

（图解视图）的"显示"浮动框中的各工具功能介绍如下（如图 12-20 所示）。

- "关系"组：可以选择要显示或创建的下列关系，包括"约束、控制器、参数关联、灯光包含和修改器"。
- "实体"组：选择显示或编辑的实体类型
  - ◆ 基础对象：激活该按钮时，所有基础对象实体都显示为节点实体的子实体。启用同步选择并打开修改器堆栈后，在基本对象上单击会激活该级别的对象堆栈。
  - ◆ 修改器堆栈：激活该复选框时，以修改对象基础实体开始，对象堆栈中的所有修改器都显示为子对象。
  - ◆ 材质：激活该复选框时，指定到对象的所有材质和贴图都显示为对象的子对象。

图 12-20

  - ◆ 控制器：激活该复选框时，除位置、旋转和缩放外，所有控制器都显示为对象变换控制器（也会显示）的子对象。当此按钮处于活动状态时，才可以向对象添加控制器。
  - ◆ P、R、S：可以选择显示 3 种变换类型（位置、旋转或缩放）的任意组合。
- 扩展：激活该按钮时，激活的实体将在图解视图中显示。禁用该按钮后，将只显示节点底部的三角形子对象指示器。该按钮在激活时才可以应用，它不会扩展或收缩已显示的实体。
- 聚焦：激活该按钮时，只有与其他实体有关且显示它们关系的这些实体才会使用自己的颜色着色，其他所有实体显示时都不着色。

2．图解视图首选项

在图解视图工具栏中单击 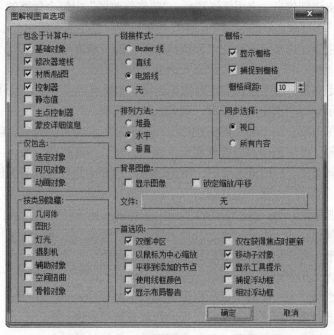（首选项）按钮，打开"图解视图首选项"对话框，如图 12-21 所示。"图解视图首选项"根据类别控制显示的内容和隐藏的内容，可以过滤"图解视图"窗口中显示的对象，而只看到需要看到的对象。

图 12-21

可以为"图解视图"窗口添加网络或背景图像。此处也可以选择排列方式并确定是否为视口选择和"图解视图"窗口选择设置同步，还可以设置节点链接样式。在此对话框中选择相应的过滤设置，可以更好地控制"图解视图"。

● "包含于计算中"组。

"图解视图"能够遍历整个场景，包括材质、贴图、控制器等。"包含于计算中"用于设置控制"图解视图"要了解的场景组件。"显示浮动框"控制显示的内容。因此，如果不包含"材质"便不能显示材质；不包含"控制器"便不能显示控制器、限制或参数关联关系。

如果有一个很大的场景而用户只对使用"图解视图"选择感兴趣，可以禁用除"基础对象"之外的其他组件。如果只对材质感兴趣，可以禁用控制器、修改器等。

◆ 基础对象：用于设置启用和禁用基础对象显示。使用该选项可移除"图解视图"窗口中的混乱项。

◆ 修改器堆栈：用于设置启用和禁用修改器节点的显示。

◆ 材质/贴图：用于设置启用和禁用"图解视图"中材质节点的显示。要创建动画且不需要看到材质时，请隐藏材质；需要选择材质或对不同对象的材质进行更改时，请显示材质。

◆ 控制器：启用该选项后，控制器数据包含在显示中；禁用该选项后，"控制器"、"约束"和"参数关联"关系以及实体组中的"控制器"在"显示浮动框"中不可用。

◆ 静态值：启用该选项后，非动画的场景参数会包含在"图解视图"的显示中；禁用该选项可以避免"轨迹视图"中的所有内容都显示在"图解视图"窗口中。

◆ 主点控制器：启用该选项后，子对象动画控制器包含在"图解视图"的显示中。存在子对象动画的情况下，此按钮可以避免窗口中显示过多的控制器。

◆ 蒙皮详细信息：启用该选项后，"蒙皮修改器"中每个骨骼的 4 个控制器都包含在"图解视图"的显示中（修改器和控制器也包含在其中）。此选项可以避免窗口中展开过多正常使用"蒙皮修改器"的"蒙皮控制器"。

● "仅包含"组。

　　◆ 选定对象：用于过滤选定对象的显示。如果有很多对象，但只需要"图解视图"显示视口中选定的对象时，请勾选该复选框。

　　◆ 可见对象：用于将"图解视图"中的显示限制为可见对象。隐藏不需要显示的对象，然后选中该复选框将杂乱项包含在"图解视图"中。

　　◆ 动画对象：启用该选项后，"图解视图"显示中只包含具有关键点和父对象的对象。

● "按类别隐藏"组。这些切换按类别控制对象及其子对象的显示。类别如下。

　　◆ 几何体：用于隐藏或显示几何对象及其子对象。

　　◆ 图形：用于隐藏或显示形状对象及其子对象。

　　◆ 灯光：用于隐藏或显示灯光及其子对象。

　　◆ 摄影机：用于隐藏或显示摄影机及其子对象。

　　◆ 辅助对象：用于隐藏或显示辅助对象及其子对象。

　　◆ 空间扭曲：用于隐藏或显示空间扭曲对象及其子对象。

　　◆ 骨骼对象：用于隐藏或显示骨骼对象及其子对象。

● "链接样式"组。

　　◆ Bezier 线：可将参考线显示为带箭头的 Bezier 曲线，如图 12-22 所示。

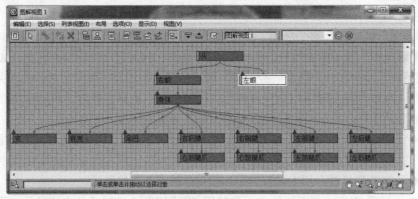

图 12-22

　　◆ 直线：可将参考线显示为直线而不是 Bezier 曲线，如图 12-23 所示。

　　◆ 电路线：可将参考线显示为正交线而不是曲线，如图 12-24 所示。

　　◆ 无：可选择该选项后，"图解视图"中将不显示链接关系，如图 12-25 所示。

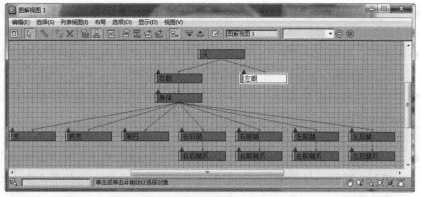

图 12-23

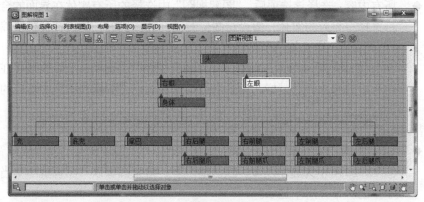

图 12-24

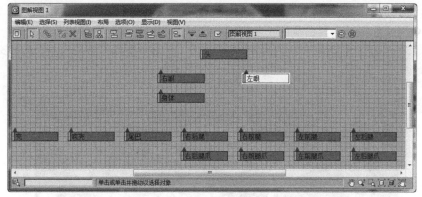

图 12-25

- "栅格"组：该组用于控制"图解视图"中栅格的显示和使用。
    - 显示栅格：用于在"图解视图"窗口的背景中显示栅格。
    - 捕捉到栅格：启用该选项后，所有移动实体及其子对象都会捕捉到最近的栅格点的左上角上。启用捕捉后实体不会立即捕捉到栅格点上，除非它们发生位移。
    - 栅格间距：用于设置"图解视图"栅格的间距单位。该选项使用标准单位，实体高为 20 个栅格单位，长为 100 个栅格单位。
- "排列方法"组。

在 x 正轴和 y 负轴限制的空间中（深色栅格线隔开），总会发生排列。

◆ 堆叠：启用该选项后，排列将使层次堆叠到一个宽度内，具体取决于视图中最高实体的范围。

◆ 水平：启用该选项后，排列将使层次沿 $y=0$ 的直线分布并排列在该直线下方。在 x 正向和 y 反向限制的空间中总会发生排列。

◆ 垂直：启用该选项后，排列将使层次沿 $x=0$ 的直线分布并排列在该直线右方。在 x 正向和 y 反向限制的空间中总会发生排列。

● "同步选择"组。

◆ 视口：选择该选项后，在"图解视图"中选择的节点将对应场景中的模型当前模型。同样，场景中选定的模型在"图解视图"中对应的节点实体也会同时被选中。

◆ 所有内容：选择该选项后，"图解视图"中选择的所有实体在界面的合适位置处都选择有相应的实体，假设这些位置已开放。例如，如果打开材质编辑器，在"图解视图"中选择一个材质将选中材质编辑器中相应的材质（前提：该材质存在）；如果打开"修改"面板，在"图解视图"中选择一个修改器将在堆栈中选中相应的修改器。同样，场景中选定的实体在"图解视图"中对应的实体也会同时被选中。

● "背景图像"组。

◆ 显示图像：启用该选项后，显示背景位图；禁用该选项后，将不显示背景位图。图 12-26 所示为显示图像。默认情况下，背景图像以"图解视图"当前缩放因子下的屏幕分辨率显示。

◆ 锁定缩放/平移：启用该选项后，会相应地缩放和平移，以调整背景图像的大小；禁用该选项后，位图将保持或恢复为屏幕分辨率的真实像素。

◆ 文件：单击其右侧的长条按钮可选择"图解视图"背景的图像文件。没有选择任何背景图像时，此按钮显示"无"；选中图像时，显示位图文件的名称。

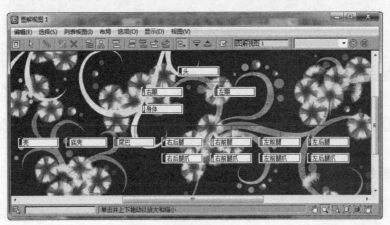

图 12-26

● "首选项"组。

◆ 双缓冲区：允许显示双缓冲区来控制视口性能。

◆ 以鼠标点为中心缩放：启用该选项时，可以以鼠标点为中心进行缩放，也可以使用缩放滚轮进行缩放，或按住 Ctrl 键同时滚动鼠标滑轮。

◆ 平移到添加的节点：启用该选项后，"图解视图"将调整并显示新添加到场景中的对象或节点；禁用此选项后，视图不发生变化。禁用该选项并禁用自动排列，"图解视图"将不会干扰节点的布局。

◆ 使用线框颜色：启用该选项后，将使用线框颜色为"图解视图"窗口中的节点着色。

◆ 显示布局警告：启用该选项后，第一次启用"始终排列"时，"图解视图"将显示布局警告。

◆ 仅在获得焦点时更新：启用该选项后，"图解视图"仅在获得焦点时更新场景中新增或更改的内容。此选项可以避免在视口中更改场景对象时不停地重绘窗口。

◆ 移动子对象：启用该选项后，移动父对象的同时也移动子对象；禁用该选项后，移动父对象时不会影响子对象。

◆ 显示工具提示：当光标移到"图解视图"窗口中节点的上方时，切换显示工具提示。

◆ 捕捉浮动框：可使浮动对话框捕捉到"图解视图"的窗口边缘。

◆ 相对浮动框：可在移动并调整"图解视图"窗口大小时，移动并调整浮动对话框的大小。

3. "图解视图"菜单栏

● "编辑"菜单。

◆ 连接：用于激活链接工具。

◆ 断开选定对象链接：用于断开选定实体的链接。

◆ 删除：用于从"图解视图"和场景中移除实体，取消所选关系之间的链接。

◆ 指定控制器：用于将控制器指定给变换节点。只有当选中控制器实体时，该选项才可用，可打开指定变换控制器对话框。

◆ 关联参数：用于使用"图解视图"关联参数。当实体被选中时，选择该选项将弹出如图 12-27 下图所示的快捷菜单。

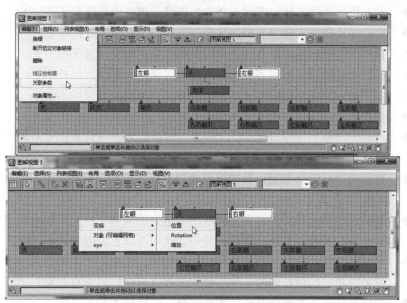

图 12-27

◆ 对象属性：显示选定节点的"对象属性"对话框。如果未选定节点，则不会产生任何影响。

- "选择"菜单。
  ◆ 选择工具：在"始终排列"模式时，激活"选择工具"；不在"始终排列"模式时，激活"选择并移动"工具。
  ◆ 全选：用于选择当前"图解视图"中的所有实体。
  ◆ 全部不选：用于取消当前"图解视图"中选择的所有实体。
  ◆ 反选：用于取消当前"图解视图"中已选择的实体，并选择未选的实体。
  ◆ 选择子对象：用于选择当前选定实体的所有子对象。
  ◆ 取消选择子对象：取消选择所有选中实体的子对象。父对象和子对象必须同时被选中才能取消选择子对象。
  ◆ 选择到场景：用于在"视口"中选择"图解视图"中已选择的所有节点。
  ◆ 从场景选择：用于在"图解视图"中选择"视口"中已选择的所有节点。
  ◆ 同步选择：启用该选项后，在"图解视图"中选择对象时还会在视口对象中选择它们，反之亦然。

- "列表视图"菜单。
  ◆ 所有关系：用于打开或重绘含有当前所显示图解视图实体的所有关系的列表视图。
  ◆ 选定关系：用于打开或重绘含有当前所选图解视图实体的所有关系的列表视图。
  ◆ 全部实例：用于打开或重绘含有当前所显示图解视图实体的所有实例的列表视图。
  ◆ 选定实例：用于打开或重绘含有当前所选图解视图实体的所有实例的列表视图。
  ◆ 显示事件：用于用于当前选中实体共享某一属性或关系类型的所有实体，打开或重绘"列表视图"。
  ◆ 所有动画控制器：打开或重绘含有或共享动画控制器的所有实体的列表视图。

- "布局"菜单。
  ◆ 对齐：用于为"图解视图"窗口中选择的实体定位下列对齐选项。
  ◆ 左：将选择的实体对齐到选择的左边缘，垂直位置保持不变。
  ◆ 右：将选择的实体对齐到选择的右边缘，垂直位置保持不变。
  ◆ 顶：将选择的实体对齐到选择的顶部边缘，水平位置保持不变。
  ◆ 底：将选择的实体对齐到选择的底部边缘，水平位置保持不变。
  ◆ 水平居中：将选择的实体水平中心对齐，垂直位置保持不变。
  ◆ 垂直居中：将选择的实体垂直中心对齐，水平位置保持不变。
  ◆ 排列子对象：根据设置的排列规则（对齐选项）在选定的父对象下面排列显示子对象。
  ◆ 排列选定对象：根据设置的排列规则（对齐选项）将选定的子对象排列显示在其父对象下。
  ◆ 释放选定项：从排列规则中释放所有选定的实体，在它们的左侧使用一个孔洞标记它们并将它们留在原位。使用此选项可以自由排列选定对象。
  ◆ 释放所有项：从排列规则中释放所有实体，在它们的左侧使用一个孔洞标标记它们并将它们留在原位。使用此选项可以自由排列所有对象。
  ◆ 收缩选定项：隐藏所有选中实体的框，保持排列和关系可见。

◆ 取消收缩选定项：使所有选定的收缩实体可见。

◆ 全部取消收缩：使所有收缩实体可见。

◆ 切换收缩：启用该选项时，收缩实体正常工作；禁用该选项时，收缩实体完全可见，但是不取消收缩。默认设置为启用。

● "选项"菜单。

◆ 始终排列：图解视图始终根据选择的排列首选项排列所有实体。执行该操作之前将弹出一个警告信息。选择此选项可激活工具栏中的 昌（始终排列）按钮。

◆ 层次模式：用于将"图解视图"设置为显示实体为层次，而不是参考图。子对象在父对象下方缩进显示。在"层次"和"参考"模式之间进行切换不会造成图的损坏。它与工具栏中的 昌（层次模式）按钮功能相同。

◆ 参考模式：用于将"图解视图"设置为显示实体时为参考图，而不是层次。在"层次"和"参考"模式之间进行切换不会造成图的损坏。它与工具栏中的 品（参考模式）按钮功能相同。

◆ 移动子对象：用于将"图解视图"设置为移动已移动父对象的所有子对象。选择该选项后，工具栏中 昌（排列子对象）按钮处于激活状态。

◆ 首选项：用于打开"图解视图首选项"对话框。

● "显示"菜单。

◆ 显示浮动框：用于显示或隐藏"显示浮动框"，可控制图解视图窗口中的显示。

◆ 隐藏选定对象：执行该命令后，将隐藏图解视图窗口中所有选择的对象。

◆ 全部取消隐藏：用于将隐藏的所有项显示出来。

◆ 展开选定对象：用于显示选定实体的所有子实体。

◆ 塌陷选定项：用于隐藏选定实体的所有子对象，使选定的实体仍然可见。

● "视图"菜单。

◆ 平移：选择该命令后，将激活"图解视图"窗口下方的 （平移）工具，可使用该工具通过拖曳鼠标在窗口中水平和垂直移动。

◆ 平移至选定项：可使选定实体在窗口中居中。如果未选择实体，则将使所有实体在窗口中居中显示。

◆ 缩放：选择该命令后，将激活"图解视图"窗口下方的 （缩放）工具，通过拖曳鼠标移近或移远"图解"显示。

◆ 缩放区域：选择该命令后，将激活"图解视图"窗口下方的 （缩放区域）工具，可将在窗口中拖曳出的矩形框中的内容进行放大显示。

◆ 最大化显示：用于缩放窗口以便可以看到"图解视图"中的所有节点。

◆ 最大化显示选定对象：用于缩放窗口以便可以看到所有选定的节点。

◆ 显示栅格：用于在"图解视图"窗口的背景中显示栅格。默认设置为启用。

◆ 显示背景：用于在"图解视图"窗口的背景中显示图像。通过首选项设置图像。

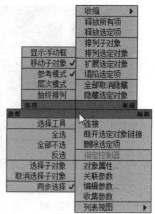

图 12-28

◆ 刷新视图：当更改"图解视图"或场景时，用于重绘"图解视图"窗口中的内容。

除上述之外，在"图解视图"中单击鼠标右键，可弹出快捷菜单，如图 12-28 所示，其中包含用于选择、显示和操纵节点选择的控件。使用此功能可以快速访问"列表视图"和"显示浮动框"，而且还可以在"参考模式"和"层次模式"间快速切换。

12.2　反向运动

反向运动学（IK）是一种设置动画的方法，它翻转链操纵的方向，它是从"叶子"而不是"根"开始进行工作的。

12.2.1　使用反向运动学制作动画的步骤

反向运动学建立在层次链接的概念上。要了解 IK 是如何进行工作的，首先必须了解层次链接和正向运动学的原则。使用反向运动学创建动画基本有以下的操作步骤。

（1）首先确定场景中的层次关系。

生成计算机动画时，最有用的工具之一是将对象链接在一起以形成链的功能的工具。通过将一个对象与另一个对象相链接，可以创建父子关系，使应用于父对象的变换同时将传递给子对象。链也称为层次。

● 父对象：控制一个或多个子对象的对象。一个父对象通常也被另一个更高级别的父对象控制。图 12-29 所示为机器人，机器人的手指是手的子对象，而手是前臂的子对象，前臂又是上臂的子对象……

● 子对象：父对象控制的对象。子对象也可以是其他子对象的父对象。默认情况下，没有任何父对象的对象是世界的子对象。

图 12-29

（2）使用链接工具或在图解视图中对模型进行子、父级链接操作。

（3）调整轴。

层级关系中的核心就是调整轴心所在位置，通过轴设置对象依据中心运动的位置，如制作前臂抬起的动作，之前的工作中如果没有调整轴心位置将会出现如图 12-30 所示的效果，所以在制作 IK 前，首先要将子对象的轴心放置在子对象与父对象链接处，才能产生正确的动画效果，如图 12-31 所示。

图 12-30

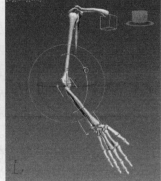

图 12-31

应避免对要使用 IK 设置动画的层次中的对象使用非均匀缩放。如果进行了操作会看到拉伸和倾斜。为避免此问题，应该对子对象等级进行均匀缩放。如果有些对象显示了这种情况，那么要使用重置变换。

（4）通过在"IK"面板中设置动画，在 12.2.2 小节中将主要介绍 IK 面板中的设置。

（5）使用"应用 IK"完成动画。

使用"交互式 IK"制作完成动画后，单击"交互式 IK"并勾选"清除关键点"选项，在关键帧之间创建 IK 动画。

12.2.2 编辑对象的 IK 参数

通过上面的实例，应该对 IK 有一个初步的了解，下面将对 IK 中用到的参数进行介绍。

首先介绍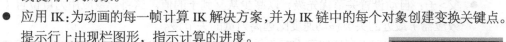（层级）命令面板中的 IK 按钮选项卡。

（1）"反向运动学"卷展栏中各项功能介绍如下（如图 12-32 所示）。

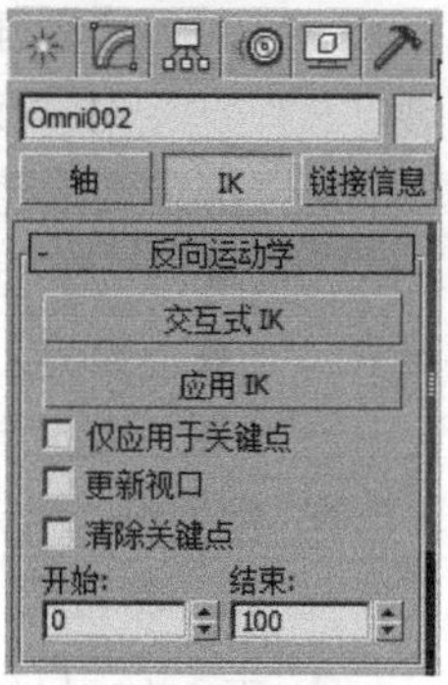

图 12-32

- 交互式 IK：允许对层次进行 IK 操纵，而无须应用 IK 解算器或使用下列对象。
- 应用 IK：为动画的每一帧计算 IK 解决方案，并为 IK 链中的每个对象创建变换关键点。提示行上出现栏图形，指示计算的进度。
- 仅应用于关键点：为末端效应器的现有关键帧解算 IK 解决方案。
- 更新视图：在视口中按帧查看应用 IK 帧的进度。
- 清除关键点：在应用 IK 之前，从选定 IK 链中删除所有移动和旋转关键点。
- 开始\结束：设置帧的范围以计算应用的 IK 解决方案。

（2）"对象参数"卷展栏中各项功能介绍如下（如图 12-33 所示）。

- "终结点"：通过将一个或多个选定对象定义为终结点，设置 IK 链的基础。启用"终结点"复选框将在运动学链计算到达层次的根对象之前停止。终结点对象停止终结点子对象的计算，终结点本身并不受 IK 解决方案的影响，从而可以对运动学链的行为提供非常精确的控制。
- "位置"选项组。
    ◆ 绑定位置：如果已经指定了一个跟随对象，则将 IK 链中的选定对象绑定到世界（尝试着保持它的位置），或者绑定到跟随对象。如果已经指定了跟随对象，则跟随对象的变换会影响 IK 解决方案。

图 12-33

- "方向"选项组。
    ◆ 绑定方向：如果已经指定了一个跟随对象，则将层次中的选定对象绑定到世界（尝试着保持它的方向），或者绑定到跟随对象。如果已经指定了跟随对象，则跟随对象的旋转会影响 IK 解决方案。

◆ "轴" X、Y、Z：如果其中一个轴处于禁用状态，则该指定轴就不再受跟随对象或 HD IK 解算器位置末端效应器的影响。例如，如果在"位置"选项组中禁用"X"复选框，跟随对象（或末端效应器）沿 X 轴的移动就对 IK 解决方案没有影响，但是沿 Y 轴或者 Z 轴的移动仍然有影响。

◆ 权重：在跟随对象（或末端效应器）的指定对象和链的其他部分上，设置跟随对象（或末端效应器）的影响。设置为 0 时会关闭绑定。使用该值可以设置多个跟随对象或末端效应器的相对影响和在解决 IK 解决方案中它们的优先级。相对"权重"值越高，优先级就越高。

● "绑定到跟随对象"选项组：在反向运动学链中将对象绑定到跟随对象。

◆ 无：显示选定跟随对象的名称。

◆ 绑定：将反向运动学链中的对象绑定到跟随对象。

◆ 取消绑定：在 HD IK 链中从跟随对象上取消选定对象的绑定。

● 优先级：手动为 IK 链中的任何对象指定优先级值。高优先级值在低优先级值之前计算。将按照"子>父"顺序计算相等的优先级值。

● 子>父：自动设置关节优先级，以减少从子到父的值。这将导致应用力量位置（末端效应器）最近的关节移动速度比远离力量的关节快。

● 父>子：自动设置关节优先级，以减少从父到子的值。这将导致应用力量位置（末端效应器）最近的关节移动速度比远离力量的关节慢。

● 滑动关节：使用下列按钮可在对象之间复制滑动关节参数。这些按钮不可用于路径关节。

● 转动关节：使用下列按钮在对象之间复制转动关节参数。

● 镜像粘贴：用于在"粘贴"操作期间关于 X 轴、Y 轴或 Z 轴镜像 IK 关节设置。

图 12-34

（3）"自动终结"卷展栏中的各工具功能介绍如下（如图 12-34 所示）。

● 交互式 IK 自动终结：启用自动终结功能。

● 上行链接数：指定终结应用链路的上行程度。例如，如果将该值设置为 5，则当用户移动层次中的任何对象时，则从用户所调整对象开始上行 5 个链路的对象作为终结点。如果选择层次中的不同对象，则终结将切换到从最新选定的对象开始上行 5 个链路的对象。

（4）"转动关节"卷展栏中的各项工具功能介绍如下（如图 12-35 所示）。

X、Y、Z 轴：每个卷展栏包含有相同的组框，用于控制 X 轴、Y 轴和 Z 轴。

● 活动：激活某个轴（X、Y、Z）。允许选定的对象在激活的轴上滑动，或沿着它旋转。

● 受限：限制活动轴上所允许的运动或旋转范围。与"从"和"到"微调器共同使用。多数关节沿着活动轴所做的运动，有它们的限制范围。例如，活塞只能在汽缸的长度范围之内滑动。

图 12-35

- 减缓：当关节接近"从"和"到"限制时，使它抗拒运动。用来模拟有机关节，或者旧机械关节。它们在运动的中间范围移动或转动时是自由的，但是在范围的末端，却无法很自由地运动。
- 从、到：确定位置和旋转限制。与"受限"功能共同使用。
- 弹回：激活弹回功能。每个关节都有停止位置。关节离停止位置越远，就会有越大的力量，将关节向它的停止位置拉，像有弹簧一样。
- 弹簧张力：设置"弹回"的强度。当关节远离平衡位置时，这个值越大，弹簧的拉力就越大。设置为0时会禁用弹簧，非常高的设置值会把关节限制住，因为弹簧弹力太强，关节不会移动过某个点，只能达到那个点范围之内的点。
- 阻尼：在关节运动或旋转的整个范围中，应用阻力。用来模拟关节摩擦或惯性的自然效果。当关节受腐蚀、干燥或受重压时，它会在活动轴方向抗拒运动。

12.2.3 IK 解算器

IK 解算器可以创建反向运动学解决方案，用于旋转和定位链中的链接。它可以应用 IK 控制器管理链接中子对象的变换。用户可以将 IK 解算器应用于对象的任何层次。使用"动画"菜单中的命令，如图 12-36 所示，可以将 IK 解算器应用于层次或层次的一部分。在层次中选中对象，并选择 IK 解算器，然后单击该层次中的其他对象，以便定义 IK 链的末端。应用 IK 解算器后的骨骼系统，如图 12-37 所示。

IK 解算器的设置可以在 ◎（运动）命令面板和 ⛏（层级）命令面板中进行调整。

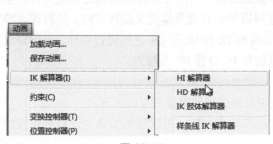

图 12-36

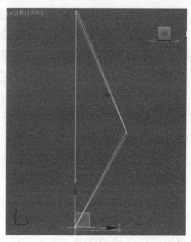

图 12-37

反向运动学链可以在部分层次中加以定义，即从角色的臀部到脚跟或者从肩部到手腕。IK 链的末端是 Gizmo，即目标。随时重新定位目标或设置目标动画时可以采用各种方法，这些方法通常包括使用链接、参数关联或约束。无论目标如何移动，IK 解算器都尝试移动链中最后一个关节的枢轴（也称终端效应器），以便满足目标的要求。IK 解算器可以对链的部分进行旋转，以便扩展和重新定位末端效应器，使其与目标相符。

1. HI 解算器

对角色动画和序列较长的任何 IK 动画而言，HI 解算器是首选的方法。使用 HI 解算器，可以在层次中设置多个链。例如，角色的腿部可能存在一个从臀部到脚踝的链，还存在另外一个从脚跟到脚趾的链。

因为 HI 解算器的算法属于历史独立型，所以，无论涉及的动画帧有多少，都可以加快使用速度。它在第 2 000 帧的速度与在第 10 帧的速度相同，它在视口中稳定且无抖动。该解算器可以创建目标和末端效应器（虽然在默认情况下末端效应器的显示处于关闭状态）。它使用旋转角度调整该解算器平面，以便定位肘部或膝盖。用户可以将旋转角度操纵器显示为视口中的控制柄，然后对其进行调整。另外，HI IK 还可以使用首选角度定义旋转方向，使肘部或膝盖正常弯曲。

2．HD 解算器

HD 解算器是一种最适用于动画制作计算机的解算器，尤其适用于那些包含需要 IK 动画的滑动部分的计算机。使用该解算器，可以设置关节的限制和优先级。它具有与长序列有关的性能问题，因此，最好在短动画序列中使用。该解算器适用于设置动画的计算机，尤其适用于那些包含滑动部分的计算机。

因为 HD 解算器的算法属于历史依赖型，所以，最适合在短动画序列中使用。在序列中求解的时间越迟，计算解决方案所需的时间就越长。该解算器使用户可以将末端效应器绑定到后续对象，并使用优先级和阻尼系统定义关节参数。该解算器还允许将滑动关节限制与 IK 动画组合起来。与 HI IK 解算器不同的是，HD IK 解算器允许在使用 FK 移动时限制滑动关节。

3．IK 肢体解算器

IK 分支解算器只能对链中的两块骨骼进行操作，它是一种在视口中快速使用的分析型解算器，因此，可以设置角色手臂和腿部的动画。

使用 IK 分支解算器，可以导出到游戏引擎。

因为 IK 解算器的算法属于历史独立型，所以，无论涉及的动画帧有多少，都可以加快使用速度。它在第 2 000 帧的速度与在第 10 帧的速度相同，它在视口中稳定且无抖动。该解算器可以创建目标和末端效应器（虽然在默认情况下末端效应器的显示处于关闭状态）。它使用旋转角度调整该解算器平面，以便定位肘部或膝盖。用户可以将旋转角度锁定其他对象，以便对其进行旋转。另外，IK 分支解算器还可以使用首选角度定义旋转方向，使肘部或膝盖正常弯曲。使用该解算器，还可以通过启用关键帧 IK 在 IK 和 FK 之间进行切换。该解算器具有特殊的 IK 设置 FK 姿态功能，使用户可以使用 IK 设置 FK 关键点。

4．样条线 IK 解算器

样条线 IK 解算器使用样条线确定一组骨骼或其他链接对象的曲率。

样条线 IK 样条线中的顶点称为节点。同顶点一样，可以移动节点，并对其设置动画，从而更改该样条线的曲率。

样条线节点数可能少于骨骼数。与分别设置每个骨骼的动画相比，这样便于使用几个节点设置长型多骨骼结构的姿势或动画。

样条线 IK 提供的动画系统比其他 IK 解算器的灵活性高。节点可以在 3D 空间中随意移动，因此，链接的结构可以进行复杂的变形。

分配样条线 IK 时，辅助对象将会自动位于每个节点中。每个节点都链接在相应的辅助对象上，因此，可以通过移动辅助对象移动节点。与 HI 解算器不同的是，样条线 IK 系统不会使用目标。节点在 3D 空间中的位置是决定链接结构形状的唯一因素，旋转或缩放节点时，不会对样条线或结构产生影响。

12.3　课堂练习——制作挥舞的链子球

【案例学习目标】熟悉反向 IK。

【案例知识要点】反向动力学 IK 的应用的操作，设置挥舞的链子球动画效果，如图 12-38 所示。

【素材文件位置】CDROM/Map/Cha12/12.3 挥舞的链子球。

【原始场景所在位置】CDROM/Scene/Cha12/12.3 挥舞的链子球.max

【效果场景所在位置】CDROM/Scene/Cha12/12.3 挥舞的链子球 ok.max。

图 12-38

12.4　课后习题——创建手骨骼的层级

【案例学习目标】熟悉创建层级关系。

【案例知识要点】使用 （选择并链接）工具创建手骨骼的层级关系，如图 12-39 所示。

【原始场景所在位置】CDROM/Scene/Cha12/12.4 创建手骨骼的层级.max。

【效果场景所在位置】CDROM/Scene/Cha12/12.4 创建手骨骼的层级 ok.max。

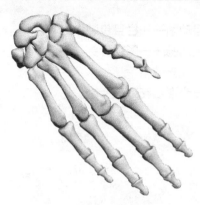

图 12-39

PART 13

第 13 章
综合设计实训

本章介绍

　　本章的综合设计实训案例，是将前面基础章节中的各种命令相结合来制作模型，并灵活掌握各种命令和工具的使用方法，从中读者将学会如何灵活地搭建一个完整的室内场景。

学习目标

- 掌握几何体、图形、粒子的创建
- 掌握空间扭曲的创建
- 掌握各种基本修改器的使用
- 掌握复合工具的使用
- 掌握灯光、摄影机、材质和渲染
- 掌握创建动画的各种工具命令

技能目标

- 学会制作栏目动画——栏目包装广告
- 学会制作影视动画——影视片头
- 学会制作炫彩紫光效果
- 学会制作闪光心形烟花效果

13.1 栏目动画——制作栏目包装广告

13.1.1 项目背景及要求

1. 客户名称

清濛电视台。

2. 客户需求

该电视台是县级电视台，该案例主要是制作统一的栏目包装广告，包括早间、午间、晚间剧场以及休闲娱乐时间段的栏目广告，要求突出该电视台的主要色调橙色，并不要太过于花哨，主要是给人们一个安静且醒目的动画效果。

3. 设计要求

（1）制作栏目包装广告。

（2）要求色调为橙色，不要过于花哨。

（3）制作中使用黑白天空背景、白色辅助对象。

（4）要求必须为原稿。

13.1.2 项目创意及制作

1. 素材资源

贴图所在位置：光盘中的"Map/Cha13/13.1栏目包装广告"。

2. 作品参考

场景所在位置：光盘中的"Scene/Cha13/13.1栏目包装广告.max"。

视频效果位置：光盘中的"Scene/Cha13/13.1 栏目包装广告.AVI"，静帧效果如图 13-1 所示。

图 13-1

3. 制作要点

模型的制作：创建文本，设置文本的挤出；创建标准几何体长方体、平面、四棱锥，结合使用粒子系统搭建模型。

材质的设置：为场景中设置两种颜色材质，一种是橙色，另一种是白色。

灯光和摄影机：创建一台摄影机，设置摄影机的移动动画，创建天光结合使用光跟踪器渲染器。

动画设置：除了为摄影机设置移动的动画外，还为文本模型设置了可见性动画和移动动画。

渲染输出：设置合适的渲染尺寸，设置渲染的时间段，渲染输出动画。

13.2 影视动画——制作影视片头

13.2.1 项目背景及要求

1．客户名称

青石路影视公司。

2．客户需求

该公司要求制作一个世界末日影视片头，要求黑色背景，需要爆炸的震撼效果，色调要沉重。

3．设计要求

（1）不添加任何背景。

（2）设计一个球体，在球体上突出文本。

（3）设计文本的爆炸效果。

（4）视频大小没有要求，但是必须是原稿。

13.2.2 项目创意及制作

1．素材资源

贴图所在位置：光盘中的"Map/Cha13/13.2 影视片头"。

2．作品参考

场景所在位置：光盘中的"Scene/Cha13/13.2 影视片头.max"。

视频效果位置：光盘中的"Scene/Cha13/13.2 影视片头.AVI"，静帧效果如图 13-2 所示。

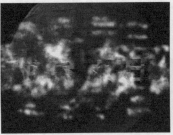

图 13-2

3．制作要点

模型的制作：创建球体，并在球体上创建文本，使用"图形合并"工具，将文本嵌套在球体上，然后再使文本的部分凸出来。

材质的设置：为球体设置一个拼金属材质。

动画设置：分离凸出的文本，为其指定为"粒子阵列"的原体，设置其爆炸效果，设置其可见性动画；创建火效果，使爆炸后的镂空处出现火烧的效果。

后期合成：为凸出的文本设置一个"镜头效果光晕"，使其产生一种电弧效果。为爆炸的模型也设置一个"镜头效果光晕"，使其产生炙热火红的效果。

渲染输出：设置合适的渲染尺寸，设置渲染的时间段，渲染输出动画。

13.3 课堂练习——制作炫彩紫光

13.3.1 项目背景及要求

1．客户名称

彼岸后期特效公司。

2．客户需求

该公司主要设计一些镜头特效，用来制作各种影视片头包装，该项目要求制作出超炫的紫光效果，并配合一些其他的素材，使整个画框协调即可。

3．设计要求

（1）设计丝带飞舞的效果。

（2）设计丝带为镜头光晕效果。

（3）配合一些彩色的粒子和花瓣粒子效果。

（4）必须为原创。

13.3.2 项目创意及制作

1．素材资源

贴图所在位置：光盘中的"/Map/Cha13/13.3 炫彩紫光"。

2．作品参考

场景所在位置：光盘中的"Scene/Cha13/13.3 炫彩紫光.max"。

视频效果位置：光盘中的"Scene/Cha13/13.3 炫彩紫光.AVI"，静帧效果如图 13-3 所示。

图 13-3

3．制作要点

模型的制作：创建平面，将其转换为"可编辑多边形"，调整平面成为丝绸效果；创建粒子阵列和暴风雪粒子。

动画设置：为丝绸模型指定一个螺旋线，作为运动路径。

后期合成：为丝绸和粒子设置镜头效果光晕。

材质设置：为丝绸设置紫色的衰减材质效果，为粒子阵列指定花瓣材质；为暴风雪设置粒子年龄。

渲染输出：设置合适的渲染尺寸，设置渲染的时间段，渲染输出动画。

13.4 课后习题——制作闪光心形烟花

13.4.1 项目背景及要求

1. 客户名称

彼岸后期特效公司。

2. 客户需求

该动画制作主要用于婚庆片头中，要求色彩喜庆、温馨、浪漫，并要求制作心形的烟花效果动画，该动画作为婚庆片头的初始动画素材。

3. 设计要求

（1）星形烟花动画。

（2）设置烟花镜头效果高光。

（3）整体紫色调。

（4）必须为原创。

13.4.2 项目创意及制作

1. 素材资源

贴图所在位置：光盘中的"Map/Cha13/13.4 闪光心形烟花"。

2. 作品参考

场景所在位置：光盘中的"Scene/Cha13/13.4 闪光心形烟花.max"。

视频效果位置：光盘中的"Scene/Cha13/13.4 闪光心形烟花.AVI"，静帧效果如图 13-4 所示。

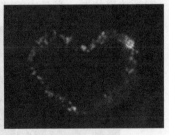

图 13-4

3. 制作要点

模型的制作：创建心形图形，创建圆柱体，创建粒子云。

动画设置：为圆柱体施加"路径变形（WSM）"修改器，指定路径为心形，使其在心形图形上运动；设置粒子运动发射器为圆柱体，这样即可使粒子有了运动的动画。

后期合成：为粒子云设置一个镜头效果高光和镜头效果光晕。

渲染输出：设置合适的渲染尺寸，设置渲染的时间段，渲染输出动画。

3ds Max 快捷键附录

应用程序菜单		漫游建筑轮子	Shift+Ctrl+J
命令	**快捷键**	显示统计	7
新建	Ctrl+N	配置视口背景	Alt+B
打开	Ctrl+O	**动画菜单**	
保存	Ctrl+S	**命令**	**快捷键**
编辑菜单		参数编辑器	Alt+1
命令	**快捷键**	参数收集器	Alt+2
撤销	Ctrl+Z	关联参数	Ctrl+5
重做	Ctrl+Y	参数关联对话框	Alt+5
暂存	Ctrl+H	**图形编辑器菜单**	
取回	Alt+Ctrl+F	**命令**	**快捷键**
删除	Delete	粒子视图	6
克隆	Ctrl+V	**渲染菜单**	
移动	W	**命令**	**快捷键**
旋转	E	渲染	Shift+Q
变换输入	F12	渲染设置	F10
全选	Ctrl+A	环境	8
全部不选	Crtl+D	渲染到纹理	0
反选	Ctrl+I	**自定义菜单**	
选择类似对象	Ctrl+Q	**命令**	**快捷键**
按名称选择	H	锁定 UI 布局	Alt+0
工具菜单		显示主工具栏	Alt+6
命令	**快捷键**	**MAXScript 菜单**	
孤立当前选择	Alt+Q	**命令**	**快捷键**
对齐	Alt+A	MAXScript 侦听器	F11
快速对齐	Shift+A	**帮助菜单**	
间隔工具	Shift+I	**命令**	**快捷键**
法线对齐	Alt+N	帮助	F1
捕捉开关	S	**主界面常用快捷键**	
角度捕捉切换	A	**命令**	**快捷键**
百分比捕捉切换	Shift+Ctrl+P	渐进式显示	O
使用轴约束捕捉	Alt+D\Alt+F3	锁定用户界面开关	Alt+0
视图菜单		自动关键点	N
命令	**快捷键**	转至开头	Home
撤销视图更改	Shift+Z	转至结尾	End
重做视图更改	Shift+Y	上一帧	,
从视图创建摄影机	Ctrl+C	下一帧	。

专家模式	Ctrl+X	设置关键点	'
透视	P	播放动画	/
正交	U	声音开关	\
前	F	非活动视图	D
顶	T	灯光视图	Shift+4
底	B	选择区域模式切换	Q
左	L	旋转模式	R
显示 ViewCube	Alt+Ctrl+V	旋转模式切换	Ctrl+E
显示/隐藏栅格	G	显示/隐藏摄影机	Shift+C
显示/隐藏灯光	Shift+L	显示/隐藏几何体	Shift+G
显示/隐藏辅助物体	Shift+H	线框/明暗处理	F3
显示/隐藏粒子系统	Shift+P	视图边面显示	F4
选择锁定切换	空格键	透明显示选定模型	Alt+X
显示安全框	Shift+F	脚本记录器	F11
最大化显示选定对象	Z	材质编辑器	M
当前视图最大化显示	Alt+Ctrl+Z	子物体层级 1	1
所有视图中最大化显示	Shift+Ctrl+Z	子物体层级 2	2
缩放视口	Alt+Z	子物体层级 3	3
缩放区域	Ctrl+W	子物体层级 4	4
放大视图	[	快速渲染	Shift+Q
缩小视图	]	按上一次设置渲染	F9
最大化视口切换	Alt+W	变换 Gizmo 开关	X
平移视图	Ctrl+P	缩小变换 Gizmo 尺寸	-
依照光标的位置平移视图	I	放大变换 Gizmo 尺寸	=
主栅格	Alt+Ctrl+H	多边形统计	7
切换 SteeringWheels	Shift+W		